BIM 应用工程师丛书
中国制造 2025 人才培养系列丛书

结构 BIM 应用工程师教程

工业和信息化部教育与考试中心　编

机械工业出版社

本书为建筑信息模型（BIM）应用工程师专业技术技能培训考试（中级）的配套教材之一。全书共分三部分，第1部分为结构BIM概述，主要讲解BIM应用架构及结构BIM应用内容与流程。第2部分为Autodesk Revit案例实操及应用，以Revit2019为主要操作平台，讲解项目准备、通用项目样板设置、结构样板设置及初模、中间模到终模的建立，以及图纸创建与输出内容。第3部讲解Bentley AECOsim案例实操及应用、Tekla及其他软件（PKPM、YJK、探索者、PDST、品茗、Navisworks）应用介绍。

本书不仅可以作为建筑信息模型（BIM）专业技术技能培训考试用书，还可作为初学者进阶学习结构BIM知识的参考用书，以及从事结构专业的技术人员"充电"的参考书。

图书在版编目（CIP）数据

结构BIM应用工程师教程／工业和信息化部教育与考试中心编. —北京：机械工业出版社，2019.4
（BIM应用工程师丛书 中国制造2025人才培养系列丛书）
ISBN 978 - 7 - 111 - 62420 - 2

Ⅰ.①结…　Ⅱ.①工…　Ⅲ.①建筑结构-计算机辅助设计-应用软件-技术培训-教材　Ⅳ.①TU311.41

中国版本图书馆CIP数据核字（2019）第061591号

机械工业出版社（北京市百万庄大街22号　邮政编码100037）
策划编辑：李 莉　　责任编辑：李 莉 饶雯婧
责任校对：樊钟英　　封面设计：鞠 杨
责任印制：李 昂
北京瑞禾彩色印刷有限公司印刷
2019年5月第1版·第1次印刷
184mm×260mm·18.25印张·492千字
0001-3000册
标准书号：ISBN 978 - 7 - 111 - 62420 - 2
定价：76.00元

丛书编委会

本书编委会

出版说明

为增强建筑业信息化发展能力，优化建筑信息化发展环境，加快推动信息技术与建筑工程管理发展深度融合，工业和信息化部教育与考试中心聘任 BIM 专业技术技能项目工作组专家（工信教〔2017〕84 号），成立了 BIM 项目中心（工信教〔2017〕85 号），承担 BIM 专业技术技能项目推广与技术服务工作，并且发布了《建筑信息模型（BIM）应用工程师专业技术技能人才培训标准》（工信教〔2018〕18 号）。该标准的发布为专业技术技能人才教育和培训提供了科学、规范的依据，其中对 BIM 人才岗位能力的具体要求标志着行业 BIM 人才专业技术技能评价标准的建立健全，这将有利于加快培养一支结构合理、素质优良的行业技术技能人才队伍。

基于以上工作，工业和信息化部教育与考试中心以《建筑信息模型（BIM）应用工程师专业技术技能人才培训标准》为依据，组织相关专家编写了本套 BIM 应用工程师丛书。本套丛书分初级、中级、高级。初级针对 BIM 入门人员，主要讲解 BIM 建模、BIM 基本理论；中级针对各行各业不同工作岗位的人员，主要培养运用 BIM 的技术技能；高级针对项目负责人、企业负责人，将 BIM 技术融入管理。本套丛书具有以下特点：

1. 整套丛书围绕《建筑信息模型（BIM）应用工程师专业技术技能人才培训标准》编写，要求明确，体系统一。
2. 为突出广泛性和实用性，编写人员涵盖建设单位、咨询企业、施工企业、设计单位、高等院校等。
3. 根据读者的基础不同，分适用层次编写。
4. 将理论知识与实际操作融为一体，理论知识以够用、实用为原则，重点培养操作能力和思维方法。

希望本套丛书的出版能够提升相关从业人员对 BIM 的认知和掌握程度，为培养市场需要的 BIM 技术人才、管理人才起到积极推动作用。

本丛书编委会

序

    国务院办公厅在国办发〔2017〕19号文件中提出"加快推进建筑信息模型（BIM）技术在规划、勘察、设计、施工和运营维护全过程的集成应用，实现工程建设项目全生命周期数据共享和信息化管理，为项目方案优化和科学决策提供依据，促进建筑业提质增效。"国家发展和改革委员会（发改办高技〔2016〕1918号文件）提出支撑开展"三维空间模型（BIM）及时空仿真建模"。同时，住建部、水利部、交通运输部等部委，铁路、电力等行业，以及各地房管局、造价站、质监局等均在大力推进BIM技术应用。建筑业信息化是建筑业发展战略的重要组成部分，也是建筑业发展方式、提质增效、节能减排的必然要求。

    工业和信息化部教育与考试中心依据当前建筑行业信息化发展的实际情况，组织有关专家，根据BIM人才培训标准，编写了本套BIM应用工程师丛书。希望本套丛书能为我国BIM技术的发展添砖加瓦，为广大建筑业的从业者和BIM技术相关人员带来实质性的帮助。在此，也诚挚地感谢各位BIM专家对此丛书的研发、充实和提炼。

    这不仅是一套BIM技术应用丛书，更是一笔能启迪建筑人适应信息化进步的精神财富，值得每一个建筑人去好好读一读！

住房和城乡建设部原总工程师

姚 兵

18/5/2018.

前　言

本书为建筑信息模型（BIM）应用工程师专业技术技能培训考试（中级）的配套教材之一。全书围绕结构专业的 BIM 应用知识，分为三部分进行讲解。

第 1 部分为结构 BIM 概述，包括建筑结构概述，BIM 应用架构，结构 BIM 应用内容与流程。

第 2 部分为 Autodesk Revit 案例实操及应用。这一部分结合 Revit 2019 软件以一个项目案例来讲解结构 BIM 技术在 BIM 正向设计流程中如何准备样板、设计模型、合模出图。

第 3 部分为 Bentley AECOsim 案例实操及应用、Tekla 及其他软件应用介绍。首先介绍了基于 Bentley BIM 解决方案的结构专业工作流程，从模型建立、修改、材料统计到最后的图纸输出，以及与结构分析环节协同工作的流程；其次介绍了 Tekla、PKPM、YJK、探索者、PDST、品茗、Navisworks 等软件在结构项目中的应用以及各自的技术特点和优势。

通过本书的学习，希望有更多结构专业从业人员能够认识 BIM，了解 BIM 技术在建筑结构中的价值，进而推进结构 BIM 的应用与发展。

本书每章后附有课后练习，可供读者检测自己的学习情况。为方便读者学习，本书还提供了书中需要用到的配套附件，读者可使用附件随书进行操作。课后练习答案和附件可登录 http：//s. cmpedu. com/2019/5/Bim + FuJian. rar 下载或扫描以下二维码下载，咨询电话：010 - 88379375。

由于时间紧张，书中难免存在疏漏和不妥之处，还望各位读者不吝赐教，以期再版时改正。

编　者

目 录

出版说明

序

前 言

第1部分 结构BIM概述

第1章 建筑结构概述 / 002
  第1节 概述 / 002
  第2节 建筑结构的类型 / 006
  课后练习 / 010

第2章 BIM应用架构 / 011
  第1节 BIM技术在结构专业中的应用 / 011
  第2节 项目组织架构、分工与职责 / 011
  第3节 BIM模型文件管理和命名规则 / 013
  第4节 BIM信息交互原则及标准 / 014
  课后练习 / 016

第3章 结构BIM应用内容与流程 / 017
  第1节 设计阶段BIM应用 / 017
  第2节 施工阶段BIM应用 / 023
  课后练习 / 027

第2部分 Autodesk Revit案例实操及应用

第4章 案例项目 / 030
  第1节 案例项目概况 / 030
  第2节 设计要求 / 030

第5章 项目准备 / 032
  第1节 BIM设计实施导则 / 032
  第2节 BIM设计协同原则 / 035
  第3节 BIM模型拆分及搭建原则 / 042
  第4节 设计各阶段BIM模型核验要点 / 044
  课后练习 / 045

第6章 通用项目样板设置 / 046
  第1节 项目组织设置 / 046
  第2节 样式设置 / 051
  第3节 视图与图纸相关设置 / 059

  第4节 常用注释设置 / 070
  课后练习 / 076

第7章 结构样板设置 / 077
  第1节 共享参数设置 / 077
  第2节 常用设置 / 078
  第3节 视图样板设置 / 081
  第4节 各类样式设置 / 087
  课后练习 / 096

第8章 初模 / 097
  第1节 标高轴网 / 097
  第2节 结构墙体 / 099
  第3节 结构柱 / 101
  第4节 结构梁 / 102
  第5节 结构板 / 107
  第6节 结构屋顶 / 109
  第7节 楼梯 / 114
  课后练习 / 117

第9章 中间模 / 118
  第1节 洞口 / 118
  第2节 坡道 / 119
  课后练习 / 121

第10章 终模 / 122
  第1节 协同修改与设计优化 / 122
  第2节 结构基础 / 122
  第3节 钢筋 / 130
  第4节 布局 / 144
  课后练习 / 152

第11章 图纸创建与输出 / 153
  第1节 创建水平构件平面图 / 153
  第2节 创建竖向构件平面图 / 162
  第3节 创建桩位及基础平面图 / 162
  第4节 创建楼梯详图 / 163

第 5 节　图纸校对、变更及修改 / 166
第 6 节　数据输出 / 168
课后练习 / 172

第 3 部分　Bentley AECOsim 案例实操及应用、Tekla 及其他软件应用介绍

第 12 章　Bentley AECOsim 案例实操及应用 / 174
第 1 节　Bentley BIM 解决方案及工作流程 / 174
第 2 节　AECOsim Building Designer 通用
　　　　操作 / 182
第 3 节　结构类对象创建与修改 / 201
第 4 节　数据管理与报表输出 / 213
第 5 节　图纸输出 / 218
课后练习 / 233

第 13 章　Tekla 软件结构 BIM 解决方案 / 235
第 1 节　Tekla Structures 软件概述 / 235
第 2 节　Tekla 软件结构应用方案 / 238
第 3 节　Tekla 软件项目应用示例 / 240
课后练习 / 245

第 14 章　其他软件介绍 / 246
第 1 节　PKPM 软件的结构 BIM 应用 / 246
第 2 节　YJK 软件的结构 BIM 应用 / 250
第 3 节　探索者软件的结构 BIM 应用 / 254
第 4 节　PDST 软件的结构 BIM 应用 / 259
第 5 节　品茗软件的结构 BIM 应用 / 267
第 6 节　Navisworks 软件的施工模拟应用 / 275
课后练习 / 277

参考文献 / 279

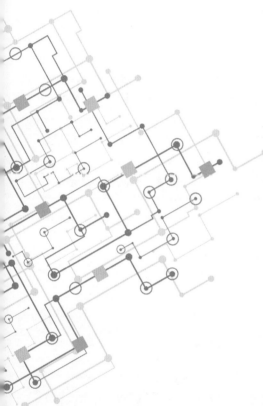

第1部分
结构 BIM 概述

PART 01

第1章　建筑结构概述

第2章　BIM 应用架构

第3章　结构 BIM 应用内容与流程

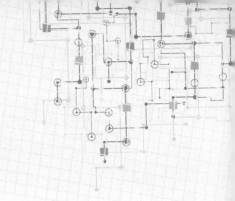

第1章 建筑结构概述

第1节 概述

1.1 建筑结构的概念

建筑物是人们为了满足社会活动和生产生活的需要，利用现有的物质材料和技术手段，通过一定方式营造的立体空间场所，能够遮风避雨，并满足人们工作、生活和活动的功能要求。

建筑结构是指建筑物中由若干个基本构件按照一定的组成规则，通过可靠的连接方式所组成的能够承受并传递各种作用的空间受力体系，是保证建筑物安全使用的骨架。

建筑结构的作用，首先是形成了人类活动需要的、功能良好和舒适美观的空间；其次是能够抵御自然的和人为的作用力，使建筑物经久耐用，这也是建筑物存在的根本原因。

建筑结构一般应满足以下要求：

1）在应用上，要满足空间和功能的布局需要。

2）在安全上，要符合承载、传力和耐久的需要。

3）在技术上，要体现新技术工程应用的要求。

4）在造型上，要满足建筑艺术和建筑造型的需要。

5）在建造上，要满足生产工艺和建造方式的要求。

1.2 建筑结构发展的历程

建筑结构的形式和采用的材料随着技术和文化的发展而不断进步，人类历史的进程中保留着众多的不朽案例，现存的建筑结构即是结构发展历史的延续。下面列举的部分案例体现了建筑结构从最初满足人类遮风避雨最基本的需求，到人类对更长的跨度、更高的高度和更美的环境的不断追求。

1. 原始住所

建筑的发展历史，寻根求源是从解决人类的居住问题开始的。图1-1所示为北京周口店龙骨山岩洞遗址。被原始人选择作为栖身之所的自然岩洞，一般近水、洞内较干燥、洞口背寒风。

图 1-1

2. 古代建筑

我国古代建筑多采用木结构、竹结构、石结构、砖结构。

山西应县木塔（图 1-2）建于辽清宁二年（即公元 1056 年），是我国现存最高最古老的一座木结构塔式建筑。塔建造在 4m 高的台基上，塔身高 67.31m，底层直径 30.27m，呈平面八角形。因为木塔底层为重檐并有回廊，各层间夹设有暗层，所以外观为六层屋檐，实为九层。各层均用内、外两圈木柱支撑，每层外有 24 根木柱，内有 8 根木柱，木柱之间用斜撑、梁、枋和短柱组成复梁式木架。

图　1-2

3. 近代建筑

由于 1824 年出现了波特兰水泥、1867 年出现了混凝土、1859 年出现了转炉炼钢法，1870 年后高层建筑的技术发展进入了新的阶段，建筑结构在结构形式、建造方式等方面出现了根本性的革命。

美国芝加哥家庭保险公司大厦（图 1-3）建于 1883—1885 年，共 10 层，高 42m，是公认的世界第一幢摩天建筑，由美国建筑师威廉·詹尼设计。该建筑结构上没有承重墙，整个建筑的重量由钢框架支撑，圆形铸铁柱子内填水泥灰，1~6 层为锻铁工字梁，其余楼层用钢梁，钢梁支撑砖拱楼板。砖石外墙采用幕墙的形式挂在钢框架之上，总体实现了建造技术上的革命。

图　1-3

4. 现代建筑

随着建筑技术不断进步、新型材料不断出现、设计方法不断创新，出现了一个又一个经典的建筑形象，BIM 技术应用于建筑领域，又为现代建筑的发展带来创新。

（1）北京大兴国际机场航站楼　北京大兴国际机场（图 1-4）属于国家重点工程，航站楼平面为五角星形。整个航站楼屋面投影面积约为 35 万 m^2，由中央大厅、中央南和东北、东南、西北、西南五个指廊组成。航站楼主体为钢筋混凝土框架结构，屋顶及支承屋顶的结构为钢结构。

图　1-4

中央大厅长宽两个方向的尺度都较大，建筑功能复杂，屋盖支承条件复杂（施工现场如图 1-5 所示），屋面构造节点复杂，在设计表达、加工制作、施工安装、项目管理等过程中遇到很多困难。本项目将 BIM 技术与建造技术、信息化技术和项目管理相融合，经过多次的论证以及 BIM 模拟，确定了分区施工、分区卸载、总体合龙原则，科学高效地解决了项目施工过程中遇到的难题，提升信息共享和协同管理的效率，成为 BIM 技术向智慧建造方向发展的典型案例（图 1 -6）。

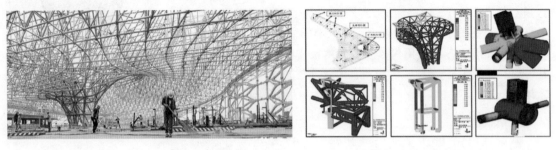

图　1-5　　　　　　　　　　　　　　图　1-6

（2）中国尊大厦　体现我国传统文化与先进建筑理念的中国尊大厦（图 1 -7）于 2013 年 7 月 29 日正式开工建设，荣获"中国当代十大建筑"称号，创 8 项世界之最，BIM 技术在其中发挥了重要作用。

中国尊大厦是目前北京市最高的地标建筑（528m，地上 108 层、地下 8 层）。由于造型独特、结构复杂、系统繁多，各专业深化设计重点难点多，专业间协调要求高，因此项目所有专业在施工阶段采用 BIM 技术开展深化设计，实现工程全关联单位的模型共构。

本工程结构体系由外框筒和核心筒组成，其中外框筒由巨型柱、巨型斜撑、转换桁架及次桁架组成。外框筒和核心筒 BIM 模型如图 1 -8 所示。

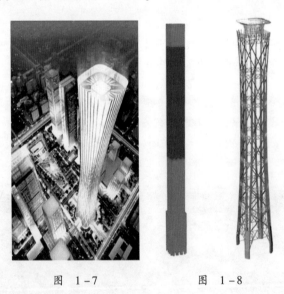

图　1-7　　　　　　　　　图　1-8

1.3　建筑结构的组成构件

建筑结构的组成构件可分为水平构件和竖向构件，一般由梁、板、柱、墙等基本构件组成。

1. 梁

梁是由支座支承、以受弯为主的水平构件，其截面尺寸远小于其长度，主要承受板传来的荷载并传递给竖向构件。梁的分类方式主要有以下几种。

1）按选用材料不同分为：钢梁、钢筋混凝土梁、木梁、钢包混凝土梁等。

2）按制作方式不同分为：现浇梁、预制梁。

3）按支承方式不同分为：简支梁、连续梁、悬臂梁等。

2. 板

板是平面尺寸较大而厚度较小的受弯构件，通常水平放置，用于分隔建筑物的立体空间和提供水平活动面，它是直接承受荷载并将荷载传递到梁的支撑构件。楼板的分类方式主要有以下几种。

1）按选用材料不同分为：木楼板、钢筋混凝土楼板、压型钢板组合楼板等。

2）按制作方式不同分为：现浇楼板（图1-9）、预制楼板。

3）按受力传力方式不同分为：单向板、双向板。

图 1-9

3. 柱

柱是最主要的竖向受力构件，承受其上的所有荷载并传递给基础。柱的分类方式主要有以下几种。

1）按选用材料不同分为：石柱、砖柱、木柱、钢柱、钢筋混凝土柱（图1-10）、劲性钢筋混凝土柱（图1-11）、钢管混凝土柱和其他各种组合柱。

图 1-10　　　　　　　　　　图 1-11

2）按截面形式不同分为：方柱、圆柱、工字形柱、H形柱、T形柱、L形柱、十字形柱、双肢柱、格构柱等。

4. 墙

墙是平面尺寸较大而厚度较小的竖向构件，水平刚度大，主要承受竖向荷载和平行于墙面的水平荷载，并将承受的荷载传递给基础。墙的分类方式主要有以下几种。

1）按选用材料不同分为：砖墙、砌块墙（图1-12）、钢筋混凝土墙等。

2）按施工方式不同分为：现浇钢筋混凝土墙、预制混凝土墙、现场砌筑墙等。

3）按受力方式不同分为：承重墙（图1-13）、非承重墙。

图　1－12

图　1－13

第2节　建筑结构的类型

建筑结构以其采用材料不同可分为木结构、竹结构、砖混结构、钢筋混凝土结构、钢结构等；按照结构体系类型不同可分为框架结构、剪力墙结构、框架－剪力墙结构、筒体结构、网架结构、悬索结构和壳体结构等；按照建筑物外形和体量可分为单层结构、多层结构、高层结构、大跨结构和高耸结构等。下面对有代表性的部分常用结构做进一步的介绍。

2.1　木结构

中国是最早应用木结构的国家之一，主要采用梁、柱式的木构架。中国的木结构建筑在唐朝已形成一套严整的制作方法。北宋李诚主编了《营造法式》，是中国也是世界上第一部木结构房屋建筑的设计、施工、材料以及工料定额的法规。中国木结构建筑艺术别具一格，并在宫殿和园林建筑的亭、台、廊、榭中得到进一步发扬，是中华民族灿烂文化的组成部分。

北京故宫太和殿（图1－14）是明清古代宫殿建筑，东方三大殿之一，是我国现存最大的木结构大殿。太和殿于明永乐十八年（公元1420年）建成，屡遭焚毁，多次重建，为中国现存最大木构架建筑之一。

近年来，随着社会的快速发展，采用现代科技手段对古代文物进行保护和还原也已成为现代文保的主流。通过三维激光扫描、数据处理之后，实现文物的三维浏览、交互，并能对场景以及细节进行精确的测量（图1－15），为修建修复古建筑提供了数字化支持资料。

图　1－14

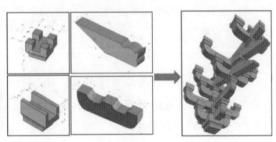
图　1－15

2.2　砖混结构

砖混结构（图1-16）的竖向构件主要是砖墙和砖柱，水平构件主要是混凝土梁和楼板，适合用于开间、进深较小，多层或低层的建筑。

根据墙体承重方案不同，砖混结构可分为以下几种类型。

1）横墙承重方案。楼层的荷载通过板和梁传至横墙，横墙为主要承重竖向构件。优点：横墙较密，整体刚度好。缺点：横墙间距较密，房间布置的灵活性差，故多用于宿舍和公寓类建筑。

图　1-16

2）纵墙承重方案。其楼层的荷载通过板和梁传至纵墙，纵墙为主要承重竖向构件。优点：房间的空间可以较大，平面布置比较灵活；缺点：房屋的刚度较差，纵墙较厚或要加壁柱，多适用于教学楼、实验室、办公楼、医院等。

3）纵横墙承重方案。根据房间的开间和进深实际情况，可以采取纵横墙同时承重的方案。

4）内框架承重方案。在外墙承重的同时，有一部分内墙采用钢筋混凝土柱代替，在使用上可以取得较大的空间。内框架承重方案多用于教学楼、医院、商店、旅馆等建筑物。

2.3　钢结构

钢结构由钢制材料组成，各构件或部件采用焊接、螺栓或铆钉连接，多用于大型厂房、场馆等建筑。钢结构自重轻、结构可靠性高、机械化程度高，绿色环保；但耐腐蚀性差、耐火性差，图1-17所示为钢结构框架。

2.4　框架结构

框架结构是由梁和柱刚性连接而成骨架的结构（图1-18）。框架结构的BIM模型示意图如图1-19所示，组成分解图如图1-20所示。

图　1-17　　　　　　　　　　　　　　　图　1-18

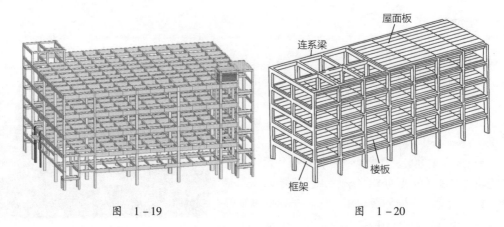

图 1 – 19 图 1 – 20

　　框架结构的主要优点是：空间分隔灵活，利于安排较大空间，框架结构的梁柱构件易于标准化，现浇混凝土框架抗震效果好。框架结构的主要缺点是：框架节点应力集中，框架结构侧向刚度小导致水平位移大，现浇结构施工受季节和环境影响较大，不适宜建造高层建筑。

2.5　剪力墙结构

　　剪力墙结构用钢筋混凝土墙板来代替框架结构中的梁柱，其组成分解图如图 1 – 21 所示。剪力墙又称抗风墙、抗震墙或结构墙，是房屋或构筑物中主要承受风荷载或地震作用引起的水平荷载和竖向荷载的钢筋混凝土墙体（图 1 – 22）。

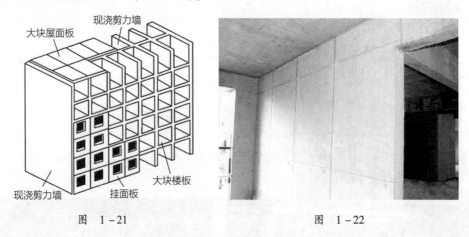

图 1 – 21 图 1 – 22

　　剪力墙结构的主要优点是：承重、抗风、抗震、围护与分隔为一体，抗侧刚度大，侧向变形小，经济合理地利用结构材料。剪力墙结构的主要缺点是：结构墙较多使平面布置和空间利用受到限制，较难满足大空间建筑功能的要求，结构自重较大导致地震作用力较大。

　　在国家大力推进装配式建筑的背景下，需要利用 BIM 对传统剪力墙结构设计图纸进行深化设计，可工厂预制的剪力墙深化设计 BIM 模型如图 1 – 23 所示，剪力墙结构现场装配连接部位 BIM 模型如图 1 – 24 所示。

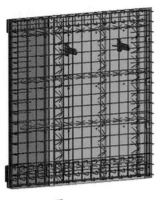
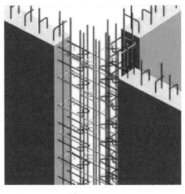

图　1－23　　　　　　　　　图　1－24

2.6　框架－剪力墙结构

　　框架－剪力墙结构是在框架结构中根据计算布置一定数量的剪力墙的结构，一般简称为框剪结构（图1－25）。框剪结构既有框架结构平面布置灵活的优点，又有剪力墙结构侧向刚度较大的优点，其组成分解图如图1－26所示。

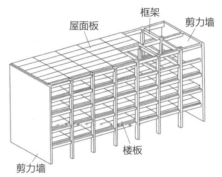

图　1－25　　　　　　　　　图　1－26

2.7　框架－核心筒结构

　　目前，高层和超高层建筑常采用框架－核心筒结构体系（图1－27、图1－28）。其外围是由梁和柱构成的框架受力体系，中间的混凝土核心筒体承担主要的水平荷载和负责垂直运输的功能。框架－核心筒结构是框架结构和核心筒结构两种体系的结合，在结构平面布置上既有梁柱组成的框架体系，也有抗侧刚度大的核心筒，吸取了各自的长处，既能为建筑平面布置提供灵活的使用空间，又具有良好的抗侧力性能。

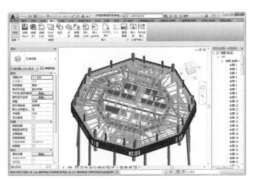

图　1－27　　　　　　　　　图　1－28

2.8 大跨结构

大跨结构常用于展览馆、体育馆、飞机机库等，其结构体系有很多种，如网架结构、网壳结构、悬索结构、索膜结构、充气结构、薄壳结构、应力蒙皮结构等。大跨结构的设计和建造难度都非常大，越来越多的项目借助 BIM 技术完成相应的建设任务。

天津于家堡综合交通枢纽的屋盖采用大跨度单层网壳结构（图 1-29），南北向跨度 144m，东西向跨度 81m，矢高为 25m，是目前世界最大最深的全地下高铁站房，也是全球首例单层大跨度网壳穹顶钢结构工程。杆件沿空间螺旋线交织布置，网壳网格大小、疏密不一，不同部位的杆件类型和截面大小不同，构成非规则的空间曲面造型。BIM 技术在该项目建设过程中发挥了巨大的作用。

 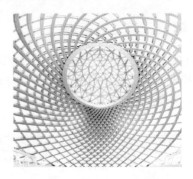

图 1-29

课后练习

1. 下列选项不属于框架结构的主要优点的是（　　）。

   A. 空间分隔灵活　　　　　　　　　　B. 平面布置灵活

   C. 框架节点应力集中显著　　　　　　D. 构件易于标准化

2. 下列选项不属于钢结构的优点的是（　　）。

   A. 钢结构重量轻，强度高　　　　　　B. 钢材具有良好的塑性和韧性

   C. 钢结构制造简便，施工周期短，装配性好　　D. 钢材耐热、耐火性能好

3. 砌体结构中房屋横向刚度较大，整体刚度好，立面处理比较方便，抗震性能较好的承重方案是（　　）。

   A. 横墙承重　　　　B. 纵墙承重　　　　C. 纵横墙承重　　　　D. 内框架承重

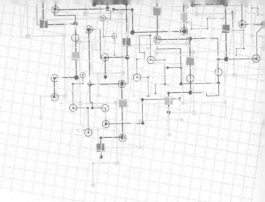

第2章　BIM 应用架构

第1节　BIM 技术在结构专业中的应用

BIM 模型是基于数字化技术、虚拟仿真技术，能够将工程项目全生命周期中各个不同阶段的工程信息集成为一体的信息模型，它包含了建筑物在项目建设周期内的所有相关真实信息，不仅包括几何信息（表达建筑内部和外部空间结构的三维几何信息，通常通过参数化的三维建筑构件组合来实现），还包括非几何属性信息（建筑构件的材料、重量、价格、进度等非几何信息，通常被保存在模型的参数属性中），同时为建筑工程师、结构工程师、设备工程师，施工方、建设方乃至最终用户等各方提供"模拟和分析"的数据基础。模型信息从项目规划阶段开始建立，随着工程项目的推进，个同专业的设计人员、施工人员以及运维管理人员将信息和数据不断地补充和完善，并可根据权限随时从中提取有用的资料，从而避免重复工作。

通过近几年的政策制定和市场推进，BIM 技术在设计行业内的发展非常迅速，尤其在建筑专业和设备专业最为明显。但是，具体到结构设计，因为结构专业关系到工程安全，所以结构设计分析软件基本都是相对独立的，结构分析软件通常在与 BIM 软件进行信息交换的过程中仍存在亟须解决的关键性问题，所以，BIM 技术在结构设计过程中的应用上遇到了一定制约因素，仍需要继续努力做好对接工作。

第2节　项目组织架构、分工与职责

2.1　项目组织架构

1. 设计阶段项目组织架构

工程项目的设计阶段一般分为概念设计（可行性研究阶段）、方案设计（报审阶段）、初步设计（技术阶段）、施工图设计（出图阶段）。设计阶段是项目全过程 BIM 模型建立的关键阶段，此阶段的 BIM 模型质量直接关系到后续阶段能否信息共享和交互的问题，所以，设计阶段的组织架构设置和模型深度规定至关重要。设计阶段项目 BIM 组织架构如图 2 – 1 所示。

2. 施工阶段项目组织架构

工程项目施工阶段的 BIM 工作重心和设计阶段是有区别的，这是因为项目的阶段内容和目标是不一样的。施工阶段项目组织架构如图 2 – 2 所示。

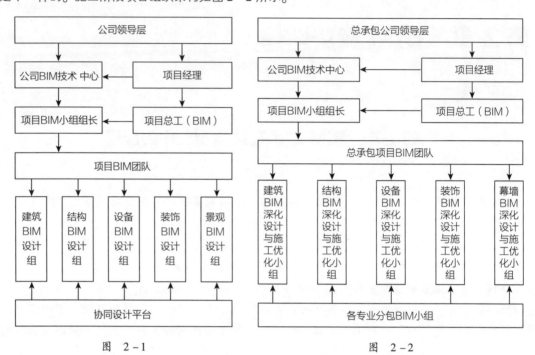

图 2 – 1　　　　　　　　　　　　　图 2 – 2

2.2 BIM 成员分工与职责

1. BIM 岗位设置

项目 BIM 团队按照工作内容、工作性质和工作阶段可以设置不同的岗位，一般包括 BIM 建模工程师、BIM 专业工程师、BIM 平台管理员、BIM 项目经理和 BIM 技术总监。项目 BIM 人员配备的岗位设置和组织结构如图 2 – 3 所示。

2. 岗位职责

基于 BIM 技术工程应用的优势，越来越多的企业和项目开始要求应用 BIM，BIM 已经成为大型复杂项目必不可少的辅助工具，所以，配备 BIM 人员形成团队，明确各岗位职责是非常必要的。

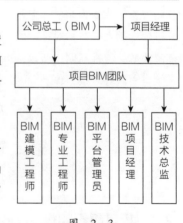

图 2 – 3

（1）BIM 建模工程师　BIM 建模工程师至少应熟练掌握某一个 BIM 软件，例如 Revit、Bentley、Planbar、Tekla 等，并应熟悉不同软件间的模型格式转换和信息交互。此类人员即可根据专业设计图纸创建 BIM 模型和设计优化，也可在 BIM 专业工程师的指导下进行 BIM 正向设计的模型创建工作。

（2）BIM 专业工程师　BIM 专业工程师具有专业知识背景，精通 BIM 软件，具有专业资格，具备正向设计能力。负责本专业 BIM 技术工程应用，解决 BIM 技术应用和专业表达需求的问题。除本专业 BIM 技术应用以外，对于专业间和软件间 BIM 信息的交互和沟通也应了解，特别是对 BIM 建模、模型渲染、虚拟漫游、能耗分析、工程量统计、过程管理等工程全过程 BIM 应用应有了解。

（3）BIM 平台管理员　BIM 平台管理员主要负责保障 BIM 平台软件和硬件的正常运转，一般应具有计算机专业知识背景。管理员负责 BIM 应用系统、数据协同及存储系统、构件库管理系统的日常维护、备份等工作，负责各系统、各专业人员及权限的设置与维护，负责各项目环境资源的准备及维护。

（4）BIM 项目经理　BIM 项目经理负责批准 BIM 实施计划，负责 BIM 项目的全过程管理，确定岗位设置、岗位职责和人员权限，具备推进 BIM 应用的全盘协调能力和管理执行能力。根据项目需求制订任务目标、计划、流程，对项目的进度、成本、质量进行管控，协调项目内外关系，确保 BIM 技术工程应用达到预期目标。

（5）BIM 技术总监　BIM 技术总监将 BIM 技术融入公司管理系统和用于实际工程操作，推动 BIM 正向设计。负责制订 BIM 实施目标、工作计划及协同流程，并组建项目管理与实施团队；组织、协调人员进行各专业 BIM 模型的搭建、协同、分析、出图等工作；负责 BIM 交付成果的质量管理；完成信息数据和模型文件的接收或交付。

第 3 节　BIM 模型文件管理和命名规则

3.1　BIM 模型文件管理

一般的 BIM 模型都比较大，要拆分成多个模型，但过多的模型文件也会带来文件管理的问题。

不同的应用阶段其文件目录组织会有所区别。对于设计阶段来说，一般以专业为主线进行文件存储目录组织，如图 2 – 4 所示。对于施工和运维阶段来说，一般以区域为主线进行文件存储目录组织，在一个区域里存放所有专业的文件，更容易管理，如图 2 – 5 所示。

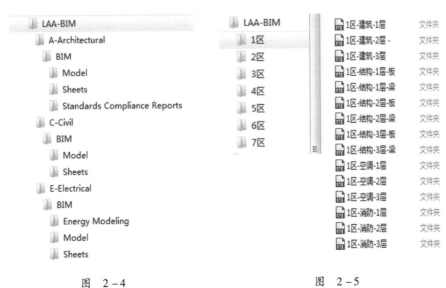

图　2 – 4　　　　　　　　　　　　图　2 – 5

3.2 BIM 模型文件命名

有了清晰的文件目录组织架构，还需要有清晰的文件命名规则。对于大型复杂的模型文件，为了拆分模型，模型文件数量会达到几百个，因此必须严格规定文件的命名方式。命名规则根据项目情况和各单位的习惯会有所不同，能适合本单位或本部门的管理即可。下面以中国香港房屋署（Hong Kong Housing Authority）BIM 标准手册里的命名规则为例进行说明，文件命名分 8 个字段24 个字符进行命名，如图 2-6 所示。

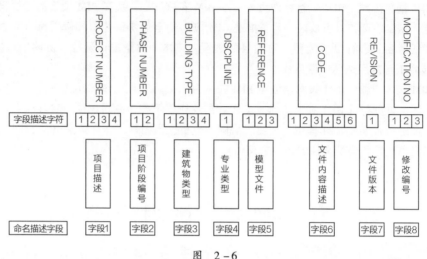

图 2-6

以上命名规则从英文字母缩写表示，在文件名的清晰度和长度上把握较好。我们也可以采用中文制订如下命名规则：项目简称 – 区域 – 专业 – 系统 – 楼层。

总之，模型文件命名和模型划分是密不可分的，需要在清晰度和管理的有效性、便利性上取得平衡。所以，在项目前期需要对项目规模、专业组成，尤其是 BIM 应用目标进行充分的研究。

第 4 节　BIM 信息交互原则及标准

4.1 BIM 信息交互原则

BIM 技术的应用影响建筑行业各个环节和专业之间的信息集成与协作，进而对整个建筑行业的信息化产生深远意义。国内外都在制定适合自己国情的 BIM 标准和信息交互原则，BIM 的成功应用需要建立一个建筑产业各相关方统一遵循的标准框架体系。我国住建部于 2016 年 12 月 2 日批准了《建筑信息模型应用统一标准》（GB/T 51212—2016）为国家标准。

BIM 信息交互的基本原则如下。

1）数据表达的唯一性。

2）数据结构的完整性。

3）信息数据交换格式的规范性和通用性。

4）模型信息交换识别的完整性和准确性。

4.2　BIM 信息交互标准

　　建筑信息模型（BIM）是建筑工程的信息集合模型，包含从规划、设计、施工、运维到报废整个存在过程的所有信息，即建造图纸信息、选用材料信息、功能使用信息、采用技术信息等。BIM模型的创建和维护是一个信息庞大、周期漫长、多方协同的系统工程（图2-7），各专业、各阶段的信息共享和交互传递不可避免，所以，为了保证信息交互的完整性和准确性，制定通用的信息交互标准是必要的。

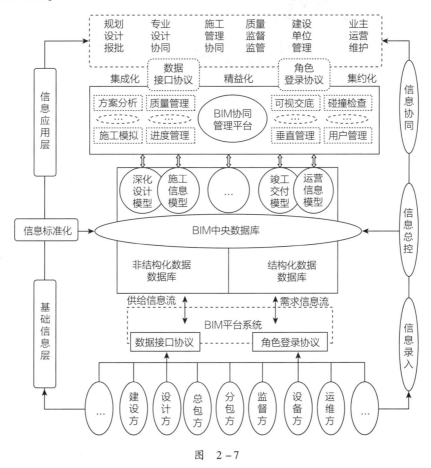

图　2-7

　　IFC（Industry Foundation Classes）标准是由国际协同工作联盟 IAI（International Alliance for Interoperability）为建筑行业发布的建筑产品数据表达标准，是 BIM 相关应用进行数据共享和信息交换的通用标准。IFC-BIM 具备三大特点：其一是面向建筑工程领域，其二是公开和开放，其三是一种数据交换标准。IFC 标准体系仍在不断完善当中。

　　基于我国国情和信息安全考虑，为建立和完善我国 BIM 标准体系，中国工程建设标准化协会建筑信息模型专业委员会组织开展了一系列建筑工程项目 P-BIM 软件功能开发与信息交换标准（P-BIM 标准）编制工作。2017 年 6 月，中国工程建设标准化协会与中国 BIM 发展联盟联合发布《规划和报建 P-BIM 软件功能与信息交换标准》等 13 项 P-BIM（Public-BIM）标准。

　　（1）P-BIM 应用价值　P-BIM 的应用价值在于根据不同的建筑应用领域、不同类型软件和不同信息内容建立不同的 BIM 信息交互与共享实施途径，提供完成交互和传递的专业软件与信息平台，达到信息共享的目的。

（2）P–BIM 实施途径　传统的工程软件是相对独立的，有的甚至没有预留与其他软件之间的数据传输接口，导致大型复杂工程无法进行信息共享、无法使用信息化管理手段，好比独立用餐，相互之间没有交集，如图 2–8a 所示；基于 P–BIM 搭建的平台软件提供了软件间的信息交互和共享途径，P–BIM 软件间的信息传递和信息交互是直接的、实时的，好比圆桌用餐，所有菜品按需共享，如图 2–8b 所示。

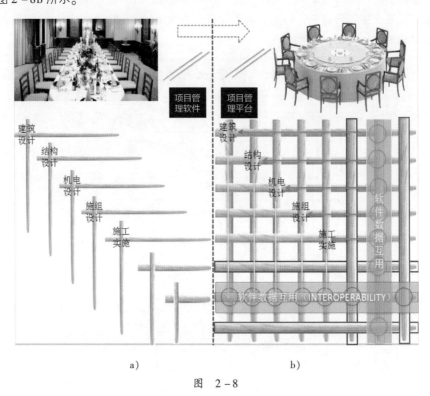

图　2–8

课后练习

1. 2017 年 6 月，中国工程建设标准化协会批准发布（　　）项 P-BIM 标准。
   A. 4　　　　　　　　　B. 8　　　　　　　　　C. 13　　　　　　　　　D. 15
2. 香港房屋署 BIM 标准手册里的命名规则用（　　）个字段进行 BIM 模型文件命名。
   A. 4　　　　　　　　　B. 8　　　　　　　　　C. 16　　　　　　　　　D. 24
3. 中国工程建设标准化协会与中国 BIM 发展联盟发布了（　　）标准。
   A. P-BIM　　　　　　B. IFC-BIM　　　　　　C. BIM　　　　　　　　D. CBIMS
4. 对于设计阶段来说，一般以（　　）为主线进行文件存储目录组织。
   A. 专业　　　　　　　B. 区域　　　　　　　C. 楼号　　　　　　　D. 项目
5. 对于施工和运维阶段来说，一般以（　　）为主线进行文件存储目录组织。
   A. 专业　　　　　　　B. 区域　　　　　　　C. 楼号　　　　　　　D. 项目
6. BIM 模型不仅包括几何信息，还包括（　　）信息。
   A. 几何信息　　　　　B. 非几何属性　　　　C. 长度　　　　　　　D. 宽度

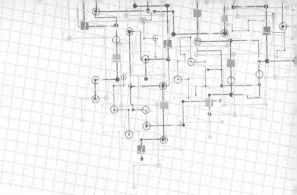

第3章　结构 BIM 应用内容与流程

1.1　设计阶段 BIM 应用内容

根据住建部《建筑工程设计文件编制深度规定（2016 版）》，建筑工程图纸设计一般分为方案设计、初步设计和施工图设计三个阶段。

方案设计阶段的成果主要用于对方案的评审及多方案比选。BIM 技术应用后，可以更加直观地通过 BIM 模型可视化功能完成方案的评审及多方案比选。方案设计阶段的表达内容如图 3 – 1 所示。

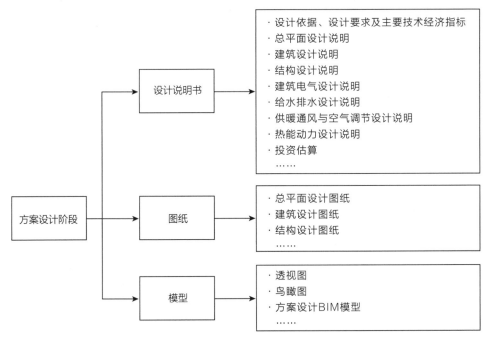

图　3 – 1

初步设计阶段的成果主要用于确定具体技术方案和为施工图设计奠定基础。BIM 技术应用后，通过 BIM 模型可以更高质量地完成建筑设计、结构分析、管线排布及综合协调，提高工程设计质量。初步设计阶段的表达内容如图 3 – 2 所示。

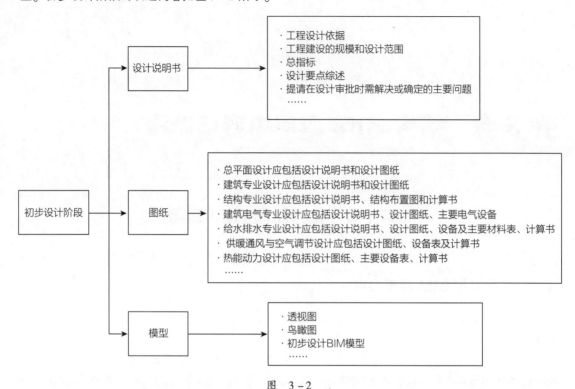

图 3 – 2

施工图设计阶段的成果主要用于指导施工，最终交付成果包括 BIM 模型和达到二维制图标准要求的图纸。施工图设计阶段的表达内容如图 3 – 3 所示。

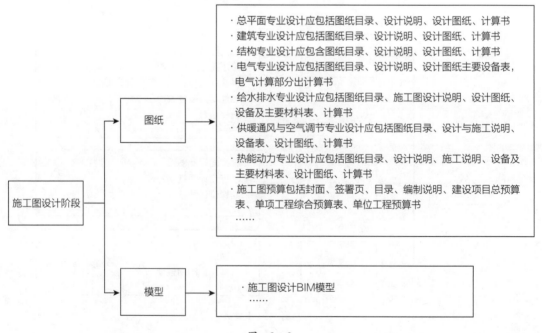

图 3 – 3

BIM 技术在设计阶段的应用内容和优势体现在：

1）可视化交底及联动效果。BIM 的可视化交底可以大大提高工作效率，降低施工中出问题的概率。同时，可视化还改善着沟通环境，让设计方与业主或者施工方能够在统一的环境下进行沟通，规避了理解偏差。此外，联动的效果可以大大提高设计各专业之间的协同效率，降低因为专业之间的差异性对项目理解不同而造成的错误。并且，在联动的效果下，模型可以一处修改，相关各处同时变动，解决了长期以来图纸之间的错、漏、缺问题，节省了人力、物力、财力以及时间，提高了工作效率。

2）构件的参数化设计。在建筑信息模型中，建筑构件并不只是一个虚拟的视觉构件，它可以模拟除几何形状以外的一些非几何属性，还可以对模型进行能耗分析，提高了建筑设计的效能。按照设定好的构件参数进行调整，让构件按照设计人员的意图进行改变，满足设计上的要求、施工上的工艺展示以及业主方的观赏效果要求。

3）专业间协同作业。利用 BIM 技术构建的协同设计平台，各专业设计人员能够快速地传递建筑项目各阶段、各专业间的数据信息，对设计方案进行"同步"设计和修改。业主、设计、施工及运维等各方可以随时从该平台上任意调取各自所需的信息，通过协同平台对项目进行设计深化、施工模拟、进度把控、质量监管、成本管控等，提升项目的管理水平、设计品质和建造质量。这不仅改变了建筑工程师、结构工程师、设备工程师等专业传统的工作协调模式，而且业主、政府职能部门、制造商、施工企业等都可以基于同一个带有三维参数的建筑模型进行协同工作。

1.2　BIM 正向设计与传统结构设计的比较

BIM 正向设计主要是指直接采用三维协同设计，通过模型直接得到所需的图纸、报表、视图、数据等。它能够提高设计效率，提高审图质量和效率，优化各道工序，方便施工阶段的交流沟通，方便运行维护阶段的工作。

近年来，无论是行业政策还是技术需求方面，都非常重视信息化建设以及 BIM 技术的发展。由于设计在建筑工程全产业链中处于前端，是建筑工程最主要的信息来源，同样 BIM 设计也是BIM 应用的信息源头。因此，应用 BIM 技术进行正向设计，对于工程全生命周期的 BIM 应用至关重要。目前，限于技术水平和设计人员掌握 BIM 技术的程度，还很难做到真正意义上的 BIM 正向设计。应用 BIM 进行正向设计的目标是能够直接在三维环境下进行设计，即模块化参数设计、方案优化、自动出图、图纸和模型相互关联，甚至可以与计算分析模型结合，同步优化，这个过程才是 BIM 正向设计。

传统结构设计主要依靠 CAD 技术的平面设计图纸，常常造成彼此间信息传递错误和遗漏，不能直观地表达相互间的方案意图，各单位之间的协调工作较复杂耗时。所以，BIM 和 CAD 相比，优势在于设计成果不只是一张平面图纸，而是一个实实在在与实际竣工成果相近的设计模型，该设计模型包含了众多的设计信息，可进行读取和提取，同时还可从模型中导出相应的图纸。

结构专业与建筑专业不同的是：结构设计要先通过软件（如 PKPM 软件）建立一个计算模型，在该模型中计算好构件尺寸和配筋信息。传统设计直接从该计算模型导出 CAD 平面图后进行进一步设计；而 BIM 设计则是将计算模型导成 BIM 软件可以识别的三维模型格式，同

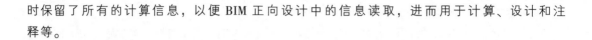

时保留了所有的计算信息，以便 BIM 正向设计中的信息读取，进而用于计算、设计和注释等。

1.3 专业间提资内容和表达方式

工程设计是一个复杂的系统工程，需要各专业间进行相互配合才能完成预定功能，专业间的提资要求和返资深度对做好 BIM 模型和信息交互与共享非常重要，结构专业关系到结构安全和功能实现，所以，与结构专业有关的专业都应重视专业间的提资及返资，避免后续的变更或返工。

1. 一次提资及返资

1) 建筑专业根据前期方案和功能要求向结构专业提供资料内容，见表 3-1。

表 3-1

内容	表达方式			备注
	图	文字	BIM 模型	
甲方要求和设计依据		√		
规划审批资料	√	√		
初步设计资料	√	√	√	
影响结构计算的荷载布置、结构形式 （所有墙、柱、板的布置位置、尺寸和标高）	√	√	√	

2) 结构专业对建筑专业提供的图纸、BIM 模型及相关技术资料进行确认，并确认荷载布置方案、结构体系及基础形式，对影响外立面、室内净高及使用空间的梁、墙、柱应提出修改建议。

3) 机电专业提供影响结构荷载计算的设备布置范围及荷载大小，楼板及结构墙上大于 800×800 的洞口、特殊的降板要求等。

2. 二次提资及返资

1) 建筑专业接收到各专业反馈的资料后，对设计过程各专业所需要的设计参数、设计要求给予确定，调整和补充相关设计资料和图纸，再次向各专业提资，见表 3-2。

表 3-2

内容	表达方式			备注
	图	文字	BIM 模型	
设计依据		√		
总平面图	√		√	
各层平面图	√		√	
立面图	√		√	
剖面图	√		√	
其他	√	√		

2）结构专业认真核对，并对提供的图纸、BIM 模型及相关技术资料进行确认，将设计图纸和 BIM 模型中主要功能用房等技术资料反提给建筑专业，作为建筑专业第二时段的接收资料。

3. 三次提资及返资

1）建筑专业接收到各专业反馈的资料后，对各专业反馈资料认真研究并及时给予沟通和确定，调整和补充相关设计资料和图纸，再次向各专业提资，见表 3 - 3。

表 3 - 3

内容	表达方式			备注
	图	文字	BIM 模型	
设计说明		√		
平面图细部构造和做法、二提未提交或未完善部分	√		√	
立面图细部构造和做法、二提未提交或未完善部分	√		√	
剖面图细部构造和做法、二提未提交或未完善部分	√		√	
其他、二提未提交或未完善部分	√	√	√	

2）结构专业认真研究，并对提供的图纸、BIM 模型及相关技术资料进行确认，将细部构造和做法以及需要进一步完善部分等技术资料反提给建筑专业，作为建筑专业第三时段的接收资料。

1.4 基于 BIM 应用的设计流程

1. 基于 BIM 技术的协同设计总体流程

初步设计阶段 BIM 应用流程图如图 3 - 4 所示，施工图设计阶段 BIM 应用流程图如图 3 - 5 所示。

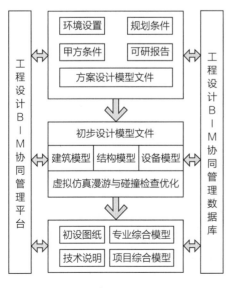

图 3 - 4

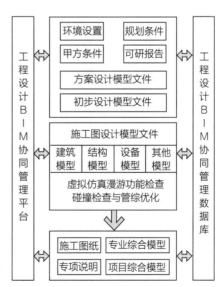

图 3 - 5

建筑项目全生命周期的 BIM 应用总体流程如图 3 – 6 所示。

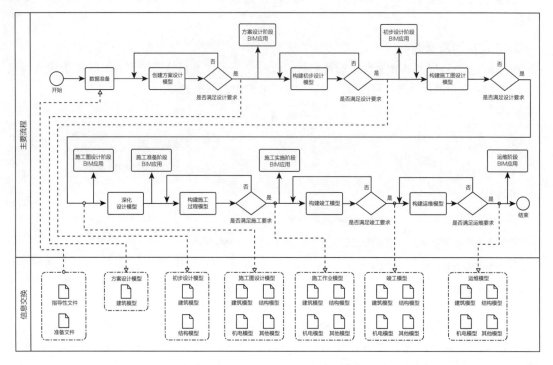

图　3 – 6

2. 基于 BIM 应用的结构设计流程

工程设计需要多专业相互配合共同完成，各专业间既相对独立又相互依存，结构设计是确保整个项目安全的关键环节，基于 BIM 协同的结构专业工作流程如图 3 – 7 所示。

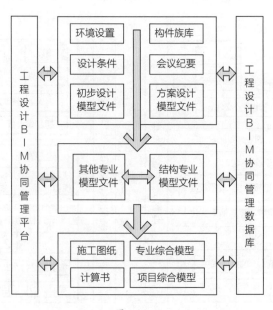

图　3 – 7

第 2 节　施工阶段 BIM 应用

2.1　施工阶段 BIM 应用价值

施工阶段是工程实体的形成过程，该过程中的三大期望目标是工程质量好、工程进度快和工程造价低，三大目标既相互矛盾又平衡统一，其中确保工程质量，特别是结构主体的质量是第一位的。

结构主体是建筑物存在的支撑骨架，对于大型复杂的工程项目，从设计阶段提供的图纸资料或 BIM 模型是很难确定具体结构构件的加工制作方案和施工安装方案的，需要借助 BIM 技术在施工阶段首先完成构件拆分、定位详图、精度核查、技术交底、装配模拟等工作，在确保工程质量的同时，兼顾工程进度和工程造价。

因此，加工环节和施工阶段应用 BIM 技术，既有助于提升建筑结构的质量，又可借助管理手段达到平衡工程进度和工程造价的目的。

2.2　BIM 用于结构构件拆分设计

对于大型复杂工程项目，设计阶段的表达能力是有限的，不能满足各个专业进行加工制作和安装施工的需要，各专业都要在设计阶段提供的图纸资料或 BIM 模型的基础上进行符合各专业需要的深化设计。例如，装配式建筑的预制构件加工详图如图 3 - 8 所示，钢筋分布定位图如图 3 - 9 所示，钢结构构件及节点拆分 BIM 模型如图 3 - 10 所示。

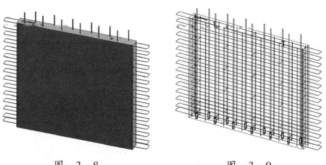

图　3 - 8　　　　　　　　　　　图　3 - 9

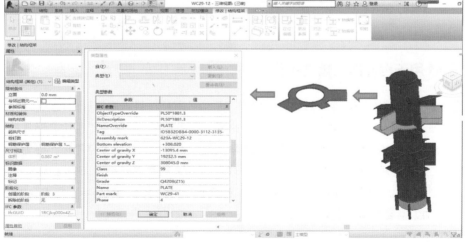

图　3 - 10

2.3 BIM 用于异形曲面定位详图

建筑物中出现异形曲面一般是考虑外观造型或特定功能的需要，异形曲面无论是结构构件还是造型做法一般都需要由施工单位借助 BIM 软件进行专项设计、确定定位详图、制订加工制作方案、编制安装就位方案。

珠海歌剧院结合了地理位置、周围环境、气候条件、声学效果、舞台照明、空调效果、视线要求等因素设计成了日月贝外形（图 3-11），该项目采用 BIM 技术对日月贝外形的薄壁大曲面施工进行了多次精确定位来确保弧度的精确性（图 3-12）。

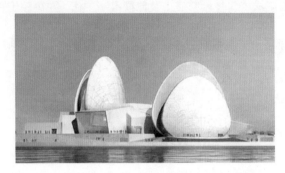
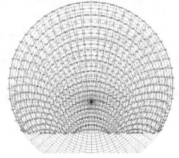

图　3-11　　　　　　　　　　　　　　　　图　3-12

郑州奥体中心体育场（图 3-13）屋盖波浪造型采用 BIM 进行定位（波浪造型定位模型如图 3-14 所示）。

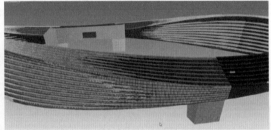

图　3-13　　　　　　　　　　　　　　　　图　3-14

2.4 BIM 用于构件加工精度核查

建筑构件在加工制作过程中一般都会有误差，若将带有超过误差限值的构件运往施工现场进行安装，再加上误差累积，势必会给建筑结构带来安全隐患。所以，施工过程中要确保结构安全，必须对加工制作、运输过程、安装就位等可能影响质量的每个关口进行严格把控，避免安全隐患，确保建筑施工质量。对于复杂构件和连接节点一般利用 BIM 模型和三维激光扫描技术进行加工质量核查。预制钢柱 CAD 模型如图 3-15 所示，三维激光扫描如图 3-16 所示，扫描数据处理如图 3-17 所示，加工精度核查如图 3-18 所示。

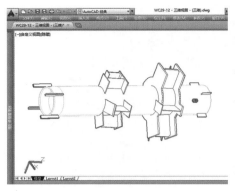

图　3 - 15

图　3 - 16

图　3 - 17

图　3 - 18

2.5 BIM 用于关键环节技术交底

　　每一项新技术、新材料和新工艺的工程应用，对于技术人员和操作人员都有一个熟悉和掌握的过程，传统的技术交底做法都是口头的或纸面的人传人方式，通过 BIM 技术进行关键环节技术交底，会更直观和清晰，并可随时随地学习，提高了施工准确度和施工效率，确保了施工环节工程质量和建筑结构安全。装配式建筑的预制墙板吊装就位模拟 BIM 模型如图 3 - 19 所示，技术交底如图 3 - 20 所示；灌浆套筒连接 BIM 模型如图 3 - 21 所示，技术交底如图 3 - 22 所示；灌浆孔堵塞 BIM 模型如图 3 - 23 所示，技术交底如图 3 - 24 所示。

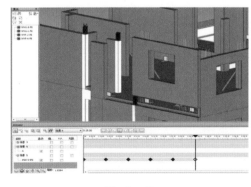

图　3 - 19

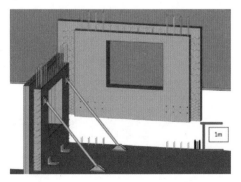

图　3 - 20

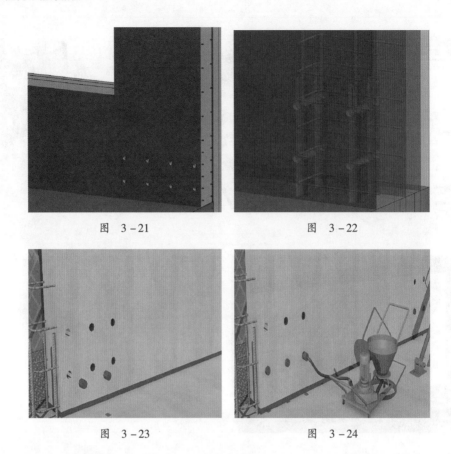

图　3 – 21　　　　　　　　　　　　　图　3 – 22

图　3 – 23　　　　　　　　　　　　　图　3 – 24

2.6　基于 BIM 应用的施工环节质量管控流程

影响建设项目工程质量的因素很多，归纳起来主要包括人员因素、机械因素、材料因素、方法因素和环境因素。工程质量受到影响就会给建筑结构带来安全隐患。BIM 技术在施工过程中的应用可以增加工程质量管控细节、提升管控手段、提高工程质量、减少安全隐患，从而确保建筑安全。基于 BIM 应用的施工环节质量管控流程如图 3 – 25 所示。

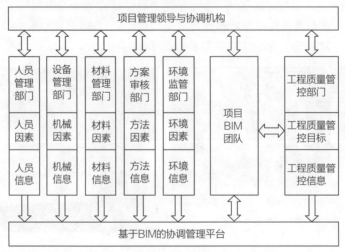

图　3 – 25

（1）人员因素的控制　人员因素主要是指直接履行项目各项职能的决策者、管理者和操作者个人的质量意识、主动意识、责任意识，以及个人掌握的提高工程质量的行为手段。BIM 模型包含了丰富的建筑信息和建造信息，并用三维模型展示的方式呈现给各个项目参与的个人和单位，相关人员可以将 BIM 模型作为提升工程质量的行为手段。

（2）机械因素的控制　施工机械设备是所有施工方案和工法得以实施的重要物质基础，合理选择和正确使用施工机械设备是保证项目施工质量和安全的重要条件。BIM 技术的应用，可以优化施工机械配合方案，保障施工安全，提高施工效率。

（3）材料因素的控制　各类材料是工程施工的基本物质条件，材料质量是工程质量的基础。基于 BIM 技术建立原材料采购、材料检验、材料性能、材料数量、材料应用人员、材料应用位置等可追溯的材料信息分类管理平台，确保原材料采购、过程使用、更换调整、回收利用等信息可查。

（4）方法因素的控制　传统的提高施工过程质量的方法主要是增加管理人员数量和填报更多纸面资料，有些纸面资料工程竣工后无法找到，大量的工程信息和建造信息不方便查找和利用。BIM 技术的工程应用改变了传统的工程质量管理模式，建立的 BIM 模型和数据库可以方便施工过程管理和工程质量管控，改革了施工管理方法和质量管控手段，提高了工程建设效益。

（5）环境因素的控制　施工环境是生态环保治理的重点，借助 BIM 平台，实时掌握施工环境数据，确保达到相关要求，避免停工整顿和罚款处罚，保障工程顺利进行。

课后练习

1. BIM 技术应用的优势体现在（　　）、构件的参数化设计、专业间协同作业。
   - A. 效果图
   - B. 可视化交底及联动效果
   - C. 几何属性
   - D. 非几何属性

2. BIM 正向设计主要指（　　）。
   - A. 直接采用三维协同设计
   - B. 图纸翻模设计
   - C. 二维转三维设计
   - D. CAD 设计

3. 专业间相互提资的表达方式一般为图、表和（　　）。
   - A. 数字
   - B. 文字
   - C. 图表
   - D. 邮件

4. 基于 BIM 技术的施工能带来多方面的好处，包括（　　）、降低施工风险、提高管理手段等。
   - A. 轻松理解设计意图
   - B. 提供图纸
   - C. 提供效果图
   - D. 确保质量

5. 利用 BIM 模型进行（　　）施工进度模拟，实现与 Microsoft Project 的无缝数据传递。
   - A. 2D
   - B. 3D
   - C. 4D
   - D. 5D

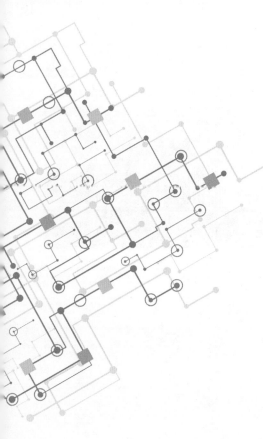

第 2 部分
Autodesk Revit
案例实操及应用

PART 02

第 4 章　案例项目

第 5 章　项目准备

第 6 章　通用项目样板设置

第 7 章　结构样板设置

第 8 章　初模

第 9 章　中间模

第 10 章　终模

第 11 章　图纸创建与输出

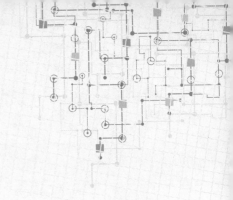

第4章　案例项目

第1节　案例项目概况

从本章到11章我们将以下面所述项目为载体，讲解BIM在结构工程中的应用。

本案例项目为杭州某综合楼项目，建筑类型为三层综合楼，建筑功能包括办公、商业及配套车库，建筑占地面积约945m²，建筑面积约3500m²。其中：一层建筑面积约1850m²，层高4.5m；二层建筑面积约826m²，层高3.9m；三层建筑面积约824m²，层高4.5~9.6m。本案例项目建筑结构安全等级二级，主体结构设计使用年限为50年。抗震设防烈度为6度，结构类型为现浇钢筋混凝土框架结构体系。基础形式采用桩基础，桩型为钻孔灌注桩，地基基础设计等级为乙级，桩基设计等级为乙级，建筑耐火等级为二级（其中车库部分耐火等级为一级）。

本案例项目效果图如图4-1所示。

图　4-1

第2节　设计要求

1) 本案例设计阶段为施工图设计。

2) 本案例设计所涉及专业为建筑、结构、给水排水、电气及暖通空调专业。

3) 结构施工图的设计文件要求：

①结构施工图设计文件应包含图纸目录、设计说明、设计图纸、计算书。

②图纸目录按图纸编号排列结构施工图图纸，先列绘制图纸，后列选用的标准图或重复利用图。

③结构设计总说明主要包括以下内容：

a. 工程概况；

b. 设计依据；

c. 图纸说明；

d. 建筑分类等级；

e. 主要荷载（作用）取值及设计参数；

f. 设计计算程序；

g. 主要结构材料；

h. 基础部分说明；

i. 钢筋混凝土部分说明；

j. 砌体部分说明；

k. 检测（观测）要求；

l. 施工需特别注意的问题。

④基础平面图包括以下内容：

a. 绘出定位轴线、基础构件（包括承台、基础梁等）的位置、尺寸、标高、构件编号。

b. 标明地沟、地坑等的平面位置、尺寸、标高。

c. 绘出桩位平面位置、定位尺寸及桩编号。

⑤基础详图包括以下内容：

a. 绘出桩详图、承台详图及桩与承台的连接构造详图。桩详图包括桩顶标高、桩长、桩身截面尺寸、配筋、预制桩的接头详图，并说明地质概况、桩持力层及桩端进入持力层的深度、成桩的施工要求、桩基的检测要求，注明单桩的承载力特征值（必要时还应包括竖向抗拔承载力及水平承载力）。承台详图包括平面，剖面，垫层，配筋，标注总尺寸、分尺寸、标高及定位尺寸。

b. 基础梁按相应图集表示。

⑥结构平面图包括以下内容：

a. 绘出定位轴线及梁、柱、承重墙、抗震构造柱位置及必要的定位尺寸，并注明其编号和楼面结构标高。

b. 现浇板应注明板厚、板面标高、配筋（也可另绘放大的配筋图，必要时应将现浇楼面模板图和配筋图分别绘制），标高或板厚变化处绘局部剖面。

c. 梁采用平法表示。

d. 楼梯间绘斜线注明编号与所在详图号。

e. 屋面结构平面布置图内容与楼层平面类同，当结构找坡时应标注屋面板的坡度、坡向、坡向起终点处的板面标高。

f. 当选用标准图中节点或另绘节点构造详图时，在平面图中注明详图索引号。

⑦钢筋混凝土构件详图按国标平法图集 16G101 系列的做法表示。

⑧混凝土结构节点构造详图按国标平法图集 16G101 系列的做法表示。

⑨楼梯图。绘出每层楼梯结构平面布置及剖面图，注明尺寸、构件代号、标高；绘制梯梁、梯板详图。

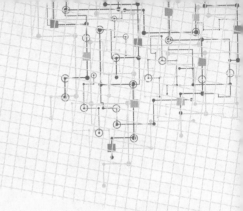

第5章 项目准备

第1节 BIM 设计实施导则

1.1 BIM 设计策划及准备

1. 项目策划

为了给设计者提供高效的工作环境及保证模型的一致性等，在项目初期就应考虑 BIM 应用，建设好软硬件环境，做好 BIM 设计策划。项目开始前，BIM 项目经理应根据项目的类型和需求，统筹确定 BIM 应用标准及其他参考标准、BIM 设计协同方式、应用点、模型拆分原则、出图方式、绘图进度及工作安排等内容。

2. BIM 应用标准及其他参考标准

可根据项目基本信息（如项目位置、面积、高度；楼栋编号及其使用性质；建筑、结构类型；机电设计条件等）及设计要求等确定项目使用的 BIM 建模标准，确保 BIM 模型在建模最初就能满足相关国家、行业、地方和企业标准及图集等要求。

3. 确定 BIM 应用点

应预先根据不同的项目要求和资源配置等因素综合考虑 BIM 应用点。

（1）BIM 设计软件应用规划　根据项目特点，确定项目中需要应用的软件以及软件之间的工作方式，规划好软件应用的接入点和数据接口等。

（2）BIM 绿色、性能化分析应用规划　根据项目特点和要求确定是否使用绿色和性能化分析，从而考虑模型的建模深度以及应用的时间节点。若前期未做考虑或不确定时可先不做此规划，后期若有要求，则在原有模型基础上完善，对优化设计影响不大，不必开始就增加建模深度。

（3）BIM 工程量应用规划　因 BIM 计算工程量对模型的建模深度、建模方式均有要求，所以前期确定是否进行工程量统计十分重要。

（4）其他应用规划　综合管线排布，净高分析，配合装配式、铝膜建筑应用点，幕墙深化，视频动画展示，BIM5D 应用等都应根据实情规划。

4. 项目模型拆分原则

模型拆分原则见本章第 2 节。

5. 模型准备

（1）创建项目通用文件夹　为了项目协同工作需求、资源共享，可根据企业 BIM 标准创建通用的文件夹，按照项目类型、年份以及工作内容等进行划分，并将项目的相关资料、建筑信息文件以及与甲方往来资料等归档到对应的文件夹中，示例如图 5 – 1 所示。

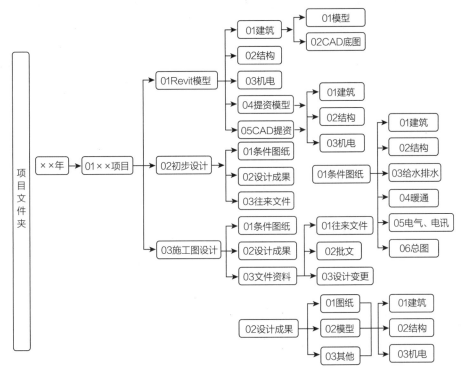

图　5 – 1

其中输入和输出资料放入对应文件夹后，不得擅自打开和修改，通过只读模式查看。案例项目初步设计阶段的专业提资为 CAD 软件绘制，施工图阶段提资可以是 CAD 图纸和 BIM 模型两种形式，并严格放在对应文件夹中。以上文件夹为通用项目文件夹。考虑到文件的安全性，需增加文件夹权限，确保无关人员无法进入，未经 BIM 项目经理同意不能擅自复制外传。

文件命名方式以相应的施工图信息命名，如 "01 项目" 应按照施工图项目名称命名，确保名称的统一、规范。BIM 模型文件的命名方式为：项目名 – 专业代码，如建筑 – A、结构 – S、机电 – MEP。

（2）软件 "选项" 设置　项目创建前，需对软件设置进行调整，确认软件自动保存路径、默认族文件夹路径以及自动保存时间等，如图 5 – 2 所示。

单击 "文件" → "选项"：

1）常规：①修改保存时间；②修改用户名；③修改共享同步频率等。

2）用户界面：①修改软件选项卡设置；②修改快捷键等。

3）图形：①图形显示效果；②图形颜色；③临时标注文字外观等。

4）硬件：是否启用硬件加速等设置。

5）文件位置：①修改样本文件默认路径；②调整链接文件默认路径；③修改族库及族样板默认路径等。

6）其他设置：渲染、检查拼写、SteeringWheels、ViewCube、宏等。

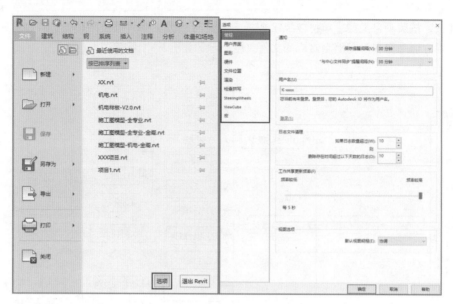

图　5-2

（3）创建协同项目　项目协同需要通过创建统一的项目样板实现，样板设置可参考第 6、7 章相关内容，具体协同方式可参考本章第 2 节相关内容。

（4）链接专业 CAD 图纸　根据项目情况，若前期已经做了二维的初步设计，可采用链接 CAD 文件的方式直接翻模。但链接前需对 CAD 图纸进行简化处理，删除无关内容，只保留轴网及本专业内容，如图 5-3 所示。保证链接到 Revit 中的文件轻量化，处理底图命名方式为 "专业—子项—楼层"，如 "建施 04—杭州某综合楼—一屋平面图"。

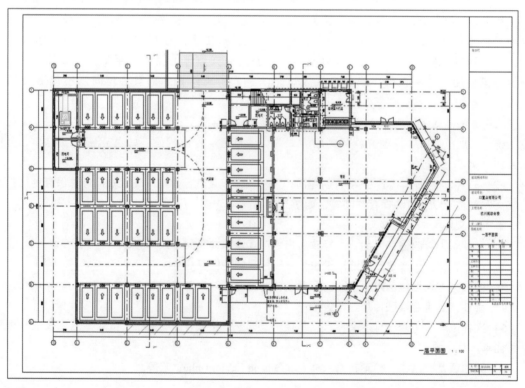

图　5-3

注意： 由于 Revit 使用工程字较卡，处理后的图纸尽量少保留文字，天正绘制的要导成 T3 格式。

1.2　软件硬件配置

与基于 CAD 的传统二维应用技术不同，BIM 是以建筑三维信息模型为基础的新技术应用，BIM 技术依托于三维软件平台，对计算机硬件、网络带宽的速度有较高的要求，下面是本项目软件硬件的配置，供 BIM 设计工作参考。

1. 建模人员标准软件硬件配置

1）操作系统：Microsoft Windows 10 SP1 64 位。

2）CPU：Intel Core i7 – 6700 四核处理器（4GHz，8MB 缓存）或性能相当的 AMD 处理器。

3）内存：16GB，最大支持 64GB。

4）视频显示：1920×1080 真彩色显示。

5）视频适配器：NVIDIA GeForce GTX 1060M 显卡或显存 4GB 并支持 DirectX R10 及 ShaderModel 的显卡。

6）硬盘：256GB SSD + 1000GB HDD。

2. 模型整合工作站软件硬件配置

1）操作系统：Microsoft Windows 10 SP1 64 位。

2）CPU 类型：Intel xeon 四核 E5 – 1620V3。

3）内存：16GB 以上，最大支持 512GB。

4）视频显示：1920×1200 真彩色显示。

5）视频适配器：显存 4GB，并支持 DirectX R10 及 Shader Model 3 的显卡。

6）硬盘：2000GB HDD；

3. 移动办公软件硬件配置

1）操作系统：Microsoft Windows10 SP1 64 位。

2）CPU：Intel Core i7 – 6700HQ 处理器（2.6GHz，6MB 三级缓存）。

3）内存：8GB，最大支持 16GB。

4）视频显示：1920×1200 真彩色显示。

5）视频适配器：NVIDIA GeForce GTX 1060M 显卡。

6）硬盘：256 GB SSD + 500GB HDD。

第 2 节　BIM 设计协同原则

采用 Revit 软件的 BIM 协同方式主要有两种：链接文件协同方式和中心文件协同方式，见表 5 – 1。

表　5 – 1

	中心文件协同	链接文件协同
项目文件	同一中心文件，不同本地文件	不同文件：主文件和链接文件
数据流向	双向同步更新	单向更新
样板文件	同一样板文件	可不同样板文件

（续）

	中心文件协同	链接文件协同
权限管理	构件编制对应工作集	构件编制对应文件
对硬件性能影响	模型规模容易过大，速度慢	可拆分模型，性能可控
管理难度	容易误操作，风险大	管理简单，风险小
适用情况	专业内协同，子项管线综合	专业间协同，子项间参照

以上两种方式可根据项目大小及硬件环境等因素选择。若硬件配置不足，使用中心文件协同方式一般会使中心文件较大，此时建议选用链接文件协同方式。在硬件满足要求时，正向设计通常采用中心文件协同方式，更便于模型的综合协调。亦或是两种方式同步进行，各专业内在统一样板下新建中心文件进行专业内协同，完成后再隔一定时间进行各专业间链接协同，以防止设计误差。

2.1 链接文件协同方式

链接文件协同方式主要在专业间协同或专业内子项拼装时使用。不同专业间的模型互相链接参照，如图 5-4 所示。链接文件协同方式的基本原则为：

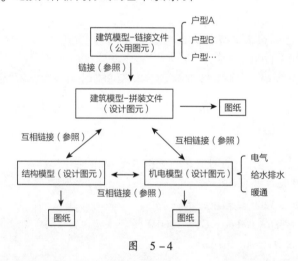

图 5-4

1）子项的所有专业拆分模型应具有相同的共享坐标、公共轴网及标高系统。

2）结构与机电专业的轴网与标高应使用"复制/监视"建筑模型来获取。标高轴网只能由建筑专业负责人统一命名和改动。

3）专业间链接模型时统一规定定位选项为："自动-原点到原点"。专业间模型提供链接前，均应设置好本专业的"提资视图"。

1. 创建链接协同

（1）新建项目 新建项目时应选择合适的企业样板文件。企业内部制订的样板文件均应放置在共享固定文件夹下，供所有参与人员使用，统一绘图标准。

新建的项目中已包含项目样板中的图形绘制标准（如统一的单位）、参数、标注、样板族和其他相关设置（详见第 6 章），供 BIM 工程师参考使用（可在新建项目后删除），避免其重新载入。

（2）链接建筑、结构等专业模型文件　主要完成所需专业的文件链接，链接文件时应当以原点为参照，链接后需检验其轴网和标高是否正确，确保各专业文件使用统一的样板，且不移动项目原点/基点，通用模型样板设置详见第 6 章。

（3）复制链接中建筑标高及轴网　完成相关专业文件的链接后，单击"协作"—"复制/监视"—"选择链接"，然后单击链接图元，再单击"复制"，选择要复制的标高、轴网。全部选择完毕后单击"完成"即可，如图 5-5 所示。因样板文件为通用文件，应以实际项目为准，在复制建筑标高后需将原样板标高、轴网删除。

图　5-5

 注意： 标高在立面中复制，轴网则在平面中复制。需要复制的图元较多时，可选中选项栏中的"多个"选择，复选框所要复制的多个图元进行复制，减少重复性工作。

通过"复制/监视"的方式在复制标高、轴网的同时又与复制的标高、轴网和链接模型中的原始标高、轴网之间建立了监视的关系。当建筑链接模型标高、轴网发生调整时，打开项目文件就会显示变更警告，绘图人员可根据警告对本项目标高、轴网进行修改。

2. 管理链接模型

Revit 软件中支持附着型和覆盖型两种不同类型的参照方式，两种方式的区别在于如果导入的项目中包含链接时（嵌套链接），链接文件中覆盖性的链接文件将不会显示在当前主项目文件中。链接时应该选择覆盖型，避免其他模型随同链接文件进入到当前主模型中，形成循环链接。

Revit 可以记录链接文件的路径类型为相对路径或绝对路径。如果使用相对路径，当项目和链接文件一起移至新目录中时，链接关系保持不变，Revit 软件尝试按照链接模型相对于工作目录的位置来查找链接模型；如果使用绝对路径，当项目和链接文件一起移至新目录时，模型间将不再链接，Revit 依然在指定目录中查找链接模型。

选择"管理"选项卡的"管理链接"命令，可对项目中链接的 Revit 模型、IFC 文件、CAD 等文件进行信息查看，以及链接卸载、添加、删除等操作，如图 5-6 所示。

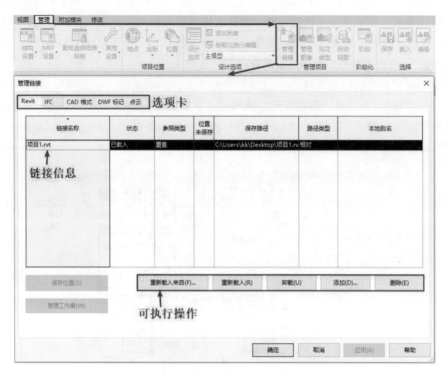

图 5-6

（1）参照类型　在将主体模型链接到其他模型中时，将显示（附着）还是隐藏（覆盖）嵌套链接。

1）附着：如图 5-7 所示，将项目 A 链接到项目 B 后，若将项目 A 的"参照类型"设置为"附着"，再将项目 B 链接到项目 C 时，嵌套链接（项目 A）将会显示。

2）覆盖：如图 5-8 所示，将项目 A 链接到项目 B 后，若将项目 A 的"参照类型"设置为"覆盖"，再将项目 B 链接到项目 C 时，嵌套链接（项目 A）将不会显示。

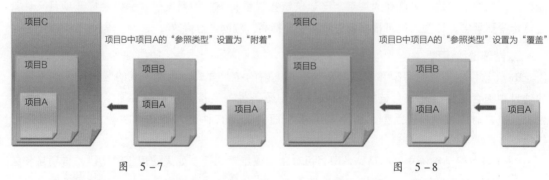

图 5-7　　　　　　　　　　　　　　　　　图 5-8

（2）路径类型　每次打开链接到文件的项目时，Revit 会检索最新保存的链接文件版本。如果 Revit 软件找不到链接文件，将显示最近检索的链接文件版本的路径。

2.2　中心文件协同方式

中心文件协同方式主要在专业内配合，或者机电专业管线综合时使用。它是通过工作集的划分，基于同一服务器，通过对同一个中心文件和本地文件进行数据交换，实现协同工作。

1. 新建项目中心文件

通过新建项目"另存为"的方式直接创建中心文件，如图 5 – 9 所示。

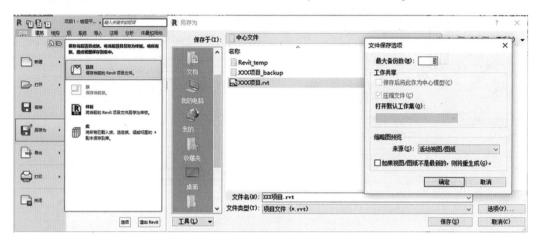

图 5 – 9

中心文件作为协同方式的中心，汇总所有参与人员创建的模型信息，所以要特别重视中心文件的安全性。一般创建中心文件时都自动备份 3 ~ 4 份，以免文件损坏、丢失。

2. 创建工作集

1）单击"文件"选项卡下的"选项"按钮，在弹出的页面选择"常规"选项，在"用户名"文本框输入用户名，如图 5 – 10 所示。

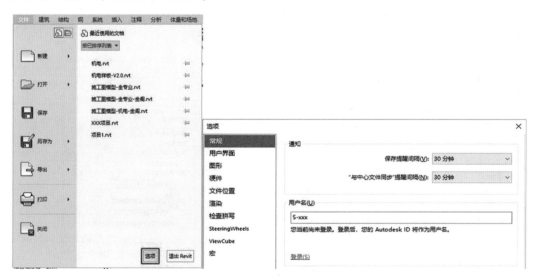

图 5 – 10

2）用户名命名方式和工作集使用者是一致的，建筑专业可将用户名修改为"A – xxx"，结构专业为"S – xxx"。

3）单击"协作"，选择"在网络中（N）"，选择"工作集"，单击"确定"，打开"工作共享"对话框，显示默认的用户创建的工作集，如果需要也可以重命名工作集。单击"确定"后，将显示"工作集"对话框,进入工作集编辑页面进行工作集的创建,工作集创建流程如图 5 – 11 所示。

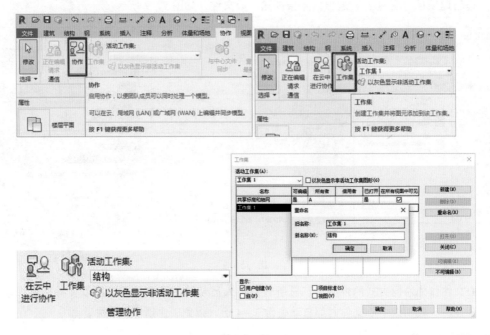

图　5 – 11

4)单击"文件"→"另存为"→"项目",打开"另存为"对话框;指定中心文件位置和目录位置,把文件保存在各专业都能读写的服务器上。单击"选项"按钮,打开"文件保存选项"对话框,勾选"保存后将此作为中心模型"(注意:如果是启用工作共享后首次保存,此选项在默认情况下是选中的,且无法进行修改),如图 5 – 12 所示。

图　5 – 12

5)在"文件保存选项"对话框中,设置在本地打开中心文件的"工作集"默认设置。在"打开默认工作集"列表中进行选择,如图 5 – 13 所示。

6）单击"确定"，在"另存为"对话框中，单击"保存"，该文件就是项目的中心文件。

 注意：建好的中心文件在指定目录中会有两个文件夹（xx_ backup 和 Revit_ temp，即中心模型的备份信息文件夹和用于存放缓存信息的文件夹）和一个 Rvt 文件（中心文件）。

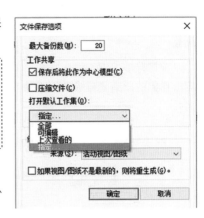

图　5 – 13

中心文件协同方式的基本原则为：

①除 BIM 技术总负责人，所有人不得直接打开或修改中心文件。

②设计人/建模员应按要求管理本地文件，所有对模型的操作均在本地文件进行，仅通过与服务器中心文件同步更新获得数据交换。

③本地文件不在中心文件服务器网络环境下，禁止进行同步更新。

④对本地文件进行任何操作前，必须确认登录用户名称准确。

⑤工作集名称禁止使用用户名划分，应根据工作性质或子项区域划分。

⑥所有非项目人员查看项目文件后，应确认完全释放权限并退出。

3. 工作集设置

借助"工作集"机制，多个用户可以通过一个"中心"文件和多个同步的"本地"副本同时处理一个模型文件。工作集机制可大幅提高大型、复杂项目的建模效率。

为了提高硬件性能，仅应打开必要的工作集。如果在打开的工作集中进行变更，并且在模型重新生成的过程中影响到关闭的工作集中的图元，Revit 也会自动更新关闭的工作集中的图元。

 注意：在创建副本后，绝不可直接打开或编辑"中心"文件。所有要进行的操作都必须通过本地文件来执行。

在创建好中心文件并放置于共享文件夹，且用户均可通过网络对其进行读取和写入的准备工作后，就可以设置项目文件的工作集，具体步骤如下：

1）如图 5 – 14 所示，活动工作集与绘图人相对应，不可在他人工作集下绘制。

2）绘制模型期间可通过单击"协作"—"与中心文件同步"即可完成本地模型与中心文件的数据同步，如图 5 – 15 所示。

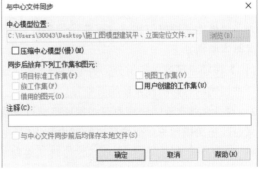

图　5 – 14　　　　　　　　　　　　　　　　图　5 – 15

3）在利用工作集实现模型文件的多用户协作时，可使用两种方法：借用图元和获取工作集。

当需要修改他人的工作集时，改动模型会提示"无法编辑图元"，然后单击"放置请求"，对应工作集的所有者就会收到编辑请求，并决定是否同意，同意后即可完成模型的修改，如图 5 - 16 所示。

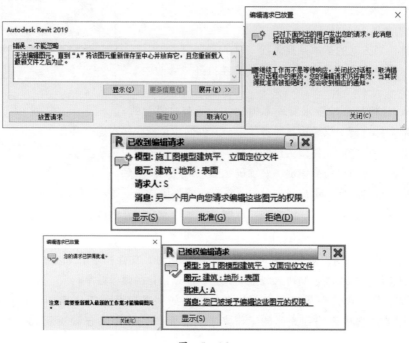

图 5 - 16

第3节　BIM 模型拆分及搭建原则

3.1　BIM 模型拆分原则

BIM 在设计中的应用流程如图 5 - 17 所示。

为了更好地管理模型和适应硬件设备条件，应根据项目类型特点与大小进行模型的拆分和组织，其基本原则如下：

1）先按项目子项进行拆分，每个子项再按照建筑、结构、设备等专业进行模型拆分，各专业模型应按相同的轴网标高系统相互链接。

2）对于建筑专业，子项里可根据项目特点再次拆分为"内部""外部"两部分，使平面空间等技术设计相关模型与立面造型等细部模型进行区分管理。

3）对于公建类型，建筑专业基本按照"塔楼""裙房""地下室"的原则进行模型拆分组合，如果规模特别大，则进一步按楼层或防火分区进行拆分。

4）对于住宅类型，基本按照"户型""单元栋型""地下室"进行拆分组合。

5）对于结构专业，基本按照"塔楼＋裙房＋地下室""塔楼＋地下室"的原则进行模型拆分组合，如果规模特别大，则进一步按结构分缝分区进行拆分。

6）对于规模庞大的综合体项目，经过拆分后的模型文件大小不宜超过 100MB。

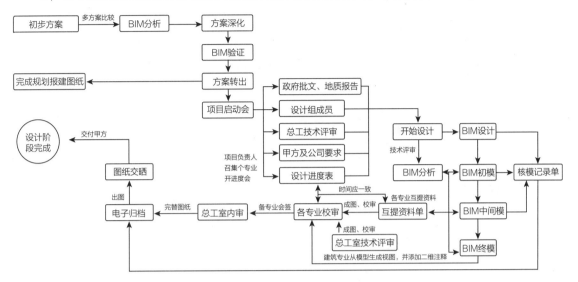

图　5 - 17

3.2　BIM 模型搭建原则

1）应保证 BIM 模型在各个阶段的完整性，对于实际建筑物中土建部分均应搭建模型，粉刷层、砂浆层等小于 20mm 厚度的，若不做预算深度应用要求的，可用二维图形表达，其工程量依据土建模型计算。

2）屋面、楼板等结构找坡、大面积建筑找坡，必须通过建模反映真实坡度。

3）建筑墙体应该根据立面材质分类建立，最少应区分内、外两种类型。

4）建筑围护结构的定位线必须为核心层（核心中心、核心外、核心内）。

5）所有专业均使用建筑标高，结构专业所有构件建模均依据建筑标高偏移，不另做结构标高系统。

6）所有模型二维注释的添加原则上使用模型信息的自动注释提取，以保证项目信息模型的关联性。

7）构件族内的细小零件模型，如门窗把手等，不应过度细致，曲面宜用多边形代替。

8）建模过程中应注意对物体进行连接处理，消除不必要或不符合图纸表达的交线。

9）除阳（露）台、中庭上空等非闭合或进行功能描述补充的使用文字注释外，其余均应使用放置"房间"来对功能房间进行注释。房间高度设至上层楼板底或吊顶。

10）模型建立方法应以高效修改、能逐步深化的思路完成。不应使用速度快但通用性差、修改难的建模方法。

11）结构楼板与建筑楼板（含填充层、面层）应分开建模。

12）除展示用途进行替换外，机械设备、卫生洁具模型应大致反映实际尺寸与形状，避免精细化模型。

第4节　设计各阶段 BIM 模型核验要点

4.1　初模阶段模型核验

1）核对结构竖向构件对建筑门窗洞口、立面效果、室内空间效果、疏散宽度的影响。

2）机房、设备管井是否满足面积及位置要求。

3）根据结构计算调整后的梁柱，复核对建筑的影响。

4）确认屋顶排水方式和屋顶雨水立管的位置。

5）机房位置与大小的确认。

4.2　中间模阶段模型核验

1）复核初模协调结果的落实并确认。

2）核对结构竖向构件对建筑门窗洞口、立面效果、室内空间效果、疏散宽度的影响（所有楼层）。

3）核对结构梁格对房间的影响，梁格对楼梯间，管井的影响。

4）外立面相关立管位置对立面的影响。

5）向弱电专业提平面条件，向建筑专业提降板要求（草图）。

6）户内电箱位置（住宅、别墅）核验。

7）核查墙身构造与结构模型的关系（全部墙身构造）。

8）设备专业专业内管线综合（利用机电一体化，机电专业自身协调好自专业管线排布，完成设备专业内管线碰撞检查及修改）。

9）土建与设备专业管线综合（含立管及水平走向管，其中电气桥架宽度及暖通专业管径大于100mm 的，水专业除喷淋管外，均应核查建筑净高是否符合要求，与结构梁是否碰撞，结构开洞对结构受力的影响）。

10）架空层、转换层、地下室和设备专业管线综合（含立管及水平走向管，其中电气桥架宽度及暖通专业管径大于100mm 的，水专业除喷淋管外，均应核查建筑净高是否符合要求，结构开洞对结构受力的影响）。

4.3　终模阶段模型核验

1）复核中间模协调结果的落实并确认。

2）核对结构梁格对房间的影响，梁格对楼梯间、管井的影响（所有楼层）。

3）建筑核对外圈梁高度是否符合立面构造要求。

4）核对建筑专业的降板是否满足其他专业要求。

5）首层、屋顶层暖通风机位置是否合适，各层百叶风口位置对建筑的影响。

6）所有竖向立管位置对立面及空间的影响。

7）水平管线对净高的影响。

8）复核各专业模型存在的图面问题，满足需在 Revit 出图的模型需求。

9）各专业确认最终模型并锁定。

10）审核审定意见的落实。

课后练习

1. 为了使设计者更高效地工作及保证模型的一致性等，应在（　　　）介入 BIM 设计应用。

    A. 项目后期　　　　　　　B. 项目中期　　　　　　　C. 项目初期　　　　　　　D. 项目设计完成后

2. BIM 项目设计开始时，确立好项目的应用点直接影响到项目的目标和成果，应预先对不同的（　　　）等因素综合考虑。

    A. 项目概况和实际场地情况　　　　　　　B. 项目要求和资源配置

    C. 项目投放的市场现状　　　　　　　D. 设计依据

3. 在 BIM 设计时，各专业在设计前进行模型拆分的主要目的在于使每个设计者能够（　　　）。

    A. 减少工作量　　　　　　　B. 增加合模难度锻炼技术

    C. 设计时不需要考虑其他专业　　　　　　　D. 合理分工

4. BIM 设计流程共包括四个阶段，其中不包括（　　　）。

    A. 方案设计阶段　　　B. 成果交付阶段　　　C. 项目竣工阶段　　　D. 施工图设计阶段

5. BIM 设计共有（　　　）个模型核验阶段

    A. 3　　　　　　　　B. 4　　　　　　　　C. 5　　　　　　　　D. 6

6. 下列不属于初模阶段的模型核验要点的是（　　　）。

    A. 核对结构竖向构件对建筑门窗洞口、立面效果、室内空间效果、疏散宽度的影响

    B. 机房、设备管井是否满足面积及位置要求

    C. 根据结构计算调整后的梁柱，复核对建筑的影响

    D. 外立面相关立管位置对立面的影响

7. 在 Revit 中，进行 BIM 协同设计时，可选择的协同方式有（　　　）。

    A. 三种　　　　　　　　B. 两种　　　　　　　　C. 一种　　　　　　　　D. 五种

8. 在 Reivt 中，使用链接协同方式进行协同时，将已导入过 Revit 链接文件的项目文件导入链接到了另一个 Revit 项目文件中，此时发现第一次链接的项目文件不见了，是因为（　　　）。

    A. 链接失败

    B. 链接设置中 "参照类型" 为 "覆盖"

    C. 第一次链接的文件与最后一次被导入链接的项目文件位置不同

    D. 无法进行重复的嵌套链接

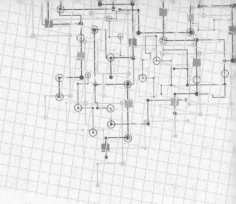

第6章　通用项目样板设置

项目样板为项目设计提供统一的设计基础环境，对项目的设计质量和效率的提高有直接影响。

项目样板设置内容较多，主要包含项目信息、项目单位、线型图案、线样式、线宽、对象样式、填充样式、材质、标题栏、视口类型、系统族、可载入族、明细表、项目浏览器组织、视图样板、常用过滤器、常用视图及图纸、项目参数及共享参数等。

因为本项目为协同模式，各专业在同一模型中进行建模和出图工作，所以各专业应在通用样板的基础上添加本专业的样板内容，最终形成完整的全专业的项目样板文件。各专业的样板设置内容具体详见各专业篇章。

本项目通用项目样板设置以 Revit 2019 自带的建筑样板文件（DefaultCHSCHS.rte）为基础进行设置操作。

第1节　项目组织设置

1.1　项目单位设置

根据项目及各专业的要求设置单位格式及其精度。

1）单击"文件"选项卡下"新建"功能后的"项目"命令，以 Revit 自带的建筑样板（DefaultCHSCHS.rte）为样板文件，另存为"项目样板文件.rte"（另存位置自定）。

2）单击"管理"选项卡下"设置"面板中的"项目单位"命令，可看到项目单位按"规程"成组，如图 6-1 所示。

图　6-1

3）在"项目单位"对话框默认的"公共"规程下，单击"长度"右侧"格式"，在弹出的"格式"对话框中按需设置（这里使用默认设置），如图6-2所示。

 注意：个别尺寸标注、注释、标记的单位格式，可自行生成所需设置（即不勾选"使用项目设置"），如图6-3所示。

图 6-2   图 6-3

1.2 项目参数、共享参数设置

项目参数是定义后添加到项目多类别图元中的信息容器。项目参数可以是共享参数，共享参数的信息可用于多个族或项目，并出现在相应的明细表中。共享参数保存在一个独立的文本文件中，允许其他项目访问并载入。

通过共享参数创建项目参数的步骤如下。

1. 删除现文件中的项目参数

单击"管理"选项卡下"设置"面板中的"项目参数"，将"项目参数"对话框左边的参数全部删除（如果有）。

2. 创建共享参数

1）单击"管理"选项卡下"设置"面板中的"共享参数"，单击"创建"，在指定位置新建文件名为"共享参数.txt"的文件，如图6-4所示。

2）按图6-5所示单击"组"下的"新建"，在弹出的"新参数组"对话框中创建"名称"为"项目信息"的组，然后单击"参数"下的"新建"，在弹出的"参数属性"对话框中创建"参数类型"为"文字"，"名称"为"工程负责"的参数，如图6-6所示。

3）在同一组中再次创建"建筑顾问单位"和"子项名称"的参数，"参数类型"同样为"文字"，如图6-7所示。

图 6-4

图 6-5

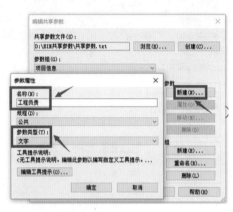

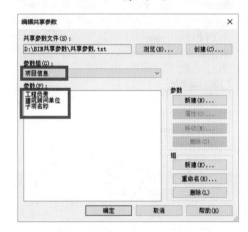

图 6-6

图 6-7

3. 添加项目参数

单击"管理"选项卡下"设置"面板中的"项目参数",按图6-8所示为工程添加共享参数"工程负责",同样方法再添加"建筑顾问单位"和"子项名称"的共享参数,完成后如图6-9所示。

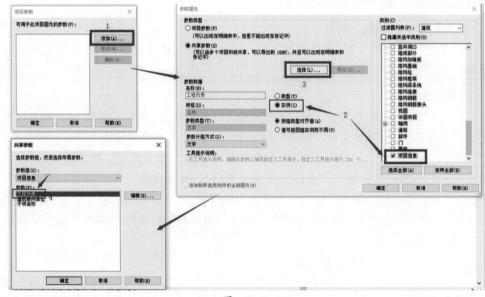

图 6-8

注意：上述 3 个共享参数类别均为项目信息，它们在项目信息和图纸标题栏设置中均要用到。共享参数的名称及分组名称可根据使用者的实际情况调整。

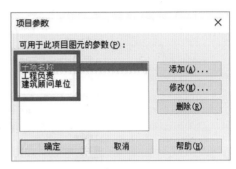

图　6 - 9

1.3　项目信息设置

项目信息主要是针对整个项目而设置的信息，大多会出现在图纸标题栏中。如果项目信息的参数修改，所有引用此参数的图纸均会随之更改调整。按此原则，工程负责、建筑顾问单位、子项名称等参数可放在项目信息中；而专业负责人、校对、设计、制图等属性参数在不同图纸上可能会有不同内容的参数信息，不应放在项目信息中（这类参数可放在图纸类别中）。

1）单击"管理"选项卡下"设置"面板中的"项目信息"，查看项目信息内容，如图 6 - 10 所示。

内置的项目信息参数中对应图纸标题栏信息见表 6 - 1。

新添加的共享参数对应图纸标题栏信息见表 6 - 2。

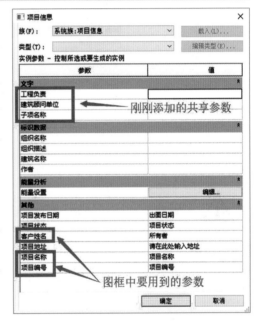

图　6 - 10

表　6 - 1

分组名称	项目信息中的参数名称	对应的图纸标题栏内容
	客户姓名	建设单位
其他	项目名称	工程名称
	项目编号	工程号

表　6 - 2

分组名称	项目信息中的参数名称	对应的图纸标题栏内容
	工程负责	工程负责
文字	建筑顾问单位	建筑顾问单位
	子项名称	子项

2) 将相关信息输入"项目信息"对话框,如图 6 - 11 所示。

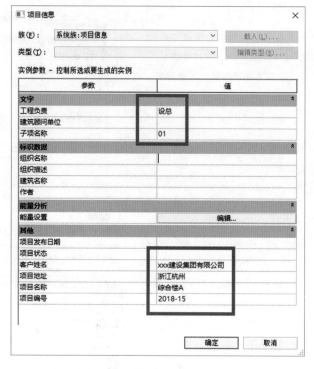

图　6 - 11

 注意:上述信息均为虚构,各企业可根据自身要求调整项目信息中的参数。

1.4 项目位置设置

项目可从三方面进行位置设置:项目所在地设置、项目正北设置、项目基点设置。

1. 项目所在地设置

单击"管理"选项卡下"项目位置"面板中的"地点",在"项目地址"栏中输入"杭州",单击"搜索"按钮,项目地址栏显示为"浙江省杭州市",单击"确定"设置完成,如图6 - 12所示。也可通过拖动定位点到地图上的项目位置,并在项目地址中给出自定义名称来确定项目所在地。

2. 项目正北设置

1) 更改视图方向:在"属性"选项板上,选择"正北"作为"方向"。

2) 单击"管理"选项卡下"项目位置"面板中的"位置"下拉列表中

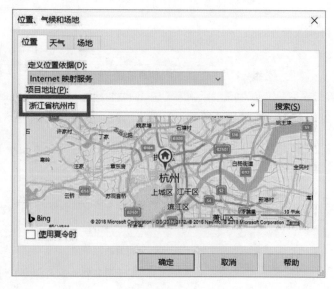

图　6 - 12

的"旋转正北"命令,以图形方式将模型旋转到"正北",即模型里南北方向与视图 Y 轴方向平行。

3)将场地视图的"方向"重置为"项目北"。

 注意: 本项目的正北方向即项目北的方向。

3. 项目基点设置

项目基点的确定:本项目基点水平方向确定为①轴和Ⓐ轴的交点,竖直方向确定为正负零标高所在平面。设计中项目基点处的场地坐标为[168.000(北/南),666.000(东/西),20.000(立面)],单位为 m。

单击"管理"选项卡下"项目位置"面板内"坐标"下拉列表中的"在点上指定坐标"命令,然后在"场地"视图中单击"项目基点",在弹出的"指定共享坐标"对话框中做如图 6-13 所示设置,同时检查确认立面中项目基点位于正负零标高所在平面。

 注意: 1. 在场地视图可关闭测量点,以便于选中项目基点(测量点不需要修改)。

2. 坐标单位输入时要转换成 mm,且需注意南北和东西数值的先后顺序。

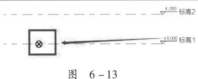

图 6-13

第2节 样式设置

2.1 线宽、线型图案、线样式设置

1. 线宽设置

模型线、透视视图线、注释线均可设置线宽。线宽在不同比例的视图中可以有不同的粗细设置。可使用"对象样式"对话框,为图元类别(如墙、窗和标记)指定线宽。模型线可以指定正交视图中模型构件(如门、窗和墙)的线宽,线宽取决于视图的比例。透视视图线可以指定透视视图中模型构件的线宽,一般用于透视图图形替换。注释线可以控制注释对象(如剖面线和尺寸标注线)的线宽。

单击"管理"选项卡下"设置"面板内"其他设置"下拉列表中的"线宽"。在"线宽"对话框中,分别单击"模型线宽"(图6-14)"透视视图线宽"(图6-15)或"注释线宽"(图6-16)选项卡,根据本项目需求设定线宽。

注意：注释符号的宽度与视图比例无关。

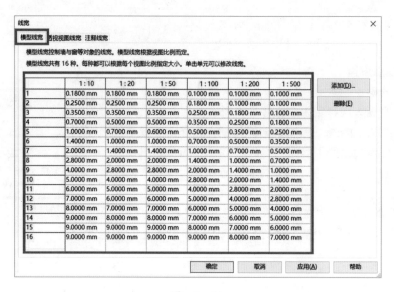

图　6－14

2. 线型图案设置

各专业可分别根据需求设置并命名各自的线型图案。

1）单击"管理"选项卡下"设置"面板内"其他设置"下拉列表中的"线型图案"。

2）在"线型图案"对话框中单击"新建"，如图 6－17 所示。

3）在"线型图案属性"对话框中，按图 6－18 所示红框显示输入操作，并单击"确定"。

图　6－15　　　　　　　　　　　　　　　　图　6－16

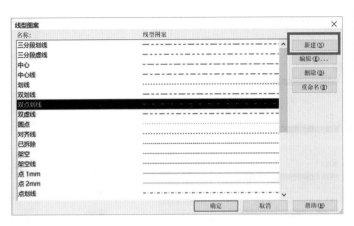
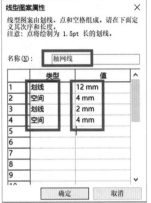

图　6－17　　　　　　　　　　　图　6－18

 注意：如果线型图案属性中有圆点，其自动以 1.5mm 的间距绘制。

3. 线样式设置

每一种线样式均由线宽、线颜色和线型图案三部分组成，用于表现模型线和详图线的效果。各专业可分别根据各自需求设置各自的线型图案，并分别命名。

1）单击"管理"选项卡下"设置"面板内"其他设置"下拉列表中的"线样式"。

2）在"线样式"对话框中，单击"新建"，输入"名称"为"架空线"，单击"确定"，该名称会在"线样式"对话框的"类别"下显示，如图 6－19 所示。

3）单击"确定"，完成线样式创建。

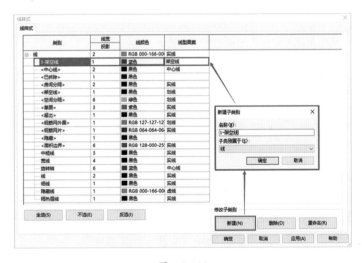

图　6－19

2.2　填充样式设置

1. 填充样式的主要应用场合

1）材质"图形"属性中的"表面填充图案"和"截面填充图案"，如图 6－20 所示。

2）"类型属性"对话框中的注释"填充区域"中的填充样式，如图 6－21 所示。

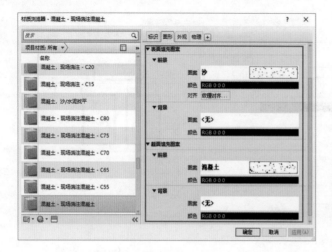

图 6-20

图 6-21

3) "可见性/图形替换"中的"投影/表面"填充图案和截面填充图案,如图 6-22 所示。

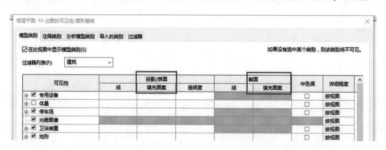

图 6-22

 注意: 在视觉样式的真实模式下填充图案无显示。

2. 填充样式分类

填充样式分为绘图填充图案及模型填充图案两种。绘图填充图案相对于图纸关系固定,模型填充图案相对于模型构件图元关系固定。应注意的是,材质的填充样式往往仅在"着色"视图样式下显示。

3. 填充样式设置原则

1) 模型填充图案可以进行拖拽、对齐、移动和旋转操作,主要用于表示构件外观。

2) 截面填充图案只能以绘图填充图案形式表示,主要用于表示构件截面的材质信息。

3) 各专业分别根据各自需求设置各自的填充图案,并分别命名。

4. 填充图案创建

1) 单击"管理"选项卡下"设置"面板中的"其他设置"下拉列表中的"填充样式"。

2) 在"填充样式"对话框的"填充图案类型"下,根据需要选择"绘图"或"模型",单击"新填充图案",如图 6-23 所示。

3) 按图 6-24 显示完成操作,并单击"确定"。

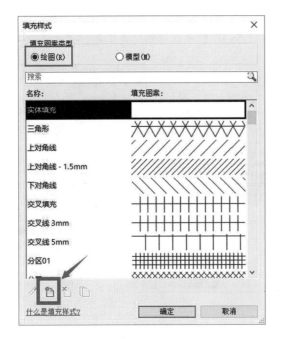

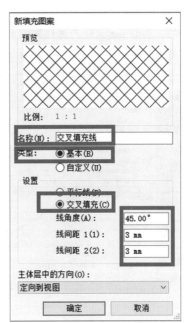

图　6 - 23　　　　　　　　　　　图　6 - 24

5. 自定义填充图案创建

1）单击"管理"选项卡下"设置"面板中的"其他设置"下拉列表中的"填充样式"命令，在弹出的"填充样式"对话框中单击"新建"，如图 6 - 25 所示。

2）在弹出的"新填充图案"对话框中，单击"自定义"，然后再单击"导入"以导入准备好的 pat 文件，如图 6 - 26 所示。

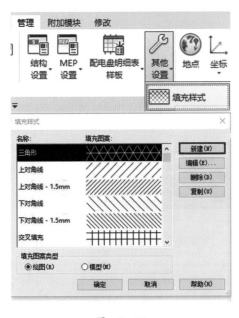

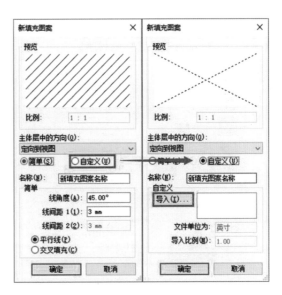

图　6 - 25　　　　　　　　　　　图　6 - 26

3）pat 文件可以使用 CAD 文件中原有的 CAD 文件或者自行制作，如图 6 - 27 所示，选中 pat 文件后单击"确定"即可。

4）此时导入对话框会有多个图案名称，可用鼠标滚轮滑动查找选择满意的图案。选中需要的图案文件后，有时 pat 文件内保存的图案比例过大，此时需要调整一下图案的导入比例，"预览"中可正常显示该图案，如图 6 – 28 所示。

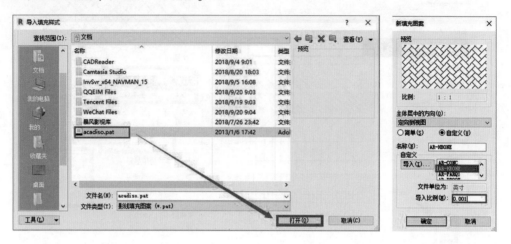

图　6 – 27　　　　　　　　　　　　　　　　　　　图　6 – 28

5）选中某个图案名称后，名称一栏会自动变更为所选图案的名称，可将名称修改以便于使用。

2.3 材质设置

材质控制模型图元在视图和渲染图像中的显示方式。创建新材质的方法有两种，一种是复制现有的类似材质，另一种是创建新的材质。建议尽量用第一种方法创建新材质，然后按需编辑名称和其他属性，这样一些相同的属性特征可以保留或微调；如果没有可用的类似材质，再创建新的材质。

在样板文件中可根据项目的实际需求设置好材质库以方便调用。

1）打开材质浏览器，按图 6 – 29 所示，选择"新建材质"。在材质浏览器项目材质列表中会出现名称为"默认为新材质"的材质。

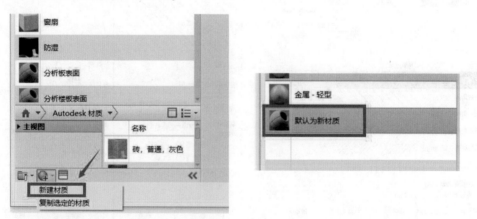

图　6 – 29

2）在材质浏览器项目材质列表中单击"默认为新材质"，在"材质编辑器"面板中按图 6 – 30 ~ 图 6 – 33 所示进行设置。

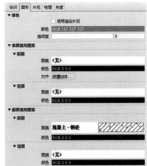

图 6-30   图 6-31

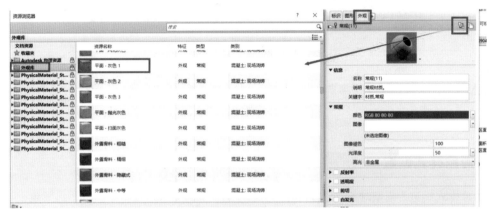

图 6-32

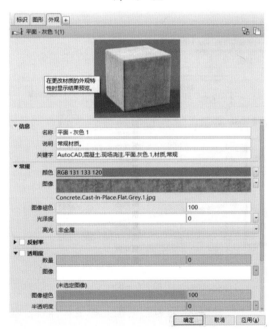

图 6-33

 注意：外观尽量在 Revit 提供的内置资源中选取，如不能满足需求，可在选取的外观基础上进行调整。此时要重新命名外观以免影响已调用此外观的材质效果。

3）如需将资源添加到材质，可在"材质编辑器"面板中，单击 ⊞ "添加资源"，按图 6-34 操作添加"物理资源"。同样方式可将"热资源"添加到材质中。

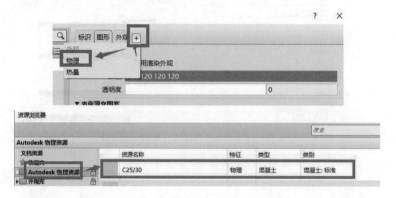

图 6-34

 注意：物理资源和热资源中的数据在相关结构及热工等运算中会用到，如设计中无相关计算则可不添加此资源。

2.4 对象样式设置

"对象样式"可为模型对象、注释对象、分析模型对象和导入对象指定线宽、线颜色、线型图案和材质。模型图元在类别下还设有子类别，可以分别指定其样式，如图 6-35 所示。

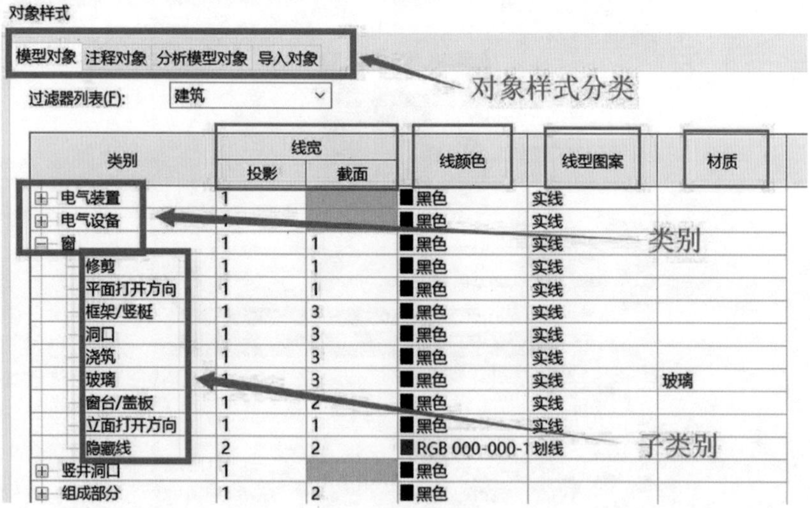

图 6-35

项目视图中的"可见性/图形替换"，可以控制图元的显示样式，以及模型对象类别和子类别在本视图的可见性（仅限于当前视图中），如图 6-36 所示。

各专业可先在"对象样式"中进行样式设置，然后根据视图的具体显示需求在项目视图中的"可见性/图形替换"中进行进一步设置。

1）单击"管理"选项卡下"设置"面板中的"对象样式"，按图 6-37 输入。

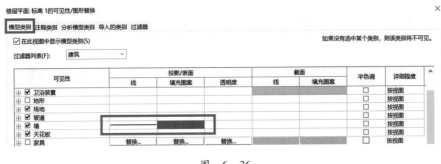

图　6－36

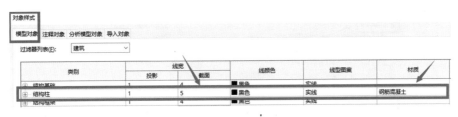

图　6－37

2）在标高1的平面视图属性中打开"可见性/图形替换"对话框,按图6-38所示调整截面填充图案。

图　6－38

3）此时,图6-39左边为其他平面视图的结构柱隐藏线显示效果,右边为标高1视图结构柱的隐藏线显示效果。

 注意:这里左边结构柱属性的材质设为"按类别"才会有此效果。如果结构柱另设材质,则按另设材质显示效果。

图　6－39

第3节　视图与图纸相关设置

3.1　浏览器组织设置

可以使用浏览器组织工具对视图和图纸进行编组和排序。项目浏览器默认显示所有视图（按视图类型）、所有图纸（按图纸编号和图纸名）。

使视图和图纸在项目浏览器中按专业显示的操作步骤如下。

1. 添加项目参数

单击"管理"选项卡下"设置"面板中的"项目参数"命令，在"项目参数"对话框中单击"添加"，在"参数属性"对话框中按图6-40所示输入。

完成后在视图属性栏和图纸属性栏中的"约束"分组中会出现"专业分类"参数。

 注意：添加此参数的目的是为了在协同操作的设计环境中，将建、结、水、电、暖各专业专属的视图和图纸更明晰地归类。

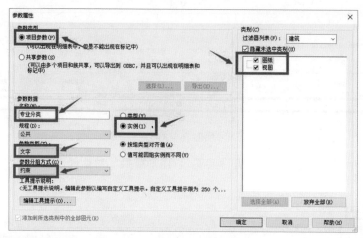

图 6-40

2. 添加视图浏览器组织方案

单击"视图"选项卡下"窗口"面板内"界面"下拉列表中的"浏览器组织"选项，在弹出的"浏览器组织"对话框中按图6-41操作。

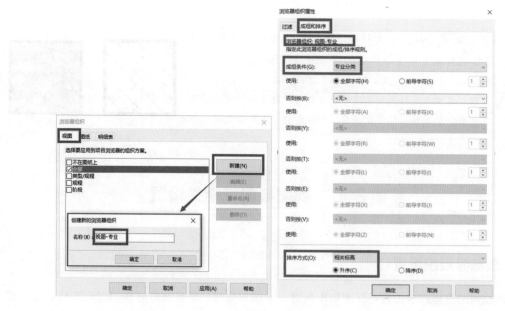

图 6-41

注意：按上述方法组织的视图浏览器可按专业进行分类，前提是每张视图的"专业分类"参
数均按要求设置。

3. 添加图纸浏览器组织方案

单击"视图"选项卡下"窗口"面板内"界面"下拉列表中的"浏览器组织"选项，然后按
图 6 - 42 操作。

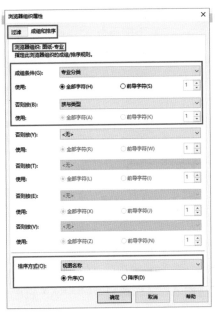

图　6 - 42

注意：按上述方法组织的图纸浏览器可按专业进行分类，前提是每张图纸的"专业分类"参
数均按要求设置。

3.2　视图与图纸分类设置

1. 规则

完成视图和图纸的浏览器组织后，需要按一定的规则进行视图和图纸的分组和命名。

1）视图和图纸的"专业分类"实例参数按专业赋予文字名称：01 - 建筑、02 - 结构、03 - 给
排水、04 - 电气、05 - 暖通。

2）平、立、剖面视图生成"建模"和"出图"两个视图类型。三维视图和详图视图可按原
样板默认类型。

3）视图名称命名方法：在视图本体名称前加上专业及应用代码，专业符号为 A（建筑）、S
（结构）、P（给水排水）、E（电气）、M（暖通），应用代码为 P（出图）、M（建模），如 AP - 1F
为建筑专业出图 1F 平面。

注意：1. 平立剖面"建模"和"出图"视图类型可根据需要灵活使用，同位置的平、立、剖视图不一定均生成"建模"和"出图"两个视图。

　　　　2. 以上规则和参数设置使用者可根据实际工作进行变化，目的是准确便捷地建模和出图。

2. 规则设置步骤

1）在"标高1"的"属性"面板中单击"编辑类型"，在打开的"类型属性"对话框中按图6-43操作，添加"出图"类型。同样操作，可添加"建模"类型。

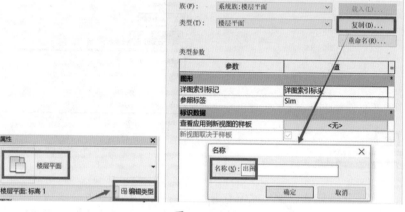

图　6-43

2）单击"标高1"视图，在视图"属性"面板中给"专业分类"参数赋值为"01-建筑"，如图6-44所示。同样操作，可给各专业的视图按"序号+专业名称"的方式赋值。

3）将视图名称"标高1"改为"AP-1F"，最终完成后，项目浏览器上的显示样式如图6-45所示。

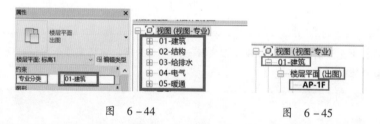

图　6-44　　　　　　　　　图　6-45

 注意：视图名称的命名规则目的是保证所有同一视图类别中的视图名称不会重复（在Revit中也不允许重复）。

3.3　视图过滤器设置

　　视图过滤器可以控制视图中共享公共属性的图元的可见性和图形显示，可以将多个过滤器应用于同一视图，也可将一个选择过滤器应用于多个视图。

1. 创建关于墙属性的过滤器

打开视图平面"AP-1F"，现有墙体如图6-46所示。

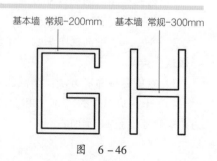

图　6-46

单击"视图"选项卡下"图形"面板中的"过滤器"命令，在"过滤器"对话框中按图 6 –
47、图 6 –48 操作，生成名称为"墙 –200 厚"的过滤器。

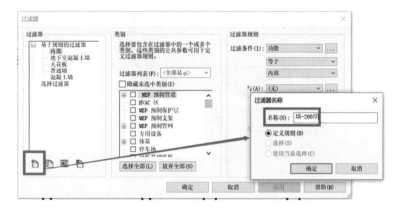

图　6 –47

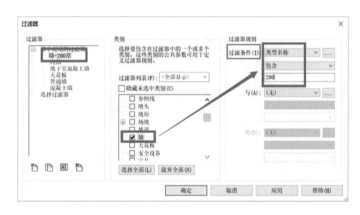

图　6 –48

2. 在视图中应用过滤器

单击"视图"选项卡下"图形"面板中的"可见性/图形替换"命令，然后单击"过滤器"
选项卡，按图 6 –49 添加名称为"墙 –200 厚"的过滤器，并按图 6 –50、图 6 –51 进行截面调整。
完成后的墙体对比效果如图 6 –52 所示。

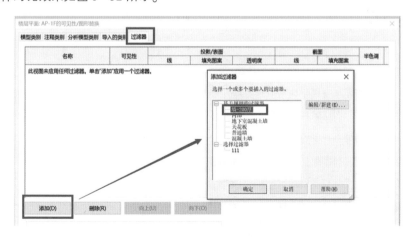

图　6 –49

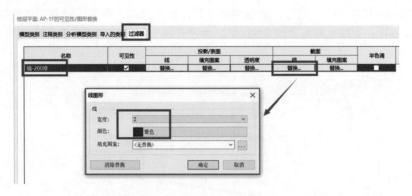

图 6-50

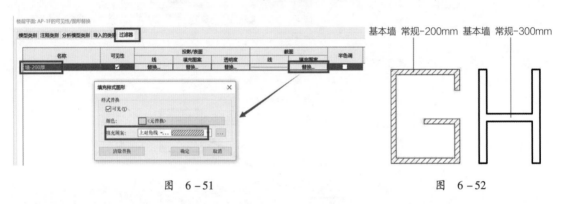

图 6-51   图 6-52

 注意：各专业根据需要设置本专业的浏览器时，建议在名称前加专业代码前缀。

3.4 视图样板设置

1. 视图样板属性

视图样板是一系列视图属性的标准设置。使用视图样板可以确保设计文档的一致性。视图样板可以控制相当多的视图属性。常用属性见表 6-3。可以通过对现有的视图样板进行复制、修改来创建新视图样板，也可以通过当前视图创建新视图样板。

表 6-3

名称	说明
视图比例	指定视图的比例。如果选择"自定义"，则可以编辑"比例值"属性
比例值 1:	指定来自模型视图中非实体图元的缩放比例，实体图元的缩放比例只有将其放置到图纸视图内时才会正常显示
详细程度	将详细程度设置应用于视图中
V/G 替换模型	定义模型类别的可见性/图形替换
V/G 替换注释	定义注释类别的可见性/图形替换
V/G 替换过滤器	定义过滤器的可见性/图形替换
V/G 替换工作集	定义工作集的可见性/图形替换

（续）

名称	说明
模型显示	定义表面（视觉样式，如线框、隐藏线等）、透明度和轮廓的模型显示选项
阴影	定义视图的阴影设置
背景	对于三维视图，指定要显示的背景，其中包括天空、渐变色或图像
远剪裁	对于立面和剖面，指定远剪裁的平面设置，处于剪裁范围外的将不可见
视图范围	定义平面视图的视图范围
方向	将项目定向到项目北或正北
规程	确定规程专有图元在视图中的显示方式
颜色方案位置	指定是否将颜色方案应用于背景或前景
颜色方案	指定应用到视图中的房间、面积、空间或分区的颜色方案
系统颜色方案	设置管道和风管的颜色方案
截剪裁	指定平面视图的"视图范围"中"视图深度"设置的标高的剪裁的设置

2．视图样板设置步骤

1）单击"视图"选项卡下"图形"面板内"视图样板"下拉列表中的"管理视图样板"命令。按图 6 – 53 操作后，在弹出的"视图属性"对话框中按需要的属性进行修改。

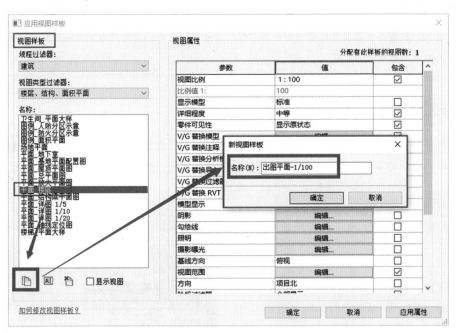

图　6 – 53

2）将视图样板指定给视图。单击平面视图"AP – 1F"视图"属性"中"视图样板"右侧的"〈无〉"按钮，如图 6 – 54 所示，在弹出的"指定视图样板"对话框中选择名称为"GHA – 出图平面 – 1/100"的样板，单击"确定"按钮关闭对话框。视图属性显示如图 6 – 55 所示。

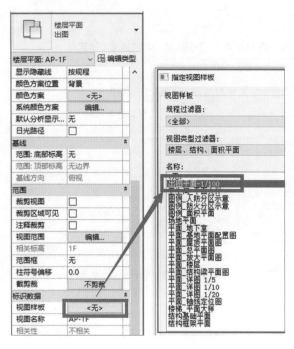

图　6-54　　　　　　　　　　　　　　图　6-55

 注意：视图样板在指定给视图后样板内容仍可修改，所有已指定此视图样板的视图均会按修改后的视图样板进行显示。

3.5　标题栏制作

标题栏是一个图纸样板，定义了图纸的大小、外观和其他信息。可以使用族编辑器创建标题栏族。标题栏一般包含以下两种类型信息：①项目专有信息，应用于项目中的所有图纸；②图纸专有信息，对于项目中的每张图纸，此信息可能会各不相同。

标题栏制作步骤如下：

1）选择 "A1 公制. rft" 族样板新建族，如图 6-56 所示。

2）单击 "插入" 选项卡下 "导入" 面板中的 "导入 CAD 格式"。在 "导入 CAD 格式" 对话框中，定位并选择 CAD 文件 "图框底图 CAD. dwg"。按图 6-57 指定所需的导入选项，单击 "打开"。

3）移动导入的文件与族编辑器中的 A1 边界线完全重合。

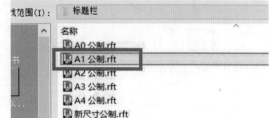

图　6-56

4）单击 "管理" 选项卡下 "设置" 面板中的 "对象样式"，在 "对象样式" 对话框中新建图框子类别 "TK-1.4"，如图 6-58 所示。

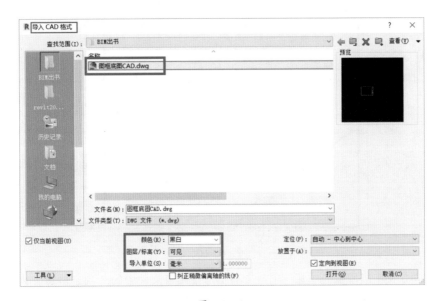

图 6-57

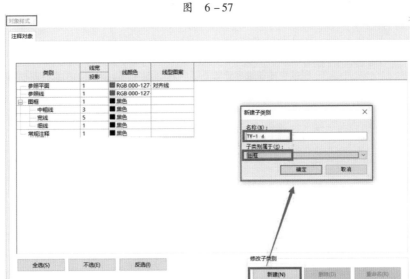

图 6-58

⚠️ **注意**：图框及子类别的样式设置在项目样板文件中完成，无需在族编辑器中设置。

5）单击"创建"选项卡下"详图"面板中的"线"命令，在图6-59中选取"子类别"为"TK-1.4"，在图6-60所示位置画线。

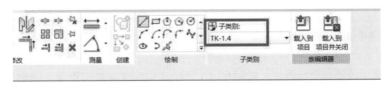

图 6-59

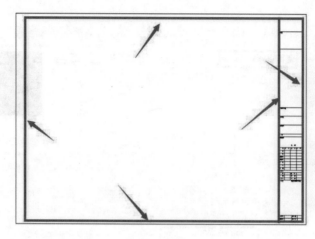

图 6-60

6）完善自定义字段所需的信息。项目专有信息在项目文件中的"项目信息"内，具体详见"项目信息"章节。图纸专有信息在项目文件中的图纸实例属性中，利用的内置参数和需添加的共享参数见表6-4。

表 6-4

分组名称	图纸中的参数名称	对应的图纸标题栏内容
	审核者	审核
	设计者	设计
标识数据	绘图员	制图
	图纸名称	图纸名称
	图纸编号	图号

需添加到图纸实例属性的共享参数对应的图纸专有信息见表6-5。

表 6-5

分组名称	图纸中的参数名称	对应的图纸标题栏内容
	修改版次	修改版次
	工种负责	工种负责
文字	图别	图别
	校对	校对

 注意：添加共享参数的方法参见"共享参数"章节。

7）将自定义字段添加到标题栏。按图6-61所示在相应位置添加标签。编辑标签对应"参数名称"，设置标签类型属性（字体、大小和宽度系数等），完成后如图6-62所示。

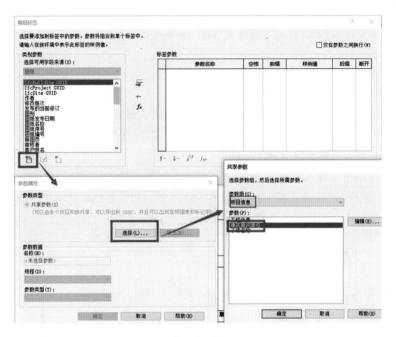

图　6-61

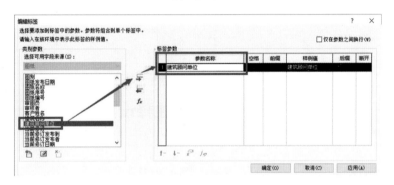

图　6-62

同理，将其他自定义字段添加到标题栏中，完成后如图 6-63 所示。

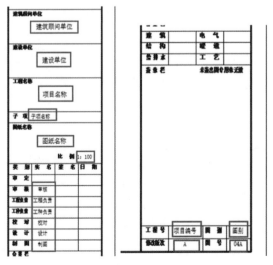

图　6-63

注意：本项目标题栏共有 16 个自定义字段，其中项目信息字段 6 个，图纸信息字段 9 个，视图信息字段 1 个（比例）。

8）将标题栏载入到项目样板文件中。

①将上一步完成的文件保存，名称为"A1 图框. rfa"，载入到项目样板文件"项目样板"文件中。

②加载图纸专有信息的共享参数。

③添加图纸：单击"视图"选项卡下"图纸组合"面板中的"图纸"命令，在"选择标题栏"中选择"A1 图框"，单击"确定"。如图 6 - 64 所示，可以看到原来项目样板中设置好的信息已出现在新生成图纸中，可根据需要修改相关信息。

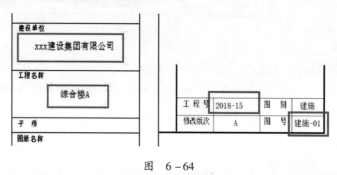

图 6 - 64

第 4 节　常用注释设置

4.1　文字注释设置

说明性的文字可以通过文字注释添加到图形中。文字注释会随视图比例的变化自动调整大小，以确保其在图纸中的字高统一。在将文字注释添加到图形中时，可以控制引线、文字换行和文字格式的显示。

单击"注释"选项卡下"文字"面板中的"文字类型"图标，在"类型属性"对话框中任意复制一种类型，命名为"仿宋 - 2.5 - 0.7"，并按图 6 - 65 调整数值。

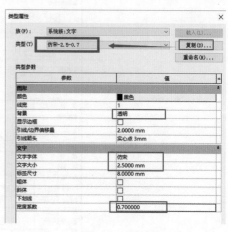

图 6 - 65

注意：1. 建议文字类型的命名方法为"（字体名称）-（文字大小）-（宽度系数）"。

　　　2. 从 Revit2017 开始，文字大小开始使用大写字母高度进行报告，如图 6 - 66 所示。汉字高度与大写字母高度的比例为 4:3。

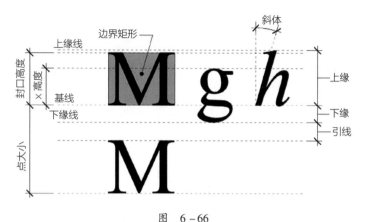

图　6-66

 注意：x高度指的是小写字母中上下不出头的字母的高度，如x，a，c，e等。

4.2　尺寸标注设置

尺寸标注在项目中显示测量值，包括对齐标注、线性标注、角度标注、半径标注、直径标注、弧长标注、高程点标注、高程点坐标、高程点坡度等。以上标注均为系统族，可为每个标注系统族建立所需类型。

1）单击"管理"选项卡下"设置"面板内"其他设置"下拉列表中的"箭头"命令。在"类型属性"对话框中"复制"任意类型，按图6-67输入，生成新箭头类型"标注斜线"。

2）单击"注释"选项卡下"尺寸标注"面板下拉列表，然后选择"线性尺寸标注类型"，"复制"任意类型，按图6-68输入，生成新线性尺寸标注类型"线性标注"。

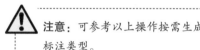 **注意**：可参考以上操作按需生成或修改其他尺寸标注类型。

图　6-67

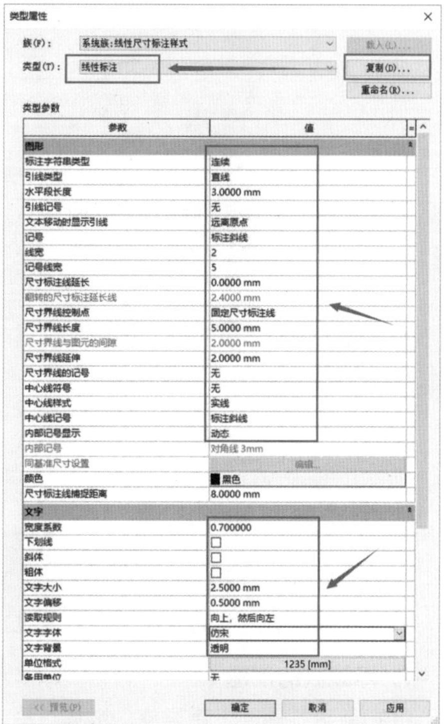

图　6-68

4.3 视图标记设置

视图标记主要分为立面标记、剖面标记和详图索引标记。每个视图标记都对应着一张视图。

如图 6-69 所示,在"视图"选项卡中分别单击"创建"面板中的"剖面""详图索引""立面",使用样板中自带的类型,在视图中适当位置生成"剖面标记""详图索引标记"和"立面标记"(相应的视图会伴随着标记的建立而生成)。

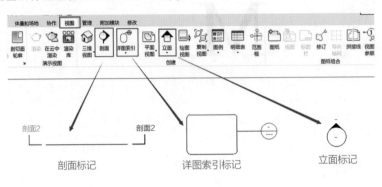

图 6-69

> ⚠️ **注意**:只有当详图视图放置于图纸中时,详图标记才会显示"详图编号"和所在图纸编号。详图编号的值可以更改,且在同一张图纸中应是唯一值,立面视图也是如此,样例如图 6-70 所示。

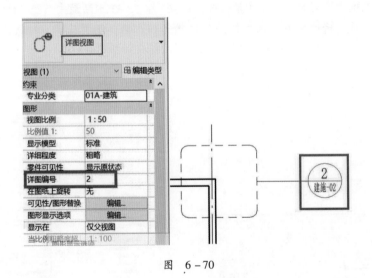

图 6-70

4.4 图纸视图标题设置

需要修改图纸视图标题时,可通过设置可载入族"视图标题"(项目浏览器的族分类中可查找到)和其他参数信息共同完成,或者通过"公制视图标题"族样板直接创建新的视图标题族。

1. 标题族的创建

(1)新建标题族 新建族,选择注释文件夹中的"公制视图标题. rft"为族样板。

（2）创建标题族标签

1）单击"创建"选项卡下"文字"面板中的"标签"命令，单击"编辑类型"，设置新建标签的类型名称及属性，如图 6 - 71 所示。

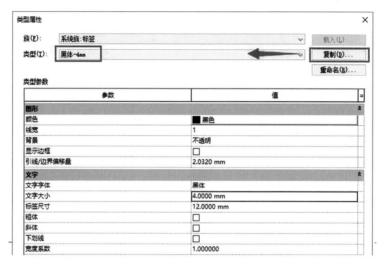

图　6 - 71

2）在绘图区域单击鼠标，选择标签位置，在弹出的"编辑标签"对话框中，在左侧可用字段中选择"视图名称"和"视图比例"作为标签参数，单击"确定"，如图 6 - 72 所示。

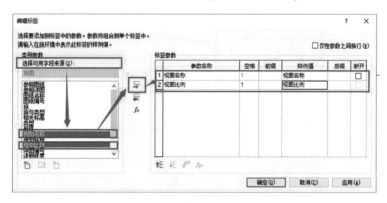

图　6 - 72

3）在绘图区域中将标签位置调整至参照平面右上位置，调整对齐方式和可见性参数，如图 6 - 73 所示。

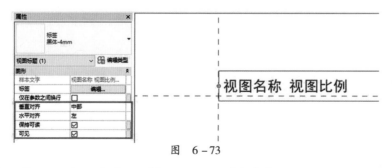

图　6 - 73

4）保存标题族，以"视图名称 + 比例. rfa"的形式保存文件。

2. 视图标题的设置

1）视图在图纸中被选中的状态下，可在"属性"选项板上选择视口的类型和编辑"类型属性"，如图 6-74 所示。

2）在视图被选中的状态下，单击"属性"选项板的"编辑类型"，在"类型属性"对话框中选择任意类型"复制"，新建类型"视图名称+比例"，按图 6-75 设置类型参数。

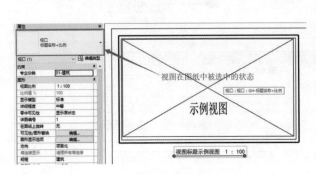
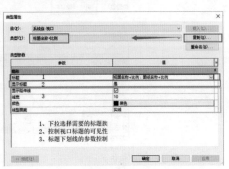

图 6-74   图 6-75

如图 6-76 所示，常用的视图标题有下列几种，可按上述方式创建对应标题族和设置标题属性。

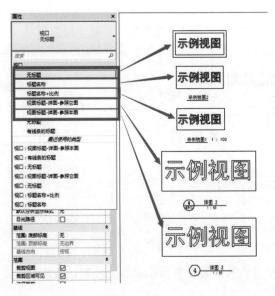

图 6-76

4.5 注释符号设置

注释符号是应用于族的标记或符号。与文字注释一样，注释符号会随视图比例的变化自动调整大小，使其在图纸上的大小统一。

标记一般指标记族，是用于识别图元的注释，可将标记族附着到选定图元，标记也可以包含出现在明细表中的属性。标记族可以根据图元的不同属性自由创建，常用的有门标记、窗标记、房间标记等，如图 6-77 所示。

符号一般指常规注释族（广义的符号包含更多），是注释图元或其他对象的图形表示。当将注释载入到项目中时，常规注释具有多重引线选项。常用符号的有指北针、图集索引、坡度符号等。

下面以"门标记"为例讲解如何创建标记族。

1) 新建族，以注释文件夹内"公制门标记. rft"为族样板。

2) 在未做任何操作状态下，勾选族参数"随构建旋转"，使创建的标记族可以与被标记的构件主体平行，如图6-78所示。

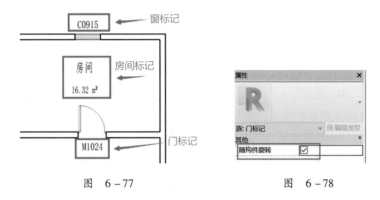

图 6-77   图 6-78

3) 单击"创建"选项卡下"文字"面板中的"标签"命令，按图6-79所示添加标签参数。

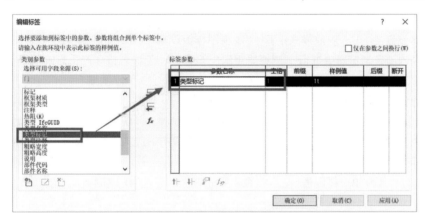

图 6-79

4) 如图6-80所示，在视图中放置标签到十字参照平面交点中央偏上位置，并修改类型属性如图6-81所示。

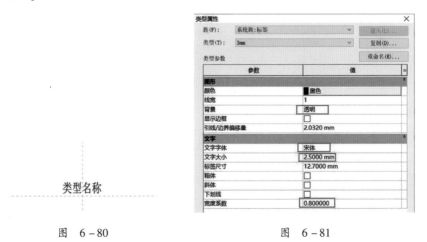

图 6-80   图 6-81

5）保存为"标记 – 门 – 类型名称. rfa"并载入到项目中，此时门标记族制作完成。

课后练习

1. 以 Revit 软件作为 BIM 设计的平台，制作项目样板是为项目设计提供一个（　　　）的设计基础环境。

    A. 统一　　　　　　　B. 独立　　　　　　　C. 自适应　　　　　　D. 个人专用

2. 以 Revit 软件作为 BIM 设计的平台，项目样板的创建对于项目的（　　　）有直接的提高。

    A. 设计完善程度　　B. 设计进度　　　　C. 设计质量和效率　D. 项目模型渲染效果

3. 利用 BIM 进行设计时，除了设计的成果从二维变成了三维以外，（　　　）的出现可以极大提高设计效率。

    A. 模拟施工　　　　B. 项目样板　　　　C. 模型显示　　　　　D. 协同设计

4. 使用 Revit 软件进行结构专业的 BIM 设计时，（　　　）可为模型图元、注释图元和导入对象等指定线宽、线颜色、线型图案和材质。

    A. 浏览器设置　　　B. 对象样式设置　C. 视图样板设置　　D. 材质信息设置

5. 在 Revit 中的项目浏览器中进行"浏览器组织"设置时，无法对排序产生影响的是（　　　）。

    A. 楼层平面　　　　B. 立面　　　　　　C. 族　　　　　　　　D. 图纸

6. 在 Revit 的管理视图样板中无法进行的操作是（　　　）。

    A. 创建　　　　　　B. 复制　　　　　　C. 重命名　　　　　　D. 删除

7. 在 Revit 中，对图元进行标记以显示更多信息时，发现有一段斜向的墙体上门的标记与门并不平行，此时可以解决这个问题的操作是（　　　）。

    A. 断开　　　　　　B. 样例值　　　　　C. 平行　　　　　　　D. 随构件旋转

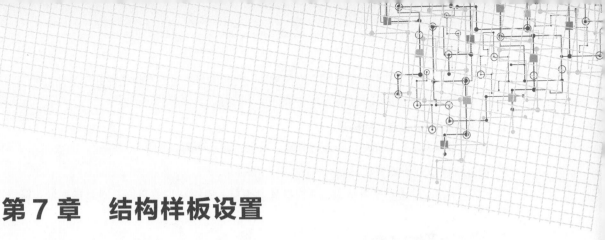

第7章 结构样板设置

利用 Revit 进行结构设计，预先做好设置是非常重要的，这些设置可以减少结构建模和制图过程中的重复操作。这些预先的设置就是创建项目样板，项目样板为新项目提供了起点，在前面的章节中已讲述了项目通用样板的设置，由于各专业的建模和制图有各自的特点，故在通用样板的基础上各专业还应有各自深化的样板，完善的结构专业项目样板对后期的结构设计工作可以起到事半功倍的效果，开始结构设计时应选择预设的项目样板文件来创建项目文件。

由于结构体系有多种，建筑的种类也各有不同，它们用到的材质、系统族的设置、构件形式及出图表现形式和内容都不尽相同，如将所有结构形式的样板内容都设置在一个样板文件里可能会过于复杂和烦琐，使用起来也不一定方便，故结构专业样板从适用范围也可以继续细分，如根据结构体系可分为钢结构样板、现浇钢筋混凝土结构样板、装配式钢筋混凝土结构样板及砌体结构样板等，根据建筑性质可分为民用建筑结构样板、工业建筑结构样板等。

企业在制定样板文件的时候也不一定追求一步到位，可以先做一个初步的样板，随着项目在 BIM 中的应用而不断完善。

专业间的不同协作方式影响着项目样板文件的使用方式，如采用的是协同方式，由于一般民用建筑项目设计的开始都是从建筑专业开始，故可以将结构样板文件的设置以传递项目标准的方式传递到项目文件，也可以在项目开始前将各专业项目样板设置在一个样板文件里；如采用的是链接方式，则可以在结构项目样板的基础上创建结构项目文件，通用的设置可从通用样板文件或建筑样板文件通过传递项目标准的方式传递过来。

Revit 软件本身自带各专业的基本模板文件，但目前不能满足本地化的要求，需结合我国及各企业的结构建模及制图标准来制定项目样板。要制作适合我国建筑类规范的结构项目样板，可在通用样板的基础上对内容进行设置。

第1节 共享参数设置

现阶段结构设计表达以平法表示为主，即结构图纸以平面图为主，结合平面注写规则，以标注的形式表达构件标高、截面尺寸、配筋等。在 Revit 里如直接采用文字注释的方式来注写的话一来太过繁琐，二来也失去了 BIM 模型的意义。文字注写与构件本身的信息是不关联的，所以应该通过共享参数给构件定义参数，并创建标记族，关联这个共享参数，这样标记族和构件之间就共享了信息，在项目里就可以用这个标记族将这个构件的信息标记出来。故结构施工图设计出图会用到大量的标记，因此共享参数的合理设置很重要，另外项目信息也可以通过共享参数添加。

需要在结构构件中添加的用于标记的主要共享参数有：

1．普通现浇钢筋混凝土结构墙

墙编号、墙厚、水平分布筋、垂直分布筋、拉筋、起止标高。

2．现浇钢筋混凝土地下室外墙

墙编号、墙厚、外侧水平分布筋、外侧垂直分布筋、内侧水平分布筋、内侧垂直分布筋、拉筋、起止标高。

3．现浇钢筋混凝土结构柱

柱编号、柱截面宽、柱截面高、柱纵筋、柱箍筋、起止标高。

4．现浇钢筋混凝土梁

梁编号和跨数、梁截面宽、梁截面高、梁箍筋、梁上部通长纵筋、梁侧钢筋、梁顶面标高高差、梁下部纵筋、梁左侧支座上部筋、梁右侧支座上部筋。

5．现浇钢筋混凝土板

板块编号、板厚、X 向上部贯通筋、Y 向上部贯通筋、X 向下部纵筋、Y 向下部纵筋、板面标高高差。

6．普通独立基础或承台

基础或承台编号、基础竖向尺寸、底部配筋、顶部配筋、基底标高高差。

7．项目信息及项目参数

Revit 本身内置的项目信息参数不多，基本没有结构信息，结构专业可以根据情况补充项目的结构信息：如抗震设防烈度、主体结构设计使用年限、基本风压、地面粗糙度、基本雪压、建筑结构安全等级、地基基础设计等级、建筑抗震设防类别、主体结构类型、地下水位标高、人防地下室的设计类别、防常规武器抗力级别和防核武器抗力级别等。这些信息参数可以通过添加项目参数的方式添加，构件类别选为项目信息，然后在"项目信息"对话框里输入信息。如需要标记或添加到明细表中，可以以共享参数的形式添加。

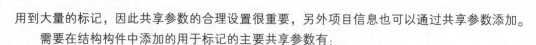

第 2 节　常用设置

2.1　常用族的前期准备

1．系统族结构构件的预设

结构专业常用的系统族构件主要有结构墙、结构楼板、基础底板，对这些构件预设几种常用的类型，可以方便项目中选用，不用临时去创建，提高建模效率。预设类型可按结构材质和截面尺寸来区分，类型名称建议按"结构材质 – 截面尺寸"来命名。除了预设类型外，还要添加需要标记的共享参数。

下面按常规钢筋混凝土结构对上述几种构件分别进行讨论。

1）结构墙：采用基本墙系统族，仅需设置核心层，材质和厚度常用分类见表 7 – 1。

表 7－1

结构材质分类	钢筋混凝土（C30）、钢筋混凝土（C35）、钢筋混凝土（C40）
核心层厚度分类/mm	200、240、250、300、350、400

2）结构板：采用楼板系统族，仅需设置核心层，材质和厚度常用分类见表 7－2。

表 7－2

结构材质分类	钢筋混凝土（C30）、钢筋混凝土（C35）、钢筋混凝土（C40）
核心层厚度分类/mm	100、110、120、130、140、150、250、300

3）底板：采用基础底板系统族，仅需设置核心层，材质和厚度常用分类见表 7－3。

表 7－3

结构材质分类	钢筋混凝土（C30）、钢筋混凝土（C35）、钢筋混凝土（C40）
核心层厚度分类/mm	250、300、350、400、450、500、600、800、1000

2. 可载入结构构件族的创建和预载入

很多常用的结构构件，如梁、结构柱、独立基础、承台、桩等都可载入族构件，预创建一些常用的标准结构构件族并设置常用的类型，可方便结构设计师在项目设计时选用，创建时还应根据构件在项目里的标注要求添加相应的共享参数。

这些构件族名称建议为："构件种类 – 材料类型 – 截面形式"，族类型建议按截面尺寸来区分，类型名称可设为截面尺寸的特征值，在这里，材料可不区分等级，否则族数量或族类型会太多，故材质参数设为实例参数使用起来会更为灵活。

普通钢筋混凝土结构可按表 7－4 创建常用结构构件族。

表 7－4

结构构件种类	材料类型	施工方式	形状	采用的族样板
结构柱或按结构柱创建的结构墙	钢筋混凝土	现浇、预制	矩形、L 形、T 形、[形、Z 形、H 形、梯形	公制结构柱.rft
结构梁	钢筋混凝土	现浇、预制	矩形、L 形、T 形	公制结构框架 – 梁和支撑.rft
独立基础或承台	钢筋混凝土	现浇	阶形、坡形、矩形	公制结构基础.rft
桩	钢筋混凝土	预制桩、预应力管桩、灌注桩	方形、圆形扩底、H 形、[形、箱形、圆管、方管	公制结构基础.rft

3. 轮廓族的创建和预载入

用 Revit 进行结构设计的时候会用到二维轮廓族，例如用楼板边缘创建翻边、线脚等模型或用放样创建内建模型时会需要用到轮廓族，故可以创建一些常用轮廓形状（例如矩形、三角形及梯形等）并载入到样板里备用。

4. 结构构件标记族的创建和预载入

利用 Revit 软件绘制结构施工图时，按现在的结构专业出图标准和制图习惯，大量采用平法标注的形式，故一般不绘制实体钢筋，而是采用提取构件信息的方法进行平法标注，这就需要用到标记族和二维详图符号。在结构专业制图时，进行族标记和绘制二维详图符号的工作量占比很大。故对于结构专业而言，为了将来出图的方便，需要依照现行的平法图集及自身的制图习惯逐步建立起完善的标记族库。

1）以梁平法为例建议使用的具体共享参数如图 7 − 1 所示。

2）以柱平法为例建议使用的具体共享参数如图 7 − 2 所示。

图　7 − 1

图　7 − 2

3）以基础平法为例建议使用的具体共享参数如图 7 − 3 所示。

4）以板平法为例建议使用的具体共享参数如图 7 − 4 所示。

图　7 − 3

图　7 − 4

5）以楼梯平法为例建议使用的具体共享参数如图 7 − 5 所示。

5．常用详图构件族的创建和预载入

详图构件是基于线的二维图元，可将其添加到详图视图或绘图视图中。它们仅在这些视图中才可见。它们会随模型而不是随图纸调整其比例。

详图构件与属于建筑模型一部分的建筑图元不相关。相反，它们在特定视图中提供构造详细信息或其他信息。

使用详图构件可以增强模型几何图像，提供构造详细信息或其他信息。结构专业主要用到的详图构件族有楼板板面筋、板底筋、结构柱配筋详图、结构墙边缘构件详图、翻边详图、女儿墙详图等，可以创建以备用。

2.2 浏览器组织设置

对结构专业内部的视图及图纸，成组和排序可依据如下原则。

1）结构视图可按视图分类（用于建模或出图）、族与类型分组，并按标高排序。

2）结构图纸一般按图号排序。

浏览器组织设置可参考第6章第3节相关内容。

图 7-5

第3节 视图样板设置

3.1 视图样板概述

Revit 模型是建筑信息的载体，它以各种类型的视图形式展现出来。Revit 主要有以下视图类型。

（1）三维视图　默认三维视图：正交三维视图；相机：透视三维视图；漫游：动画三维漫游。

（2）二维视图　平面视图、立面视图、剖面视图、绘图视图、图例视图、明细表。

很多时候对一个特定的视图不一定要求显示所有的信息，图形信息的反映要求也不一样。视图有很多属性可以设置，修改视图属性可以更改视图比例、详细程度、视觉样式、方向和视图的其他属性，通过这些属性的设置可以控制视图的显示效果。视图属性大多为实例属性，避免对每一个视图进行重复设置，就需要进行样板设置。

视图样板概述

视图样板可以设置一系列视图属性，例如，视图比例、规程、详细程度以及可见性。

使用视图样板可以对项目视图进行标准化，Revit 提供了几个自带的视图样板，也可以基于这些样板创建自己的视图样板。使用视图样板可以为视图应用进行标准设置，可以帮助确保遵守公司标准，并实现施工图文档集的一致性。

在创建视图样板之前，需首先考虑如何使用视图。对于每种类型的视图（楼层平面、立面、剖面、三维视图等），要使用的视图样式。

可以为每种样式创建视图样板来控制以下设置：类别的可见性/图形替换、视图比例、详细程

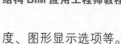

度、图形显示选项等。

3.2 视图样板设置思路

利用 Revit 进行结构设计过程中，在不同的阶段和情况下需要显示的内容和显示方式是不同的。视图属性设置的要求是能将需要显示的内容都展示出来，同时应能清晰地分辨开来。由于视图属性内容有很多，在不同的结构设计工作状态下可设置不同的标准视图样板，这样在给视图应用视图样板时相当于可一次性选择一套视图属性，避免每个视图单独设置一项项属性，可极大地提高效率，下面按阶段来分别讨论。

（1）读图阶段　一般民用建筑的结构设计是以建筑条件为依据，故在结构布置前必须准确了解建筑要求，这个阶段的视图需要能看到建筑布置和建筑构件，所以一般可以直接用建筑专业的视图样板，特殊情况也可以在建筑专业样板的基础上建立专门的读图样板，例如有时需要结合机电专业的设备和管线布置读图，这时需将相关内容在视图中反映出来。

（2）结构构件布置阶段　常规结构构件的布置基本上在平面视图上进行，虽然在进行结构布置前已经了解了建筑条件，但往往在初期布置结构构件时还是需要经常查看相应的建筑图，故最好在布置结构构件的时候，有些关键的建筑内容能在视图里，这样可以避免频繁地切换视图，布置结构构件时定位也更方便，但这些建筑内容同时又不能太干扰结构构件的展示。此外还需要纯粹反映结构构件的视图，以方便观察结构构件间的关系和选择结构构件。常规结构一般在平面视图中进行结构布置，辅以三维视图中的检查，或根据需要在立面或剖面视图里查看，故本阶段可以设置以下视图样板。

1）结构建模平面图样板。

2）基础平面图样板。

3）楼层结构平面图样板。

4）屋顶结构平面图样板。

5）结构三维图样板。

6）结构剖面图样板。

7）结构立面图样板。

其中第一种视图样板由于需同时显示有关的建筑或其他专业的构件，但这些构件又不能干扰结构构件的显示，故设置较为复杂，规程应采用协调规程，模型显示样式一般采用隐藏线模式，此时，被遮挡的梁边线将不会显示，故需将楼板设置成半透明的。为区分各专业的构件，需给各类构件设置线颜色、填充图案、填充颜色，对非结构构件一般采用半色调或设置为半透明。除第一种外其余视图样板相对来说设置较为简单，只需显示结构构件，均应采用结构规程，模型显示样式一般也采用隐藏线模式，在结构规程下，被遮挡的梁边线将会按"隐藏线"线样式显示，符合结构专业的看图习惯。

（3）结构建模完成，结构施工图出图阶段　此阶段需根据结构图的表达要求进行分图并进行标注，常规的一套钢筋混凝土结构图纸一般由结构设计总说明、桩位布置图、基础平面图、底板平面图、竖向构件图、各层结构平面图、各层梁平面图、楼梯结构详图、各类构件的相应详图、节点详图等组成。结构施工图的特点是以平面类型图为主，特别是采用平法表示后更是如此，很多内容是要通过结合详图、符合约定规则的标注、说明、表格及图集来表达。平面图实际上是在平面上方剖切向下看到的投影，但是结构的平面图中并不仅是看到什么画什么，往往是根据图纸需要表达的内容进行适当的取舍或增加，例如梁面大多是和板面重合的，向下看是看不到梁边线的，但还是要用虚线表示出来；而竖向构件平面图往往只表示竖向构件。从上述结构施工图反映的内容及方式来看，本阶段也是以平面视图样板为主，另外还可以设置一些详图样板。具体如下：

1）桩位平面图样板。

2）基础平面图样板。

3）屋顶结构平面图样板。

4）楼层结构平面图样板。

5）竖向构件平面图样板。

6）竖向构件详图样板。

7）楼梯结构平面图样板。

8）楼梯结构剖面图样板。

9）结构详图样板。

（4）结构设计基本完成，进入校对复核阶段 此阶段基本可以用结构构件布置阶段及结构施工图出图阶段的视图样板。如果希望结合设备管线查看的，也可以根据需要创建新的视图样板。

对于绘图视图，由于其本身并无太多的视图样式和可见性设置，可不应用视图样板，样式可通过修改全局线样式和对象样式进行设置。

视图样板创建方式可参考第6章第3节相关内容。视图样板的应用方式也可在项目浏览器中直接对选中的视图单击鼠标右键（可多选），然后选择"应用视图样板"或在创建视图时对其"编辑类型"。

3.3 通用结构视图样板设置

表7-5中所列为通用状态下结构视图样板的推荐设置，可根据实际情况进行更改。

表 7-5

参数	值	包含	备注
视图比例	1:100	√	非详图或索引图等情况下均为1:100
比例值1:	100	√	视图比例设置非自定义情况下为不可用状态
显示模型	标准	√	
详细程度	中等	√	根据电脑硬件配置设置
V/G替换模型	仅勾选"结构"列表内以下可见性：墙、楼板、竖井洞口、线、结构基础、结构柱、屋顶、常规模型、结构框架、结构梁系统、结构区域钢筋、结构钢筋、结构钢筋网、结构钢筋网区域、结构路径钢筋、详图项目	√	模型可见性设置
V/G替换注释	仅勾选"结构"列表内以下可见性：云线批注、云线批注标记、剖面、图框、多类别标记、尺寸标注、常规模型标记、常规注释、文字注释、明细表图形、材质标记、标高、楼板标记、注释记号标记、结构基础标记、结构框架标记、结构注释、范围框、视图参照、视图标题、详图索引、轴网、高程点、高程点坐标、高程点坡度	√	注释可见性设置

（续）

参数	值	包含	备注
V/G 替换 分析 模型	全部取消勾选	√	
V/G 替换 导入	默认状态不做更改		根据每个视图的不同时间需要自行更改
V/G 替换 过滤 器	往往在某一层中，同一高度的板或某些同一类型的构件处于同一视图内，但是直接将同一类别直接隐藏或改变是不可以的，因此需要设置某些条件使符合条件的构件改变显示方式，如： 以板为例，同一视图内的构件，高度不同，如下图所示，为筛选降板在 300mm 及以上的楼板设置。 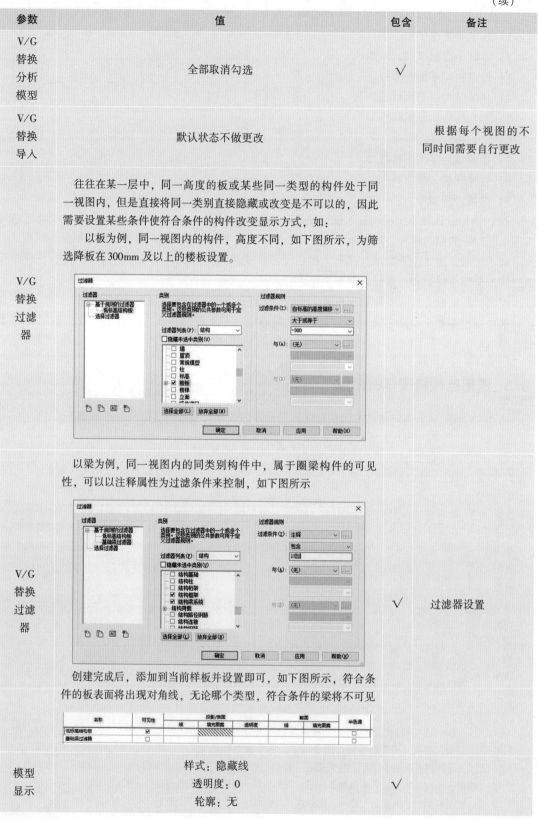 以梁为例，同一视图内的同类别构件中，属于圈梁构件的可见性，可以以注释属性为过滤条件来控制，如下图所示 创建完成后，添加到当前样板并设置即可，如下图所示，符合条件的板表面将出现对角线，无论哪个类型，符合条件的梁将不可见	√	过滤器设置
模型 显示	样式：隐藏线 透明度：0 轮廓：无	√	

（续）

参数	值	包含	备注
阴影			
勾绘线	默认即可，不做设置		平面视图不做此设置
照明			
基线方向	俯视	√	
视图范围	根据实际需求设置	√	仅平面视图
阶段过滤器	全部显示	√	
规程	结构		
显示隐藏线	按规程	√	
颜色方案位置	背景	√	平面视图 & 立面/剖面
颜色方案	默认即可，不做设置		平面视图 & 立面/剖面
系统颜色方案	默认即可，不做设置		仅平面视图
远剪裁	不剪裁（以剖面为例，此设置为剪裁时，则超出一定距离的构件将看不见，一部分在范围内一部分不在的，则按裁剪的距离算，在范围外的将会被"裁掉"，也就是不可见。同时这个裁剪距离是可以设置的。平面则不需要裁剪，一般由视图深度控制）	√	平面视图 & 立面/剖面

3.4 平面视图样板设置

平面视图中针对不同高度的构件或不同需求对于视图的设置也有所不同。例如同样是一层平面图，但是一层梁平面图和一层板平面图要求是不同的。又如一层平面图和基础层平面图显然用一个样板也是无法满足要求的，因此需要设计不同的平面视图样板来满足不同需求。

针对不同要求对样板进行设置，应单击"视图"选项卡下"图形"面板内"视图样板"下拉列表中的"管理视图样板"，在对话框中通过复制任意一结构平面样板进行设置，如图7-6所示。

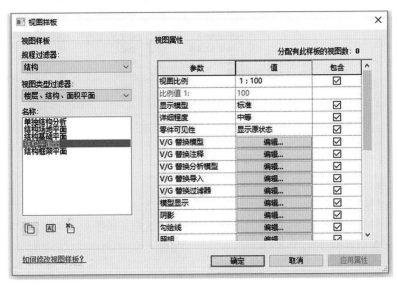

图 7-6

1. 结构基础平面图

在通用结构样板设置基础上，以下模型可见性设置取消勾选：结构梁系统、结构区域钢筋、结构钢筋网、结构钢筋网区域、结构路径钢筋、屋顶。

2. 结构梁/板平面图

在通用结构样板设置基础上，以下模型可见性设置取消勾选：墙、结构基础、屋顶。结构梁系统和结构框架或楼板根据情况选择。

3. 结构桩/柱平面图

在通用结构样板设置基础上，以下模型可见性设置取消勾选：墙、屋顶、楼板、楼梯、结构框架、结构梁系统、结构钢筋、结构钢筋网、结构区域钢筋、结构路径钢筋、结构钢筋网、结构钢筋网区域。结构柱或结构基础根据情况选择。

4. 结构详图

在通用结构样板设置基础上，视图比例调整为：1:25/1:50。以下模型可见性设置取消勾选：屋顶、结构梁系统、结构区域钢筋、结构钢筋网、结构钢筋网区域、结构路径钢筋。

3.5 结构立面/剖面视图样板设置

当多个专业的构件在同一个项目同时出现时，无论是绘制剖面或是放置立面，都会看见不属于结构专业的图元构件遮挡住结构构件，为了防止这一类情况，就必须创建立面或剖面的视图样板，如图 7-7 所示。

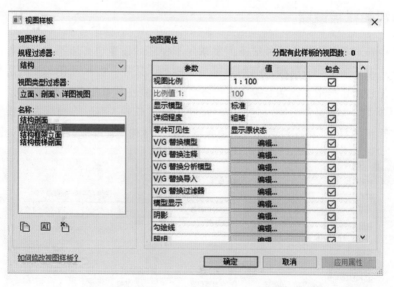

图 7-7

1. 结构立面

在通用结构样板设置基础上，模型可见性设置中不勾选体量、组成部分，其余全部勾选。

在通用结构样板设置基础上，注释可见性设置中不勾选明细表图形，其余全部勾选。

结构立面无需创建过滤器。

2. 结构剖面

在通用结构样板设置基础上，视图比例调整为 1:50。

在通用结构样板设置基础上，模型可见性设置中不勾选体量、组成部分，其余全部勾选。

在通用结构样板设置基础上，注释可见性设置中不勾选明细表图形，其余全部勾选。

结构剖面无需创建过滤器。

3.6 视图过滤器设置

虽然可以按类别进行构件的可见性/图形设置，但有时还需要进一步对同类别的构件进行划分，以分别控制它们的显示，这时可以设置过滤条件，将有某种相同属性的同类别构件提取出来。

结构设计时可能需要对同类别构件进一步按条件进行划分的情况通常有：结构施工图中会对板面标高与楼层结构标高不一致的楼板应用不同的表面填充样式，以便在图纸中更直观地展示不同标高的楼板；在结构建模时对梁面标高不一致的梁应用不同的表面填充颜色以方便观察；在结构规程下非结构墙是不显示的，但结构建模有时需要用到协调规程，这时就需要对结构墙和建筑填充墙分别控制它们的显示；楼板的建筑面层往往也是采用楼板系统族来建模，与结构楼板是同一类别，实际设计过程中往往需要分别控制显示。

上述这些情况只要设置好条件，都可以通过添加过滤器快速地控制其显示。故在结构项目样板中应根据设计习惯设置一些结构专业常用的过滤器。

过滤器建议命名为：专业代号 – 构件类别与过滤说明的简称，如 S – 楼板（面层）。

第 4 节 各类样式设置

4.1 线宽设置

现行《房屋建筑制图统一标准》及《建筑结构制图标准》关于线宽的规定为：

1）图线的基本线宽 b，宜按照图纸比例及图纸性质从 1.4mm、1.0mm、0.7mm、0.5mm 线宽系列中选取。每个图样，应根据复杂程度与比例大小，先选定基本线宽 b，再选用表 7 – 6 内相应的线宽组。

表 7 – 6

线宽比	线宽组			
b	1.4	1.0	0.7	0.5
$0.7b$	1.0	0.7	0.5	0.35
$0.5b$	0.7	0.5	0.35	0.25
$0.25b$	0.35	0.25	0.18	0.13

2）每个图样应根据复杂程度与比例大小，先选用适当的基本线宽度 b，再选用相应的线宽。根据表达内容的层次，基本线宽 b 和线宽比可适当增加或减少。

根据上述规定可知结构出图主要用到的线宽有 0.13mm、0.18mm、0.25mm、0.35mm、

0.50mm、0.70mm、1.00mm、1.40mm，另外建议增加0.10mm 线宽用作辅助线的线宽。企业还可以根据本单位的设计习惯增加模型显示和观察的线宽。线宽设置一般应在通用样板里设置好，结构专业选用即可，具体设置可参见本书第6章第2节相关内容。

4.2 线型图案设置

线型图案命名方式建议为：专业代号 – 线型。除实线外结构制图主要用到的线型图案有：虚线、单点长画线、双点长画线等。设置的线型图案可参见图7–8、图7–9。

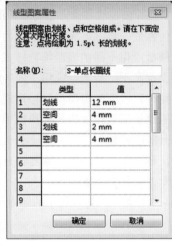
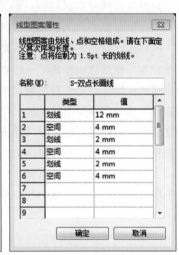

图 7–8

各类图元构件在各自视图中的线条样式都有各自的标准，在 Revit 默认提供的线型不满足设计需求的情况下就需要自行创建。

以下为创建线型图案的步骤，以"轴网线"为例：

1）单击"管理"选项卡下"设置"面板内"其他设置"下拉列表中的"线型图案"命令，如图7–10所示。

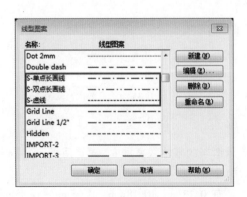

图 7–9　　　　　　　　　　　　　　图 7–10

2）在弹出的"线型图案"对话框中单击"新建"，然后在"线型图案属性"对话框中"名称"部分输入"自定义 – 轴网线"，如图 7 – 11 所示。

3）然后单击"类型"列下第一行空白处，在下拉列表中选择"划线"，然后在"值"列表下输入"12mm"。再重复以上操作完成"类型"列表"空间""划线""空间"的设置，"值"依次输入为"4mm""2mm""4mm"，完成后如图 7 – 12 所示。

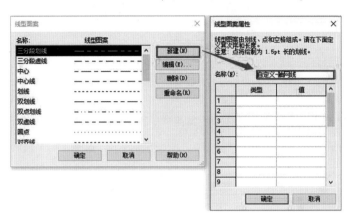

图 7 – 11

图 7 – 12

4）完成上一步操作后，单击"确定"，该线型图案即创建成功，可以在"对象样式"和"线样式"中使用。

4.3 线样式设置

现行《建筑结构制图标准》建议的图线见表 7 – 7，结构专业可以此为参考设置一些常用的线样式，线颜色可根据建模及制图习惯设置。

表 7 – 7

名称		线型	线宽	一般用途
实线	粗	———	b	螺栓、钢筋线、结构平面图中的单线结构构成线，钢木支撑及系杆线，图名下横线、剖切线
	中粗	———	$0.7b$	结构平面图及详图中剖到或可见的墙身轮廓线、基础轮廓线、钢、木结构轮廓线、钢筋线
	中	———	$0.5b$	结构平面图及详图中剖到或可见的墙身轮廓线、基础轮廓线、可见的钢筋混凝土构件轮廓线、钢筋线
	细	———	$0.25b$	标注引出线、标高符号线、索引符号线、尺寸线
虚线	粗	▪▪▪▪▪▪▪▪▪▪	b	不可见的钢筋线、螺栓线、结构平面图中不可见的单线结构构件线及钢、木支撑线
	中粗	▪▪▪▪▪▪▪▪▪	$0.7b$	结构平面图中的不可见构件、墙身轮廓线及不可见钢、木结构构件线、不可见的钢筋线
	中	- - - - - -	$0.5b$	结构平面图中的不可见构件、墙身轮廓线及不可见钢、木结构构件线、不可见的钢筋线
	细	- - - - - - -	$0.25b$	基础平面图中的管沟轮廓线、不可见的钢筋混凝土构件轮廓线

（续）

名称		线型	线宽	一般用途
单点长画线	粗	▬▪▬▬▪▬▬▪▬▬	b	柱间支撑、垂直支撑、设备基础轴线图中的中心线
	细	—·—·—·—·—	$0.25b$	定位轴线、对称线、中心线、重心线
双点长画线	粗	▬▪▪▬▬▪▪▬▬▪▪▬	b	预应力钢筋线
	细	—··—··—··—	$0.25b$	原有结构轮廓线

线样式命名方式建议为：专业代号 – 线宽代号及线型图案简称。图 7 – 13 为线样式设置示例。

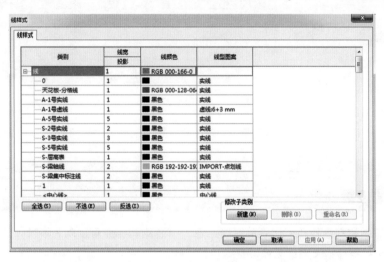

图　7 – 13

以梁轴线样式为例，创建线条样式步骤如下：

1）单击"管理"选项卡下"设置"面板内"其他设置"下拉列表中的"线样式"命令，在弹出的"线样式"对话框中单击右下角"修改子类别"分组内的"新建"命令，如图 7 – 14 所示。

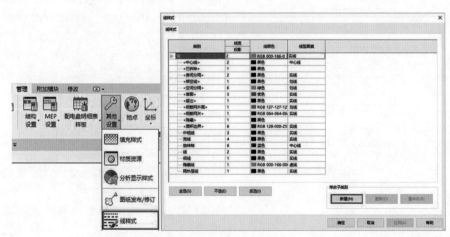

图　7 – 14

2）在弹出的"新建子类别"对话框的"名称"中输入"梁轴线"，并单击"确定"，如图 7 - 15 所示。

3）完成后在"线样式"分组中找到创建的线样式，单击各项设置进行编辑，编辑结果如图 7 - 16 所示，梁轴线绘制完成，再次单击"确定"后便可在绘制"模型线"或"详图线"等线性图元时使用。

图　7 - 15　　　　　　　　　　　图　7 - 16

4.4　填充样式设置

结构专业主要用到的填充样式如图 7 - 17 所示。

夯实土壤　　砂及灰土　　毛石　　砖　　混凝土　　钢筋混凝土　　金属

图　7 - 17

上述填充样式建议提前设置好，有些填充样式可以采用导入的方式设置。

填充样式命名方式建议为：适用的主要材料名称 - 附加说明 。

在表现图元构件的材质或表面及截面图案时，Revit 提供的默认样式并不能满足所有需求，有些样式也不满足设计标准，因此掌握修改、创建填充样式的方式就变得十分重要。

填充样式分为绘图填充图案和模型填充图案。其中绘图填充图案以符号形式表示材质，如沙子用点填充图案表示。绘图填充图案的密度与相关图纸的关系是固定的，会随视图比例的改变而改变。模型填充图案相对于模型保持固定尺寸，不会随视图的变化而变化。

4.5　材质设置

1. 材质应用概述

结构构件材质的设置是赋予结构构件内在的信息，并在视图和渲染图像中以设置好的显示方式展示出来。材质的合理设置在项目中有着重要的作用：在结构建模阶段，相同材质的结构构件，可以很好地连接在一起，这在全专业协同工作的项目中有重要的作用，可以和其他专业的构件区分开来，避免出现建模时连接混乱的现象；在出图阶段，材质的设置可用于工程量的统计，例如在需要统计某建筑物其中一部分的工程量时，可将该部分的结构构件赋予不同的结构材质，在明细表中即可统计该部分的工程量；在渲染阶段，赋予结构构件某些材质，调整三维显示效果，可以渲染模型的三维视图，然后可以将渲染图像放置在图纸上以向客户展示。

结构构件材质多种多样，不同的结构形式用到的结构材质不尽相同。常规钢筋混凝土结构主要用到钢筋和混凝土。

材质的命名方式建议为：材料种类（制作或施工方式）- 强度等级。

当然各类材料不区分强度等级的材质建议也各设置一种，方便在设计前期阶段使用，待后期构件材质等级完全确定后再用区分等级的材质替换。

为便于工程量统计，建议将主体结构的材质和附属结构（如过梁、构造柱、翻边等）的材质区分开命名，例如同样是 C30 的现浇混凝土，可以分为主体用和附属结构用，可以这样命名：材料种类（制作或施工方式）（主或附）- 强度等级，另外也可以细分出细石混凝土、微膨胀混凝土、防水混凝土等。

Revit 模型是一个信息综合体，对其中的结构构件来说，除了构件的尺寸、空间位置及连接关系外，材质也是很重要的信息。Revit 里可以设置的材质信息有很多，这些信息里有些是用于标记的，有些是用于对接受力计算及热工计算的，有些是用于表现的。实际工程中可根据 BIM 模型应用范围设置相关内容，如同样是施工图出图，不接续工程量统计的和相对于进行工程量统计的材质的分类细度就有差异。目前 Revit 自带的结构计算软件和我国规范衔接还不完善，与国内设计习惯也不太相符，故结构计算一般仍是采用 PKPM 系列或盈建科系列为多，而这些国内结构计算软件和 Revit 的对接也不完善，很多信息的传递还存在障碍，故目前来看，构件的力学性能信息是否输入不是很重要，今后软件的对接完善后可以再补录。

标识里的内容有反映材料的生产信息，按我国要求，除非特殊情况，设计是不允许指定材料的生产厂商的，故生产厂商信息一般无需填写，另外的标识主要是用于材质标记，可以根据需要标记的内容决定输入哪些信息，一般可以在模型（可以理解为型号）、标记、注释或说明里输入，这些是在材质标记里可以被引用的，型号可以输入材质的强度等级。

图形和外观都是设置关于显示的参数，但用途不一样，外观是用作效果展示的，应尽量符合实际，图形是用在视图表达的，目的是与其他材质区分开来，由于民用建筑中结构构件基本上是被包裹在建筑面层内，故结构材质的外观设置要求不高，而图形设置里截面填充图案建议按《房屋建筑制图统一标准》"常用建筑材料图例"进行设置。

结构材质的热属性一般结构专业不太用到，其他专业如有需要可由相关专业补充录入。

2. 结构构件材质的应用示例

结构构件材质主要有以下几种应用方式：

（1）可按类别或子类别应用材质 可以通过"对象样式"工具给结构构件按类别或子类别赋予材质。如图 7 - 18 所示，可在材质选择栏按不同类别或子类别指定材质。

（2）按族应用材质 可以使用族参数将不同材质应用于构件中的各个几何图形。

应用方法：在族编辑器编辑族时，将材质参数与族构件形体关联。

 注意： 在有些结构构件族样板文件中已有一个内置材质参数，如公制结构框架、公制结构柱及公制结构基础等内置有一个名称为"结构材质"的材质参数，并且仅能修改其为实例或类型参数。

（3）按图元应用材质 可在视图中选择一个模型图元，然后使用图元属性应用材质。

应用方法：选择模型图元，在"属性"选项板中，按下述方法找到材质参数：

图　7-18

1）如果材质是实例参数：在"材质和装饰"下，找到要修改的材质参数。在该参数对应的"值"列中单击。

2）如果材质是类型参数：单击"编辑类型"，在"类型属性"对话框的"材质和装饰"下，找到要修改的材质参数。在该参数对应的"值"列中单击。

3）如果是墙或楼板类构件：单击"编辑类型"，在"类型属性"对话框中，单击与"结构"对应的"编辑"，在"编辑部件"对话框中，单击要修改其材质的层对应的"材质"列。

4）利用"填色"工具应用材质　"填色"工具可将材质应用于图元的所选面，但不改变图元的结构。

应用方法：单击"修改"选项卡下"几何图形"面板中的"填色"命令，将弹出"材质浏览器"对话框，如图7-19所示，选择材质后选取图元的面，可以给该面赋予所选材质的外观。

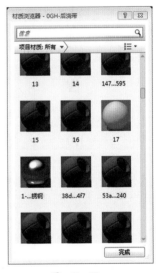

图　7-19

4.6　对象样式设置

对象样式设置（图7-20）是对各类图元本身的默认图形表现方式，它可以被视图属性中"可见性/图形替换"中的相同设置覆盖，两者关系类似于灯泡（"对象样式"中设置线型为实线）和灯罩（"可见性/图形替换"中设置为虚线）的关系，最终以灯罩的颜色为灯光颜色（最终显示为虚线）。对象样式设置是在线宽、线型、填充图案及材质设置完成后进行的，且关联着出图设置。

图　7－20

4.7　文字样式设置

结构专业的文字字体应选择可以显示钢筋等级标志的字体如 revit、lzrevit 等。字高除了说明、图名以外，一般为 3mm，如比例较小，字母和数字可以为 2.5mm，具体可参见图 7－21。

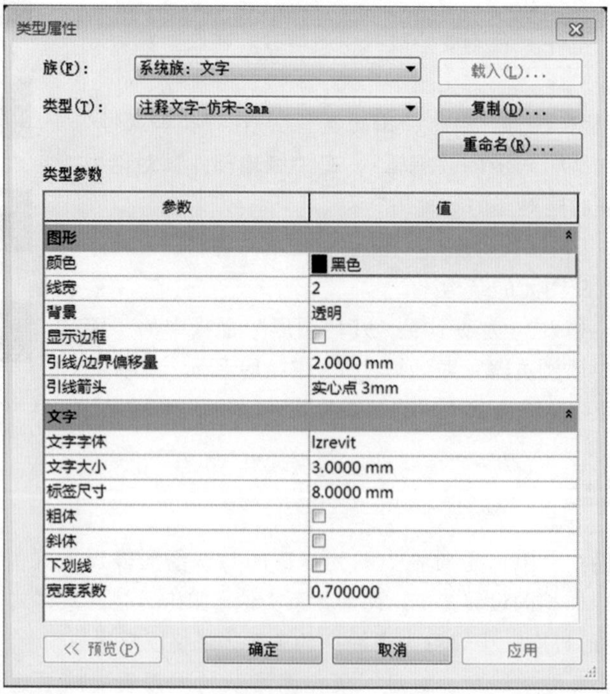

图　7－21

　　说明字高一般可采用 4mm，图名字高一般可采用 8mm，并加粗，具体修改过程可参考第 6 章第 4 节相关内容。

4.8　标注样式设置

　　1）结构专业临时尺寸标注可以设置为如图 7－22 所示。

图　7－22

　　2）永久性尺寸标注：轴线尺寸可采用通用样板里的设置，结构专用的尺寸标注样式可按图 7－23 设置，并设两种类型，其中尺寸界线控制点分别按固定尺寸标注线和图元间隙设置。

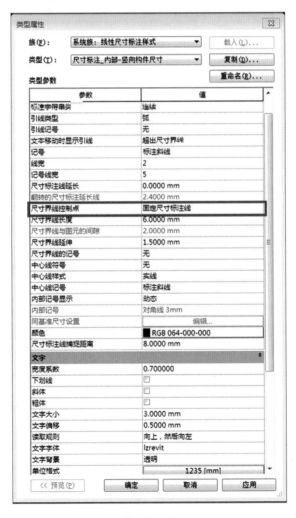

图　7－23

4.9 标记符号样式设置

对于结构专业来说，详图索引标记、立面标记及箭头样式可以直接选用通用样板里的设置，而对于剖面标记还需增加断面的剖切符号，因为结构图经常会用到断面视图，为此需创建一个剖面标头族，如图 7-24 所示。

视图名称

图 7-24

课后练习

1. 使用 Revit 软件进行结构专业的 BIM 设计，预先做好设置是十分重要的，这些设置是指预先创建（　　）。

   A. 构件样板　　　B. 结构构件　　　C. 视图样板　　　D. 项目样板

2. 使用 Revit 软件进行结构专业的 BIM 设计，软件中某类别结构构件内默认设置的结构信息不足以满足使用要求时，可以使用（　　）功能对某一类别的构件添加需要的结构信息。

   A. 共享参数　　　B. 项目参数　　　C. 族参数　　　D. 全局参数

3. 使用 Revit 软件进行结构专业的 BIM 设计时，以下（　　）功能，能使创建的结构构件参数载入到项目中后，可以被明细表统计到。

   A. 共享参数　　　B. 设计选项　　　C. 族参数　　　D. 全局参数

4. 使用 Revit 软件进行结构专业的 BIM 设计时，在项目中创建结构专业的各类族构件时，是不需要看到其他专业的各类族构件的，这时，（　　）这一功能设置完成后，可最方便快捷地使其他专业的各类族构件不可见。

   A. 对象样式　　　B. 材质　　　C. 全局参数　　　D. 视图样板

5. 在 Revit 中，着色视觉样式下，决定了各类结构构件在各自的详图、大样图中显示的是什么材质，是由（　　）功能来确定的。

   A. 线样式　　　B. 填充样式　　　C. 标注样式　　　D. 文字样式

6. Revit 模型是一个信息综合体，对于其中的结构构件来说，材质是很重要的信息，下列关于材质部分的说法正确的是（　　）。

   A. 按我国要求，设计师应指定材料的生产厂商

   B. 材质的图形设置是用于设置渲染状态下的效果展示的

   C. 材质的外观设置主要用于视图表达，可以帮助区分材质，广泛用于各类详图出图

   D. 为了便于工程量统计，应在对材质命名时将需要区分的内容加进去

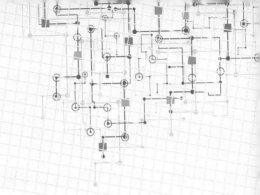

第8章　初模

第1节　标高轴网

1.1　设计深度要求

链接建筑专业模型，复制建筑标高、轴网体系，根据建筑面层厚度建立结构标高系统，所有构件均以结构标高为准。

1.2　模型管理注意事项

1）应根据第5章中的对应内容，规范设计模型的各项属性，根据设计要求进行创建。

2）各专业应使用同一套标高、轴网系统，复制建筑标高、轴网作为基准。

3）应对建立完成的标高进行锁定（若使用中心文件协同，专业负责人需进行权限设置）。

4）规则轴网的轴线应相互平行或垂直，轴间距离不应出现碎数偏差。

5）轴网绘制不应直接拾取CAD底图（由于无法保证CAD底图是否存在微小偏差，直接拾取会影响模型准确性）。

6）轴网若需调整，可通过影响范围来复制调整后的轴网到其他视图。

7）应对建立完成的轴网进行锁定（若使用中心文件协同，专业负责人需进行权限设置）。

1.3　标高轴网的创建

1）单击"插入"选项卡下"链接"面板中的"链接Revit"命令（图8-1），然后在"导入/链接RVT"对话框中查找建筑文档，找到后单击选择该文档。

2）链接进来后，将可能有的诸如地形、参照平面等全部隐藏掉，可通过设置视图可见性等方式设置。隐藏完成后，单击"协作"选项卡下"复制/监视"下拉列表中的"选择链接"命令（图8-2），并单击链接进来的文件。

图　8-1

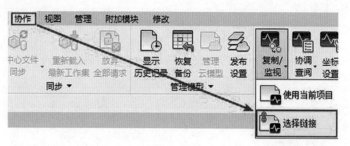

图 8-2

3）在"复制/监视"选项卡下单击"选项"命令，"标高"及轴网设置如图 8-3 所示。

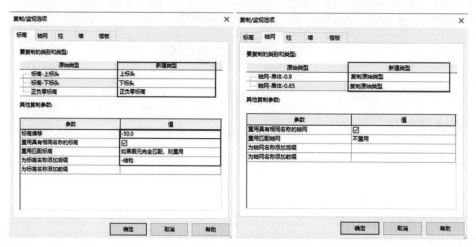

图 8-3

4）单击"复制"命令并勾选"选项栏"中"多个"选项，然后在轴网最全的一层视图中框选所有轴网，如图 8-4 所示。

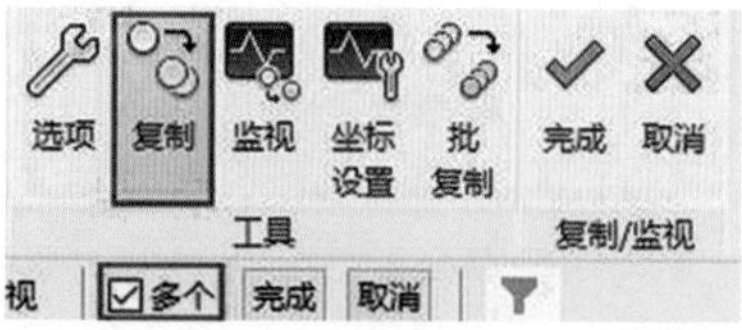

5）框选完毕后，由于框选过程中可能会选中其他图元，应通过"选项栏"中的"过滤器"过滤掉除"轴网"以外的图元，过滤完毕后单击"确定"再单击"完成"，如图 8-5 所示。

6）单击"复制/监视"选项卡以返回该选项卡，切换视图到立面视图中，然后重复前两步操作，这一次过滤器中过滤掉除标高以外的图元，如图 8-6 所示。完成以上操作后，再单击"复制/监视"面板内"完成"。

图 8-4

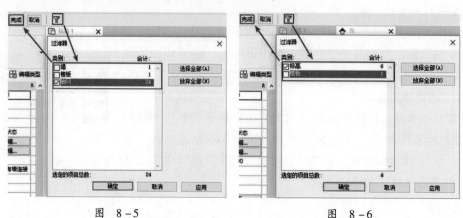

图 8-5   图 8-6

7）如图8-7所示，可以观察到有些标高是原有的，有些标高是复制的。复制过来的标高虽然调整了复制选项，但仍有部分结构标高不符合要求，因此，需要将原有标高删除并调整复制后的结构标高，如图8-8所示。

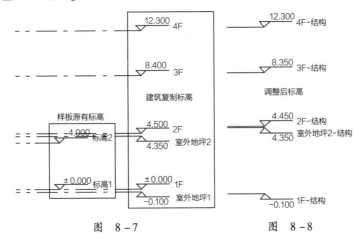

图 8-7　　　　　　　　　图 8-8

8）根据设计需要，创建各层梁、板、柱视图。根据视图组织规则，创建视图时，单击"编辑类型"，在弹出的对话框中单击"标识数据"分组下"查看应用到新视图的样板"后的"无"，然后根据需求选择对应的视图样板，如图8-9所示。

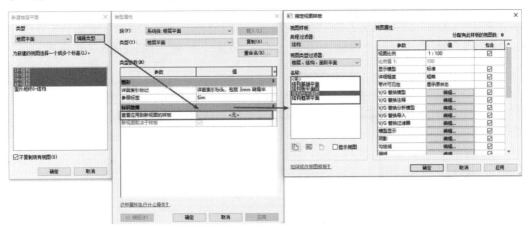

图 8-9

9）重复上一步，直到将所需要的视图创建完毕为止。

10）标高及视图创建完毕之后，每层视图所需要的轴网因为高度不同，创建的建筑范围也有所不同，根据需求将轴网范围调整至合适范围。

第2节　结构墙体

2.1　设计深度要求

根据设计的结构需求，在相应视图中创建结构墙体。

2.2 模型管理注意事项

1）应根据第5章中的对应内容，规范设计模型的各项属性，根据设计要求进行创建。

2）若结构与建筑模型在同一文件中创建，竖向构件以"剪力墙"形式创建时，需注意与建筑墙体间的连接关系（由于自动连接容易出现错误修改）。

3）对于竖向截面尺寸变化较多的情况，建议使用参照平面进行锁定，方便修改。

2.3 墙体的创建

墙体厚度及材质要求应满足设计要求及结构需求。

1）墙体厚度、材质及高度要求见表 8 – 1。

表 8 – 1

内容	要求
墙体厚度	300mm
墙体材质	C30 现浇混凝土
墙体高度	一层底板上到顶板下共 3.7m

2）墙体绘制位置从北至南，从西到东，依次为：Ⓙ轴墙体外偏轴 250mm，自⑩轴至③轴；Ⓖ轴墙体外偏轴 260mm，自⑩轴至①轴；Ⓐ轴墙体外偏轴 250mm，自①轴至④轴；⑩轴墙体中心对齐，自Ⓙ轴至Ⓖ轴；①轴墙体外偏轴 250mm，自Ⓖ轴到Ⓐ轴，绘制完成后如图 8 – 10 所示。

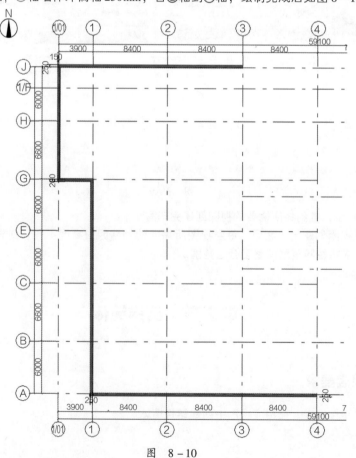

图 8 – 10

第 3 节 结构柱

3.1 设计深度要求

根据设计的结构需求，在相应视图中创建结构柱。

3.2 模型管理注意事项

1）应根据第 5 章中的对应内容，规范设计模型的各项属性，根据设计要求进行创建。

2）竖向构件应在结构样板文件中进行创建，该文件与建筑专业模型相互链接，使用"复制/监视"功能共享标高轴网。

3）对于竖向截面尺寸变化较多的情况，建议使用参照平面进行锁定，方便修改。

3.3 柱的创建

柱截面及材质要求应满足设计要求及结构需求。结构柱的创建必然少不了钢筋，但初模设计阶段不考虑钢筋创建。

1）参考图 8-11~图 8-13 中柱材质及截面尺寸要求，创建对应结构柱。

基础~4.450 框架柱配筋表						
截面	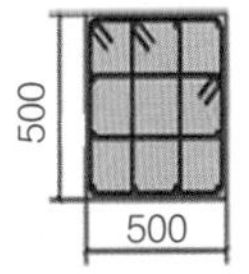 500×500	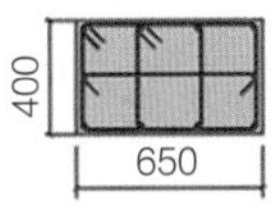 400×650	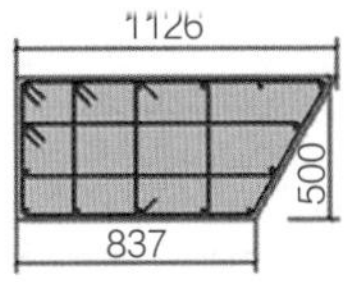 1126/837×500	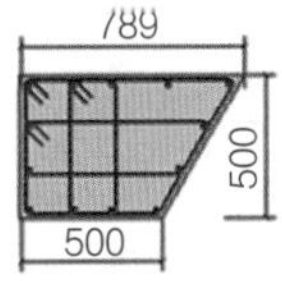 789/500×500	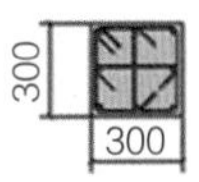 300×300	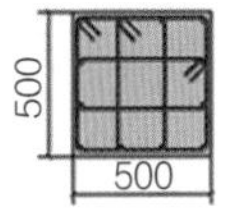 500×500
编号	KZ1（KZ5）	KZ2	KZ3	KZ4	KZ6（KZ6a）	K27
纵筋	12 Φ 20	10 Φ 20	15 Φ 20	13 Φ 20	8 Φ 18	12 Φ 20
箍筋	Φ 8@ 100/200	Φ 8@ 100/200	Φ 10@ 100	Φ 10@ 100	Φ 8@ 100/200	Φ 8@ 100/200
备注	基顶~4.450（基顶~4.150）	基顶~4.450	基顶~4.450	基顶~4.450	基顶~4.150（基顶~1.779）	基顶~3.600

图 8-11

4.450~屋面框架柱配筋表			
截面	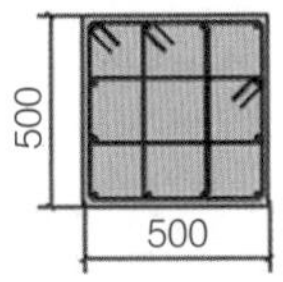 500×500	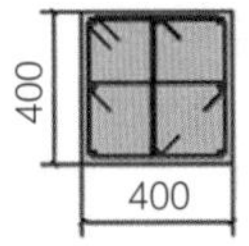 400×400	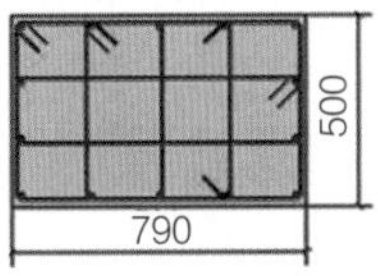 790×500	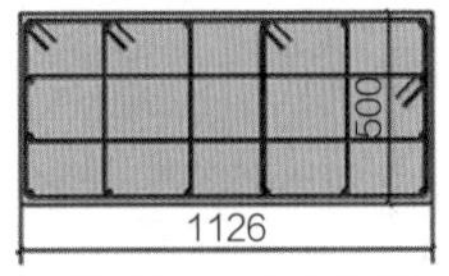 1126×500
编号	KZ1	KZ2	KZ3	KZ4
纵筋	12 Φ 20	8 Φ 18	14 Φ 20	16 Φ 20
箍筋	Φ 8@ 100/200	Φ 8@ 100/200	Φ 10@ 100	Φ 10@ 100
备注	4.450~屋面	4.450~屋面	4.450~屋面	4.450~屋面

图 8-12

坡屋面	按实			
3	8.350	按实		
2	4.450	3.9	C30	C30
基础		按实		
层号	标高H /m	层高 /m	竖向构件混凝土强度等级	梁混凝土强度等级

结构层楼面标高、层高、混凝土等级

注：分界线处楼层的梁板混凝土强度同下侧楼层

图 8-13

2）在符合结构需求的对应位置放置结构柱，柱放置位置及高度如图 8-14 所示，图中为方便显示，所有已标注的柱为柱边距轴线距离，所有未标注的柱均为柱中心与轴线对齐。

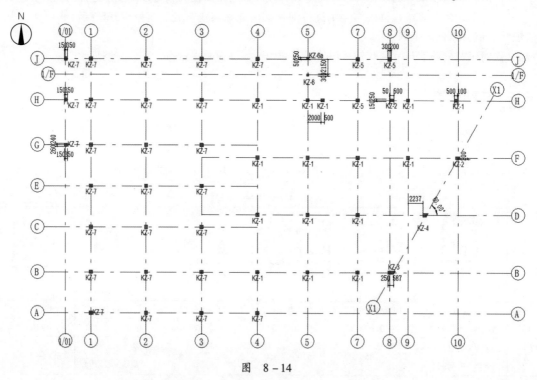

图 8-14

3）参照柱表图，放置结构柱并调整高度，其中有部分与结构墙位置重叠，应设置连接状态，让结构柱剪切结构墙，如图 8-15 所示。

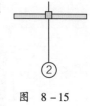

图 8-15

第 4 节 结构梁

4.1 设计深度要求

根据设计的结构需求，链接建筑专业模型，采用梁族建模，创建的结构梁的平面位置、宽度、高度、转角等应符合设计要求，并在相应标高视图中创建结构梁。

4.2 模型管理注意事项

应根据第 5 章中的对应内容，规范设计模型的各项属性，根据设计要求在结构样板文件中进行创建，该文件与建筑专业模型相互链接，使用"复制/监视"功能共享标高轴网。

4.3 梁的创建

从设计角度来讲，设计梁宽、高度及位置时，是不会考虑梁编号的设置的，所以，可以首先创建宽、高不同的梁类型，在指定位置放置某个类型的梁时可以直接使用。在完成设计满足结构需求以后，再根据梁的位置、功能为梁进行编号。

1）创建满足不同结构设计需求的梁类型。单击"梁"命令，单击"编辑类型"按钮，在"类型属性"对话框中，单击"复制"按钮为不同类型的梁命名，并将对应名称的实际属性修改为与名称对应的值，完成后如图 8 - 16 所示。

图 8 - 16

2）以三层梁中 KL9 为例，梁在Ⓓ轴，④轴西侧悬挑出 2.5m，东侧指向Ⓧ1轴，超过Ⓧ1轴东侧悬挑出 2.5m，从第一跨连悬挑梁边向南与柱边齐，第二跨北偏移 50mm，第三跨连悬挑梁宽变径又向南对齐柱边。绘制时梁在每个柱边断开，绘制完成后如图 8 - 17 所示。

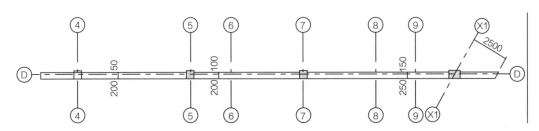

图 8 - 17

3）不同层的梁信息过于繁多，屋顶结构梁创建请参照随书附件"自适应梁的控制点"。

4）屋顶处的梁根据构造需求不同，梁的放置方式也有所不同，采取单个修改梁起点、终点偏移方式放置梁太慢，且由于结构屋顶是一个不规则的坡屋顶，因此矩形梁顶端会有部分与屋顶重叠又有部分无法连接在一块，可以创建一个自适应的梁来放置该梁。自适应梁创建思路如下所示。

①使用自适应公制常规模型族样板，创建 4 个自适应点。使用参照线，勾选"三维捕捉"后，在 1 号、2 号、3 号点之间绘制参照线连接，如图 8 - 18 所示。

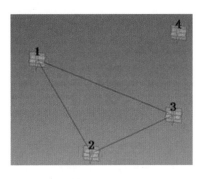

图 8 - 18

②其中 1 号、2 号、3 号自适应点用于捕捉倾斜的屋顶面，2 号、3 号自适应点用于捕捉梁的头和尾，放置三个点在 2 号、3 号自适应点之间的参照线上，并修改头尾的参照点的各项属性，如图 8 – 19 所示。其中"测量"属性的修改两个点各有不同，靠近 2 号自适应点的模型点修改为"起点"，靠近 3 号自适应点的模型点修改为"终点"，其余修改结果与图 8 – 19 相同。

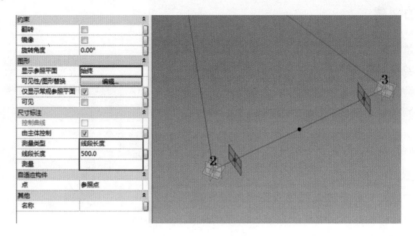

图 8 – 19

③依次设置放置两个模型点的参照平面为工作平面，并在设置后再次放置模型点在两侧的工作平面上（设置一次，放置一次，如图 8 – 20 中所示的蓝色面即为参照平面），并通过修改点的偏移值或拖拽点离开 2 号、3 号自适应点之间的线上，如图 8 – 20 所示。

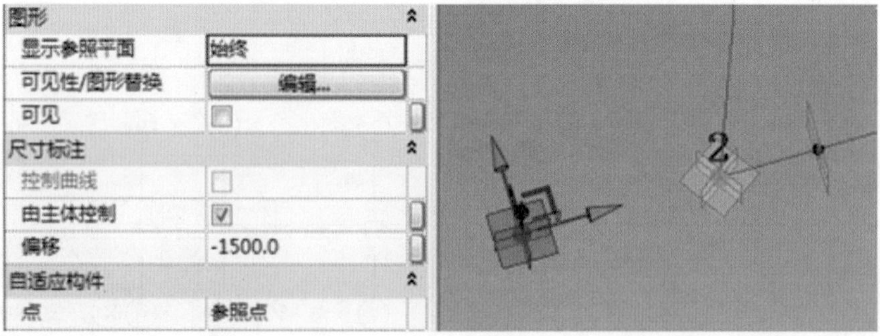

图 8 – 20

④将中间点选中，修改属性"显示参照平面"为"始终"，取消勾选"仅显示常规参照平面"。设置完成后点的所有参照平面将始终显示，且将多出另外一个竖向的参照平面。

⑤设置多出的竖向参照平面为工作平面，并向工作平面中心放置两个模型点。修改模型点至工作平面左右两侧，再设置这两个模型点的"偏移"属性与参数关联，该参数通过"关联族参数"界面创建，参数类型为"长度"，一个模型点"偏移"属性关联一个参数，该参数均为"实例参数"，如图8 – 21所示。

图　8 – 21

⑥通过"族类型"对话框修改创建的参数分组方式到"其他",以免参数过多导致混乱,如图 8 – 22 所示。创建长度参数"LK",并设置前面两个参数的公式,使"LK"与前两个参数产生关联,结果如图 8 – 23 所示。

图　8 – 22

图　8 – 23

⑦修改关联参数的模型点,使其始终显示参照平面,并分别放置模型点在其水平的工作平面上,修改其偏移值并均关联偏移值属性到类型参数"LG",该参数同样由"关联族参数"界面创建。再次放置两个模型点在中间的水平工作平面上且向上偏移一定距离,并分别选中两侧刚创建的模型点中最高和最低两个模型点,使用"样条曲线"命令将其连接,结果如图 8 – 24 所示。

⑧单击两条创建的线,取消勾选"可见"属性,并勾选"是参照线"属性,再次分别放置两个模型点在这两条线上。选中 1 号、2 号、3 号自适应点之间的三条参照线,创建一个面,如图 8 – 25 所示。

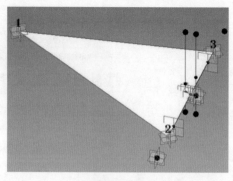

图 8 – 24　　　　　　　　　　　图 8 – 25

⑨选中放置在两条竖线上的模型点，单击"选项栏"中设置"点以交点为主体"，然后单击创建出的三角面。单击"参照线"命令，勾选"三维捕捉"，并将基于水平面的四个模型点串联起来形成一个矩形，如图8 – 26 所示。

⑩将两条竖向的较长参照线隐藏。设置基于3 号或2 号自适应点偏移在参照线之外的模型点的竖向参照平面（即与上一步骤绘制的矩形相平行的参照平面）为工作平面，单击"参照线"命令，拾取之前绘制的矩形框，并单击小锁将其锁定，如图8 – 27 所示。

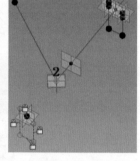

图 8 – 26　　　　　　　　　　　图 8 – 27

⑪重复上一步骤，将另一方向的矩形框拾取并锁定。选中头尾两个矩形框，单击"创建形状"命令以创建矩形梁体。选中整个创建的矩形梁体，单击"锁定轮廓"命令，如图8 – 28 所示。

⑫设置1 号、2 号自适应点之间的参照线的竖向参照平面为工作平面，并以2 号自适应点为中心制作一个2m×2m×3m 的矩形空心模型。同样的，使用参照线将3 号、4 号自适应点连接，并设置参照线的竖向参照平面为工作平面，绘制一个以3 号自适应点为中心的2m×2m×3m 矩形空心模型，如图8 – 29 所示。

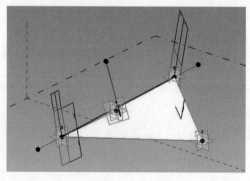

图 8 – 28　　　　　　　　　　　图 8 – 29

⑬完成上一步骤后，梁在斜屋顶下使用时，其中有切角的两端，将会被空心切掉，形成一个与斜屋顶斜边平行的切面，在使用该梁时，1 号、2 号、3 号自适应点即为默认的第一、二、三次单击位置，单击点去捕捉屋面板的角度和位置，以使梁顶部与屋面板的顶部贴合。应注意的是 2 号、3 号代表梁的两端，应注意放置的位置，4 号点用于去捕捉 3 号点（即梁端点）的屋面倾斜切面（4 号点有空心，将沿着屋面切面剪切掉多余的梁端），使其更符合复杂多变的梁端。

5）创建完成后，创建共享参数"梁编号"，载入梁族及结构梁标记族中，然后在项目中梁族上输入梁编号，以使在标记梁时显示梁编号。

第 5 节　结构板

5.1　设计深度要求

板构件建立应满足设计条件，根据设计要求绘制板范围、定义板高度，创建相应的管井、电梯、楼梯等洞口。

5.2　模型管理注意事项

1）应根据第 5 章中的对应内容，规范设计模型的各项属性，根据设计要求进行创建。

2）板开洞时，应使用竖井工具整体开洞，编辑模式下的板边界线使用锁定功能时，修改调整容易出错，不建议使用。

5.3　板的创建

1）板厚度应满足设计要求及结构需求。不同位置的板厚度及材质要求也有所不同，案例具体项目要求见表 8 – 2。

表　8 – 2

名称	标高	板厚
基础底板	– 0.1m	300mm
地下室顶板	3.6mm	250mm
二层楼板	4.15m	120mm
	4.4m	120mm
	4.45m	120mm
三层楼板	8.35m	120mm
屋顶板	按实	120mm

2）结构板设计、创建结果如图 8 – 30 ~ 图 8 – 32 所示。

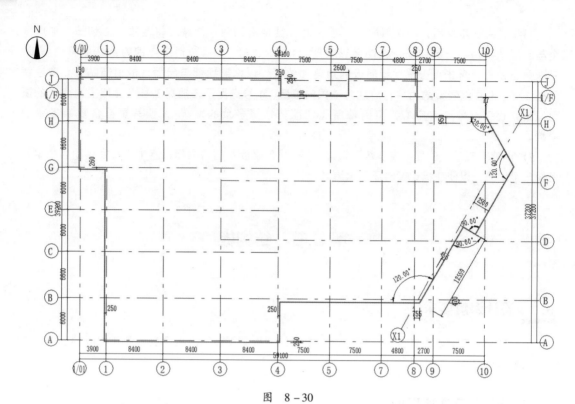

图 8-30

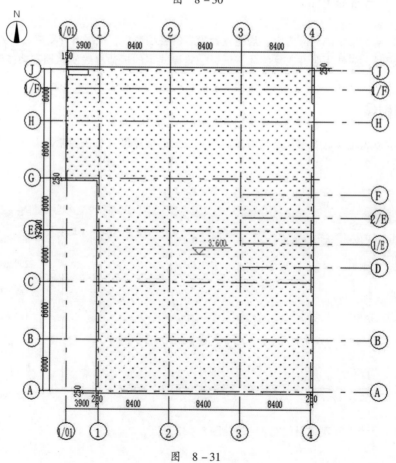

图 8-31

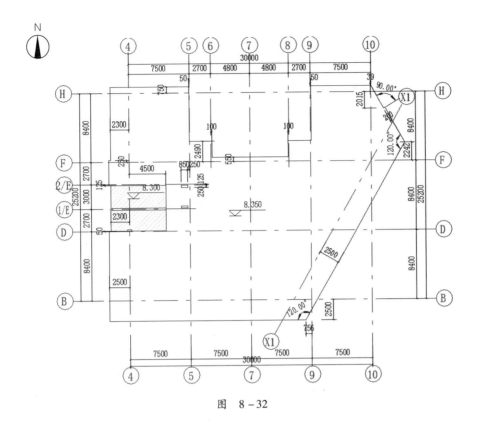

图 8-32

第 6 节 结构屋顶

6.1 设计深度要求

　　根据设计的结构需求，在相应视图中创建屋顶。平屋面通过楼板创建，坡屋面通过屋面工具创建。

　　常规意义上讲，屋顶也是板的一种，但与常规讲的楼板不同，屋面板的主要作用是与墙地面构成建筑的围护空间，起保温隔热、防风雨日晒等作用，屋面板主要承担板自重、吊顶、找平层、保温层、防水层、雪、积灰、检修等荷载。楼板的主要作用是分隔建筑内上下层，主要承担自重、抹灰、家具等荷载。

　　此处为满足造型复杂的屋面板表面，可采用"迹线屋顶"命令或者"结构板 + 高程点"的思路创建屋面板（本次案例操作以"迹线屋顶"为例讲述）。使用软件创建模型展现设计理念的同时，不应被固有的软件命令所约束，应采用能最大程度地展现设计理念及设计细节的软件命令。

6.2 模型管理注意事项

　　1）应根据第 5 章中的对应内容，规范设计模型的各项属性，根据设计要求进行创建。

　　2）坡屋顶创建需注意的是根据固定角度还是固定高度的原则，规定以檐口作为基准点。

6.3 屋顶的创建

本项目案例中屋顶的造型奇特，控制点高程变化频繁，但屋顶造型却未出现曲面，也就是屋顶形状在空间没有扭曲。所以不能用"边控制"（即设置迹线坡度）的思想去创建屋顶，而应该用"点控制"（即修改子图元）的思想去创建屋顶。

1. 迹线屋顶的创建

1）屋顶采用"迹线屋顶"绘制，迹线轮廓平面详细尺寸如图 8－33 所示，应注意此处不勾选"定义坡度"。

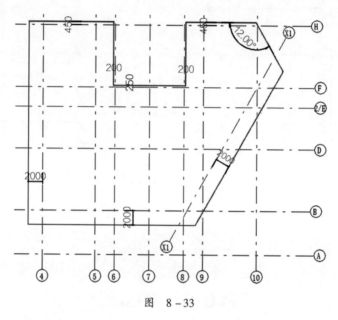

图　8－33

2）采用"点控制"（即修改子图元）的思想去创建屋顶。各控制点的高程如图 8－34 所示（图中标记高程为屋面板顶部高程）。

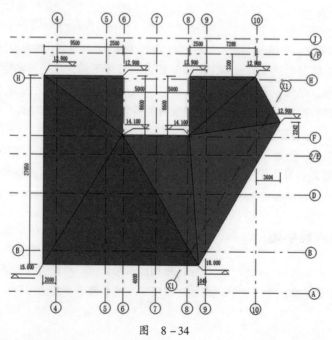

图　8－34

2. 屋顶天沟

本次设计的屋面排水为有组织排水的排水系统, 因此需要绘制排水天沟, 同时因为绘制的屋面板各位置标高 (高度) 不统一, 空间分布零散, 所以放样融合的构件分多个路径单独绘制, 其中拐角有空隙处可采用 "拉伸" 命令绘制单独构件补齐。

1) 此处屋顶天沟构件采用内建模型的创建思路。由于屋顶拐角处标高变换频繁, 路径无法在同一个平面内表达, 所以需要分段使用放样融合、放样、拉伸等命令。因此, 各转角的标高就显得尤为重要了。图 8 – 35 便是天沟各拐角标高示意图 (图示标记标高为轮廓的底标高)。

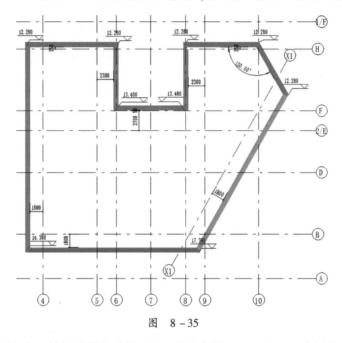

图 8 – 35

2) 该构件造型复杂, 按照绘制命令的不同可分为如图 8 – 36 所示几个部分。

图 8 – 36

①放样融合。该命令适用于起始轮廓不一致或者构件起始标高不一致的情况。本次一共有 5 个地方使用到放样融合命令。

放样融合命令使用时需注意, 放样融合路径需水平, 采用平面绘制的方式, 起始轮廓并非采用绘制或者是三维拾取的方式, 而是采用选择已经在项目样板内预制好的轮廓进行创建。相关放样融合轮廓操作如图 8 – 37 ~ 图 8 – 40 所示。

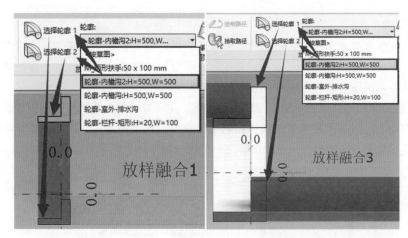

图 8-37

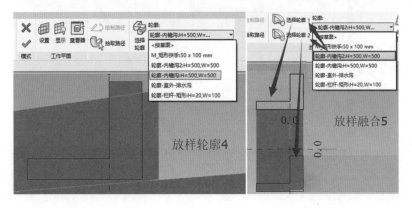

图 8-38

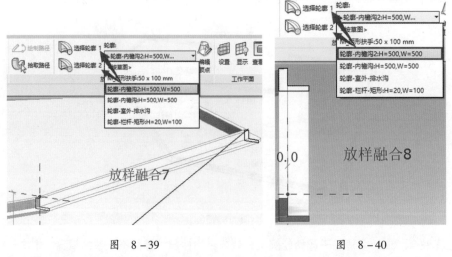

图 8-39   图 8-40

②放样。该命令适用于起始轮廓一致或者构件起始标高在同一水平面的情况。本次一共有两个地方使用到放样命令。

放样命令使用时需注意，放样路径需水平，起始轮廓并非采用绘制或者是三维拾取的方式，而是采用选择已经在项目样板内预制好的轮廓进行创建。相关放样轮廓操作如图8-41所示。

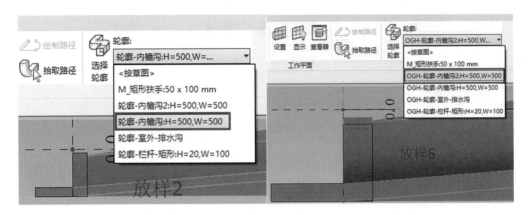

图 8-41

③拐角拉伸。在阳角并且前后相邻两个角之间有高差的拐角处需要拉伸构件填充空隙。

拉伸命令的使用完全可以在平面进行操作，其拉伸起始位置为天沟底部轮廓的底和顶。本次一共有 6 个地方使用到拉伸命令，相关拉伸轮廓如图 8-42 ~ 图 8-44 所示：

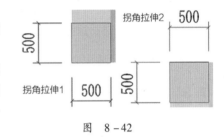

图 8-42

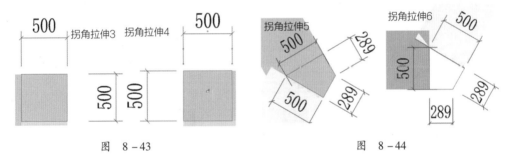

图 8-43　　　　　　　　　　图 8-44

3. 屋顶天沟 - 挡水

本工程项目采用有组织排水，为了使各雨水管道水流量分布较为均匀，设置了挡水。绘制时采用"墙体"命令，类型为"屋顶雨水沟挡水 - 混凝土 - 100"，其底部附着天沟，顶部未连接高度200mm。

其大致分布情况如图 8-45 所示（下图标注尺寸均为墙边线）。

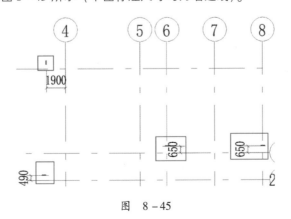

图 8-45

第 7 节　楼梯

7.1　设计深度要求

根据设计的结构需求，在相应视图中创建楼梯，楼梯要求根据实际参数（宽度、踢面、踏面）进行构建。

7.2　模型管理注意事项

1）应根据第 5 章中的对应内容，规范设计模型的各项属性，根据设计要求进行创建。

2）根据不同建筑结构对楼梯宽度、踢面、踏面的要求，项目样板应提前预设多种楼梯类型，设计人员只需选取相应楼梯类型即可满足要求进行模型搭建。

3）楼梯建模完毕后，需添加剖面进行碰头检查。

7.3　楼梯的创建

本项目中有三个楼梯，以其中一个整体浇筑楼梯为例讲解楼梯的创建。

1）楼梯材质、厚度、形状应满足设计要求及结构需求。楼梯如图 8 - 46、图 8 - 47 所示。

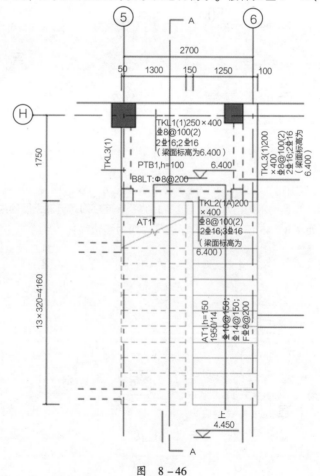

图　8 - 46

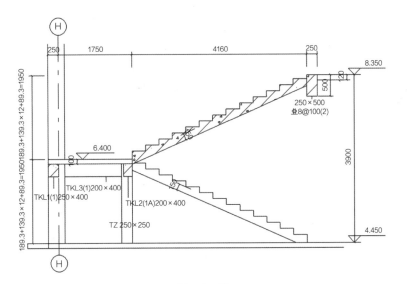

图 8 - 47

2）在对应位置绘制楼梯，并修改其对应属性以满足要求，创建步骤如下：

①参照"平面详图"的示意位置在2层结构平面中绘制楼梯。单击"建筑"选项卡下"楼梯坡道"面板中的"楼梯"命令，绘制参照平面做辅助线如图8-48所示。

②修改选项栏各项设置，如图8-49所示。

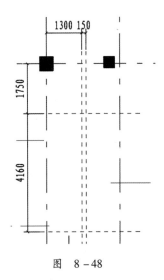

图 8 - 48

定位线：梯段：左 ∨ 偏移：0.0 实际梯段宽度：1350.0 □自动平台

图 8 - 49

③参考剖面图，修改"属性"面板中各项属性如图8-50所示。

④编辑"类型属性"中"整体梯段"的"类型参数"，修改如图8-51所示。

图 8 - 50

图 8 - 51

⑤根据平面及立面图，绘制完成后的梯段在剖面中如图 8 – 52 所示。

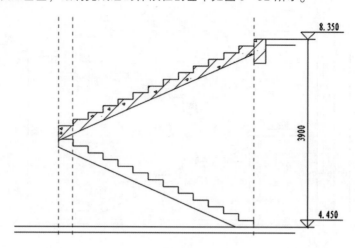

图　8 – 52

⑥在编辑楼梯的状态中，单击下方梯段，修改"实例属性"下"延伸到踢面底部"，修改结果如图 8 – 53 所示。

⑦修改楼梯整体"实例属性"（在编辑楼梯状态中，未选择的状态下）下"底部偏移"及"顶部偏移"均为"50.0"。如图 8 – 54 所示。

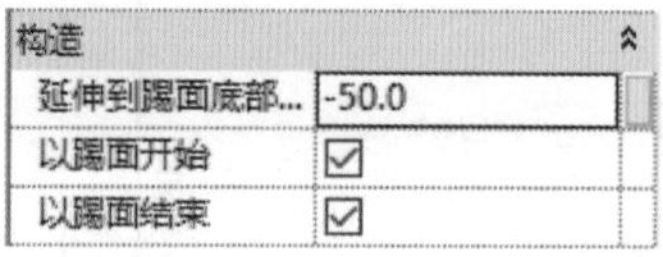

构造	
延伸到踢面底部…	-50.0
以踢面开始	☑
以踢面结束	☑

图　8 – 53

约束	
底部标高	(结构2F)
底部偏移	50.0
顶部标高	(结构3F)
顶部偏移	50.0

图　8 – 54

⑧完成后，以创建结构楼板的方式绘制休息平台，并布置梯梁及梯柱，布置方式可参考本章第 4 节及第 5 节内容。布置完成后的结果如图 8 – 55 所示。

⑨在创建完成后会发现因为梯梁、梯柱、休息平台在绘制的过程中重叠，而默认的连接顺序不正确，导致各构件被不正确剪切。

可选择使用"切换连接顺序"命令使梁、柱、板之间的连接方式发生改变，该命令在"修改"选项卡下"几何图形"面板中的"连接"下拉列表中（图 8 – 56）。切换连接顺序后结果如图 8 – 57所示。

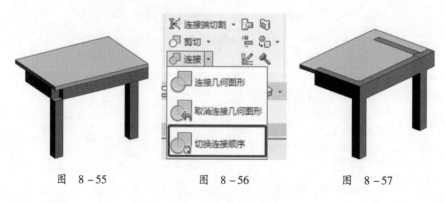

图　8 – 55 　　　　　　　　　图　8 – 56 　　　　　　　　　图　8 – 57

1. 为了方便设计出图，各专业都应该使用统一的轴网，一般的这个轴网使用的是（　　）专业的。

   A. 建筑　　　　　　　　B. 结构　　　　　　　　C. 设备　　　　　　　　D. 安装

2. 为防止后期设计变更造成的模型长、宽、高度（深度）的属性改变，以独立结构基础为例，创建时应（　　）。

   A. 添加各类参数以控制各项属性

   B. 创建多个族构件以预防属性改变

   C. 根据设计变更后的需求重新创建即可

   D. 用线及详图填充绘制即可，如有变更再根据情况改变线位置和数量等

3. 为防止模型重叠导致对结构构件计量出现错误，当墙体与楼板有部分重叠时，下列（　　）功能可以解决该问题。

   A. 拆分图元　　　　　　B. 用间隙拆分　　　　　C. 连接端切割　　　　　D. 连接

4. 在 Revit 中，结构件的默认的剪切顺序为板 > 墙 > 柱 > 梁，但默认的顺序往往不符合工程计量要求，解决了构件重叠的问题后，下列（　　）功能可以使结构件更换剪切顺序。

   A. 切换连接顺序　　　　B. 切换模型顺序　　　　C. 切换模型剪切　　　　D. 没有

5. 在 Revit 中，默认的结构墙与结构柱（　　）互相剪切。

   A. 会　　　　　　　　　　　　　　　　　　B. 不会

   C. 需要用"剪切"命令　　　　　　　　　　D. 需要用"连接"命令

6. 在 Revit 中，结构专业设计人员在进行结构模型创建时，需要建筑专业人员设计好的标高轴网来作为基准，下列选项可以较为方便地达到这一目的的是（　　）。

   A. 连接

   B. 导出建筑标高轴网为 dwg 格式，再导入到项目中进行拾取即可

   C. 链接

   D. 将建筑标高轴网打印为纸质版本，按照其间隔编号等数据直接在项目中创建

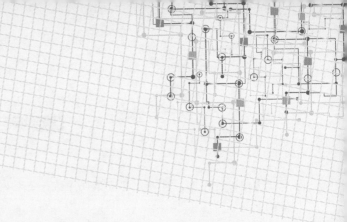

第9章　中间模

第1节　洞口

1.1　设计深度要求

根据设计的结构需求，在相应视图中的墙体或板上创建洞口。

1.2　模型管理注意事项

1）应根据设计要求进行开洞。

2）剪力墙开洞可采用剪力墙分片建模，洞口上部用梁建模，也可直接在一整片剪力墙上开洞。剪力墙开洞后，需对洞口检查宽度、高度、标高。

3）楼板开洞后，需对洞口周边进行碰撞检查。

1.3　洞口的创建

在创建完初模部分以后总会有部分构件需要开洞以满足建筑物的各类需求，例如各楼层的通风洞口、楼梯间洞口等板上洞口、需要给设备管线等让开位置的墙上洞口等。

1. 墙体开洞

（1）洞口工具　当需要在墙体上开洞时，可使用"建筑"或"结构"选项卡下"洞口"面板中的"墙"命令。进入任意一个可以看到需要开洞的墙体的立面、剖面或三维视图中，即可使用"墙洞口"命令开洞。"墙洞口"绘制的洞口只能以矩形洞口存在，无法绘制圆形、椭圆形或多边形洞口。

（2）编辑轮廓　当需要在墙体上开洞时，进入任意一个可以看到需要开洞的墙体的立面、剖面或三维视图中，对墙体进行双击即可进入编辑轮廓状态。在此状态中，可通过绘制线形成封闭区域以改变墙体形状，如两个封闭区域不重合、不相交，则形成两块看似没有关系的墙体（实际单击选择仍为一体），如两个区域重合且边界不相交，则形成空心。封闭区域形状不限。

2. 楼板开洞

（1）洞口工具　当需要在板上开洞时，可使用"建筑"或"结构"选项卡下"洞口"面板中的"按面""竖井""垂直"命令。进入任意一个可以看到需要开洞的结构板的平面或三维视图中，单击使用以上命令均可对结构楼板开洞。

（2）编辑草图 当需要在结构板上开洞时，进入任意一个可以看到需要开洞的结构板的平面或三维视图中，对结构板进行双击即可进入编辑草图状态。在此状态中，可通过绘制线形成封闭区域以改变结构板形状，如两个封闭区域不重合、不相交，则形成两块看似没有关系的结构板（实际单击选择仍为一体），如两个区域重合且边界不相交，则形成空心。

 注意：开洞方式在本丛书《BIM 建模工程师教程》中已有详细讲述，此处开洞方式仅做简单讲解。

第 2 节　坡道

2.1　设计深度要求

创建汽车坡道、无障碍坡道，使用楼板工具建模，应满足设计条件。

2.2　模型管理注意事项

使用坡道工具结合楼板工具可满足大部分类型坡道，但 Revit 暂时无法对其进行展开剖切，需要另外使用二维工具绘制详图。

2.3　坡道创建

创建坡道可使用楼板或坡道命令进行创建。以坡道命令创建的坡道实体，创建方式快捷简便，绘制方式也多种多样，但该实际坡道结构往往可能是多个构造层和材质层组成的，或是一些多层地下坡道，该坡道下方往往悬空，需要结构梁、柱来进行支撑，其结构本身也需要添加钢筋来保持结构稳定性。因此，此处讲解如何以结构板创建坡道。

1. 实体坡道创建

1）绘制一个满足长、宽设计需求的结构板，创建完成前单击"编辑类型"，单击"结构"后的"编辑"按钮，在弹出的"编辑部件"对话框中对唯一的结构层勾选"可变"，如图 9 - 1 所示。

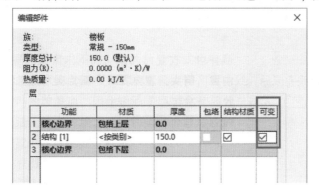

图　9 - 1

2）完成上一步骤后单击两次"确定"结束编辑，并单击"√"结束编辑。选中刚创建的板，单击"修改子图元"，单击板上需要改变高度的边线，再单击出现的数字，然后在出现的输入框中输入坡道顶部高度，如"2000"，如图 9-2 所示。

图 9-2

3）完成上一步操作后，单击〈回车〉键或在空白处单击鼠标左键以完成修改。此时实体坡道如图 9-3 所示。

4）如需要修改另一边线高度到底部，再次重复步骤2），将另一边高度数值修改为负数即可，负值的绝对值不能大于板厚，否则会报错。

5）如需要加入其他构造层或材质层，单击"编辑类型"，在"类型属性"对话框中单击"结构"后的"编辑"按钮，在"编辑部件"对话框内插入新的构造层或材质层即可。

图 9-3

2. 结构板坡道创建

1）参考创建实体坡道的步骤，但不勾选结构层的"可变"属性，此时无论如何编辑边线高度，结构板本身不会产生形变，如图 9-4 所示。如果是弧形坡道，绘制边线时绘制为弧形坡道后，修改对应边高度即可，如过程中弧形坡道在某位置上的高度不满足要求，可使用添加点、添加分割线、拾取支座等命令使结构板坡道满足要求，如图 9-5 所示。

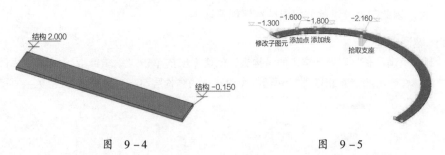

图 9-4　　　　　　　图 9-5

2）绘制结构板边线完成后，绘制坡度箭头，该坡度箭头长度及方向应与结构板坡道的边线长度及坡度朝向一致。如图 9-6 所示做一个左高右低的坡道。

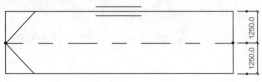

图 9-6

3）单击绘制的坡度箭头，坡度箭头属性如图9-7所示。

图　9-7

4）修改属性即可，使板成为有坡度的结构板。如需要加入其他构造层或材质层，在"编辑部件"对话框内插入新的构造层或材质层即可。

课后练习

1. 下列关于洞口创建的描述不正确的是（　　）。
   A. 利用 BIM 技术可以模拟洞口创建效果，确定开洞位置及大小
   B. 利用 BIM 技术可以统计洞口尺寸
   C. 利用 BIM 技术可以创建留孔留洞图
   D. 以上说法均不正确

2. 当现场安装设备管线时，发现剪力墙无洞口导致设备管线无法通过，若在设计阶段提前利用（　　）这一 BIM 技术特点可以较早地发现这个问题。
   A. 参数化　　　　　B. 渲染出图　　　　　C. 施工模拟　　　　　D. 协同设计

3. 某商业综合体项目在进行风暖管道安装时，发现结构墙板多处开洞大小不足或没有开洞，此时已进入工程最后阶段。利用（　　）这一 BIM 技术可以在施工前尽可能提前排除这个隐患。
   A. 施工模拟　　　　　B. 动画漫游　　　　　C. 碰撞检测　　　　　D. 参数化

4. 在 Revit 中使用结构板绘制坡道时，该结构板的某一点高度不能满足设计要求，可使用（　　）命令或设置来满足要求。
   A. 编辑部件　　　　　B. 子图元　　　　　C. 坡度　　　　　D. 可变

5. 在 Revit 中使用结构板绘制弧形坡道时，下列开洞命令可以对结构板开洞成功的是（　　）。
   A. 墙洞口　　　　　B. 老虎窗　　　　　C. 面洞口　　　　　D. 垂直或竖井洞口

第10章　终模

第1节　协同修改与设计优化

1.1　设计深度要求

终模是链接建筑、机电模型，进行三维协同设计，根据完成的各专业模型合模进行的协同评审成果（碰撞检测）。终模应对模型中的剪力墙或柱、梁、板、洞口进行调整，修改后及时反馈给其他专业，确保协同成果落实，同时应在各主要空间，复杂构造等空间进行剖切检查。

1.2　模型管理注意事项

1）对于链接其他专业的模型，必须保证模型都在同一坐标、标高系统下。

2）熟练运用可见性设置获取需要的视图（各专业视图需按规定设置）进行多专业的协同碰撞。

3）修改模型时可以对其他专业模型进行卸载以提高操作响应速度，协同时再重载其他专业模型。

第2节　结构基础

2.1　设计深度要求

根据设计的结构需求，在相应视图中创建结构基础。

2.2　模型管理注意事项

1）应根据第5章中的对应内容，规范设计模型的各项属性，根据设计要求进行创建。

2）基础构件应在结构样板文件中进行创建，该文件与建筑专业模型相互链接，使用复制监视功能共享标高轴网。

3）基础构件的相关底板厚度、承台长宽高尺寸、平面位置及转角、桩定位及长度等应符合设计要求进行创建，应能满足创建完成后，后期可能发生材质、尺寸等更改的需求。

2.3 桩基础的创建及创建规则

根据设计的受力要求及土质勘察结果，创建结构基础。

1. 创建桩承台基础

在对应视图中创建的结构基础为桩承台基础，为满足后期更改需求，应载入或设计符合需求的族，其中截面显示可以使用详图项目族嵌入桩基础内实现。桩承台基础的各项数据如图 10 – 1 ~ 图 10 – 5 所示，其中 $\phi600$ 抗压混凝土灌注桩的各项数据见表 10 – 1。

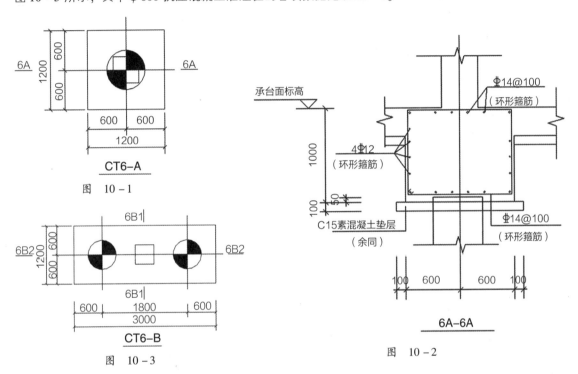

图 10 – 1

图 10 – 2

图 10 – 3

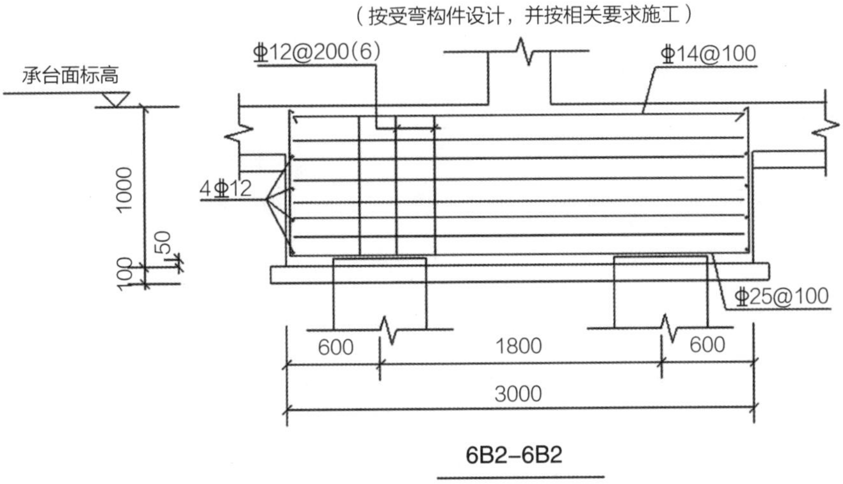

图 10 – 4

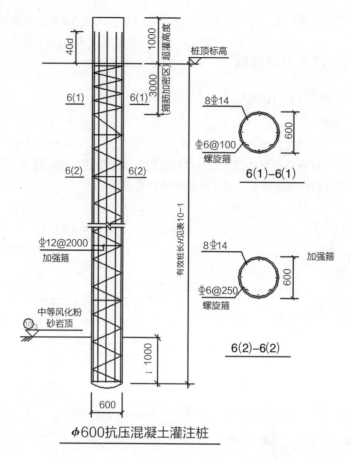

图 10-5

表 10-1

桩 项目	φ600 抗压混凝土灌注桩
图例	⊕
桩径	600
混凝土强度等级	C30
持力层	⑩₃ 中等风化砂岩
入持力层深度	不小于 1000mm
桩受力特点	①端承摩擦桩；②抗压桩
主要应用部位	主楼范围（具体见平面）
桩顶标高（图中注明者除外）	-1.050m
有效桩长 H 初步估算	约 8~31m 控制标准（双控）： ①以进入持力层深度控制； ②最小有效桩长不得小于 6m
单桩竖向抗压承载力特征值	1500kN

（续）

项目	φ600 抗压混凝土灌注桩
单桩竖向抗拔承载力特征值	—
总桩数	64
详图或桩型	见详图
套用图集号	—

2. 创建基础族

1）新建族，以"公制结构基础.rft"为族样板。

2）在"参照标高"视图内创建拉伸，并创建参照平面如图 10-6 所示，其中将与参照平面重合的拉伸边界对齐并锁定到对应的参照平面上，完成后单击"√"结束绘制。

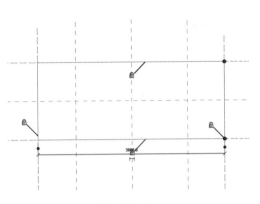

图 10-6

3）选中拉伸的形状，将其"材质"属性与"结构材质"关联，并添加标注在参照平面上，如图 10-7 所示。

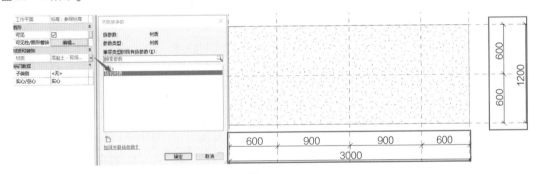

图 10-7

4）单击"族类型"命令，在对应对话框内添加"长度"类型的族参数，并根据第 7 章第 2 节的相应内容创建"共享参数"，并添加到"族类型"对话框内，最后设置"公式"，结果如图 10-8 所示。

5）添加两个方向的均分标注，将对应尺寸标注选中，单击上下文选项卡下"尺寸标注"面板内的"标签"列表，在列表内选择对应参数与之关联（图 10-9），完成后如图 10-10 所示。

参数	值	公式	锁定
文字			
基础编号		=	
基础说明		=	
材质和装饰			
结构材质(默认)	混凝土 - 现场浇注混凝土	=	
尺寸标注			
基础厚度		=	☐
宽度	3000.0	=桩直径或边长 * 2 + 长度方向桩间距	☐
长度	1200.0	=桩直径或边长 * 2	☐
桩直径或边长	600.0	=	☐
基础高度	1000.0	=h1	☐
长度方向桩间距	1800.0	=3 * 桩直径或边长	☐
其他			
基础顶部钢筋		=	
基础底部钢筋		=	
h1	1000.0		☐

图 10-8

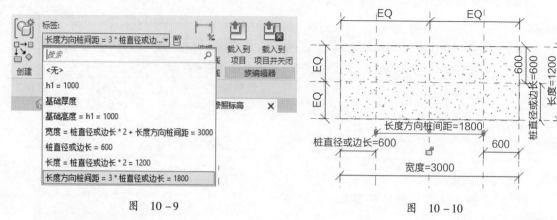

图 10 - 9

图 10 - 10

6）进入前立面，参考上一步骤，添加参照平面及标注，将对应的形状边界与参照平面对齐锁定，并将标注与参数关联，结果如图 10 - 11 所示。

7）再次新建族，同样选择"公制结构基础.rft"为族样板，参数如图 10 - 12 所示。

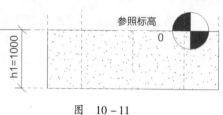

图 10 - 11

参数	值	公式	锁定
结构材质(默认)	<按类别>	=	
尺寸标注			
基础厚度		=	☐
扩底D0	600.0	=	☐
扩底hb	90.0	=0.15 * 扩底D0	☐
扩底hc1	200.0	=	☐
扩底hc2	500.0	=	☐
桩径D	600.0	=	☐
桩进入承台深度	100.0	=	☐
桩长L(默认)	6000.0	=	☐
长度		=	☑
宽度		=	☑

图 10 - 12

8）创建圆形拉伸，勾选"圆心标记可见"，将圆心标记与十字交叉参照平面对齐锁定，添加直径标注并与对应直径参数关联，结果如图 10 - 13 所示。

9）在前立面创建参照平面并添加参数标注，如图 10 - 14 所示将圆形拉伸顶端、底端与重合的参照平面对齐并锁定。

10）如图 10 - 15 所示，在前立面创建旋转，并将草图线与重合的参照平面对齐，且将图中红线框所示位置垂线端点与被垂直的参照平面对齐并锁定（端点可通过 <TAB> 键切换选择）。

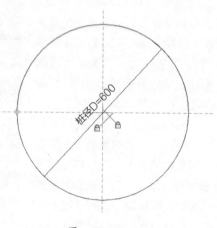

图 10 - 13

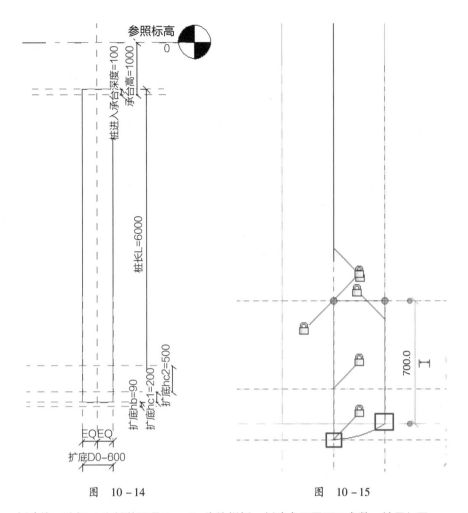

图　10 - 14　　　　　　　　　　　图　10 - 15

11）新建族，选择"公制详图项目 . rft"为族样板，创建参照平面及参数，结果如图 10 - 16 所示。

12）创建圆的轮廓线，并添加参数，如图 10 - 17 所示。创建圆内直线，直线与重合的参照平面对齐锁定，且线端点与被垂直的参照平面对齐，如图 10 - 18 所示。

13）如图 10 - 19 所示，创建"填充区域"，填充区域边界与线重合，且添加直径参数在弧形边界上。

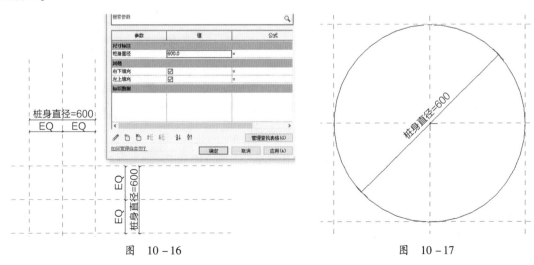

图　10 - 16　　　　　　　　　　　图　10 - 17

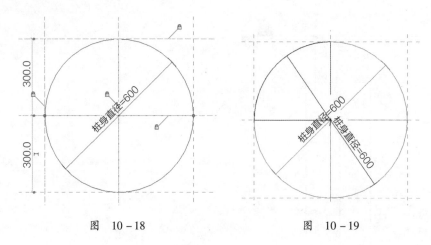

图 10-18　　　　　　　　　　　图 10-19

14）重复上一步骤，在圆的右下角同样创建一个填充区域。完成后将两个填充区域的"可见"属性分别与"左上填充"和"左下填充"关联，并将两个填充区域的颜色改为灰色。完成后如图10-20所示。

15）打开"族类型"对话框，新建三个族类型，分别为"详图一"（图10-21）、"详图二"（图10-22）、"详图三"（图10-23），其中的"右下填充"和"左上填充"参数设置情况各不相同。

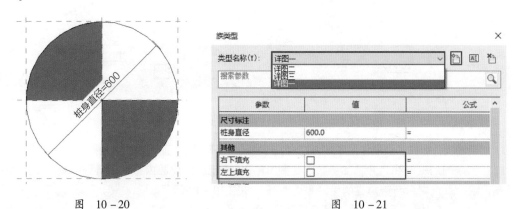

图　10-20　　　　　　　　　　图　10-21

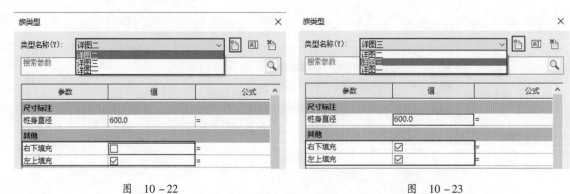

图　10-22　　　　　　　　　　图　10-23

16）将做好的详图项目保存为"桩详图"，并载入到桩族内。放置桩详图且其中心与其十字交叉参照平面中心对齐并锁定。同时，选中载入并放置好的桩详图，单击选择"选项栏"内"标签"后的列表，选择"添加参数"，并设置添加的参数名称为"桩详图"，如图10-24所示。

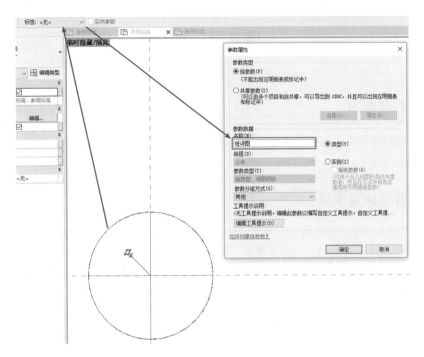

图 10-24

17）选中桩详图，单击"编辑类型"，将桩详图直径参数与拉伸直径参数关联，此时，桩基础创建完成，最后将两个族分别命名为"承台"和"灌注桩"保存。

3. 载入族并放置族

将满足设计要求的族载入到项目中，并放置在对应的视图及位置上，完成后结果如图 10-25 所示。

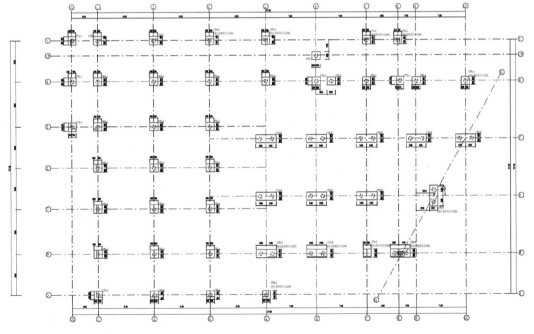

图 10-25

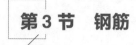

第 3 节　钢筋

3.1　设计深度要求

根据设计的结构需求，在相应视图中创建钢筋，所需钢筋的直径、数量、设置方法应满足计算要求和相关规范要求。

3.2　模型管理注意事项

1）应根据第 5 章中的对应内容，规范设计模型的各项属性，根据设计要求进行创建。

2）在创建钢筋的视图窗口，选中钢筋后，单击"属性"面板中"视图可见性状态"右侧的"编辑…"按钮，弹出"钢筋图元视图可见性状态"对话框。在"清晰的视图"和"作为实体查看"选项框内进行勾选，可以让钢筋在不同的视图下显示，控制钢筋显示的详细程度，如图 10 – 26 所示。

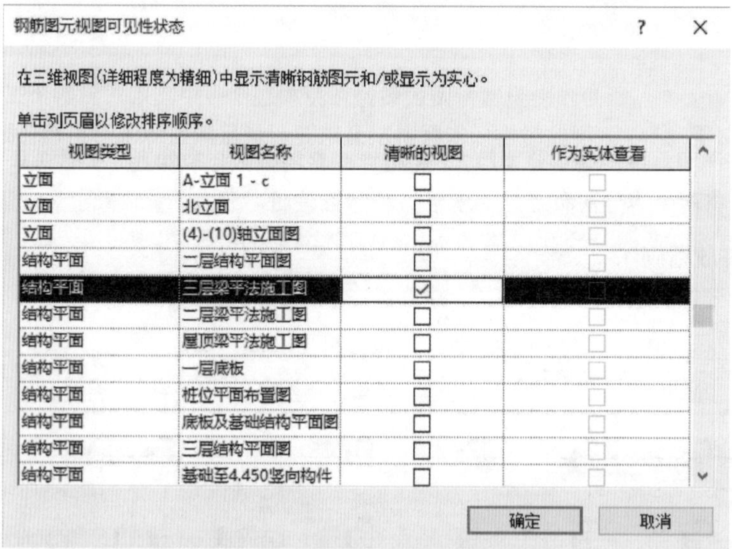

视图类型	视图名称	清晰的视图	作为实体查看
立面	A-立面 1 - c	☐	☐
立面	北立面	☐	☐
立面	(4)-(10)轴立面图	☐	☐
结构平面	二层结构平面图	☐	☐
结构平面	三层梁平法施工图	☑	☐
结构平面	二层梁平法施工图	☐	☐
结构平面	屋顶梁平法施工图	☐	☐
结构平面	一层底板	☐	☐
结构平面	桩位平面布置图	☐	☐
结构平面	底板及基础结构平面图	☐	☐
结构平面	三层结构平面图	☐	☐
结构平面	基础至4.450竖向构件	☐	☐

钢筋图元视图可见性状态

在三维视图(详细程度为精细)中显示清晰钢筋图元和/或显示为实心。

单击列页眉以修改排序顺序。

确定　　取消

图　10 – 26

3）在创建的结构样板中，钢筋是可以被看到的，但是钢筋本身处于混凝土构件中，所以，除非钢筋刚好处于视图本身剖切到的位置上（如剖面绘制在钢筋上），否则无法显示，在"钢筋图元视图可见性状态"对话框中，"清晰的视图"可使任何构件都无法遮挡住钢筋的显示，"作为实体查看"可使当钢筋在三维视图中显示时，钢筋作为一个有厚度的实体钢筋显示，取消勾选则显示为一条线（仅能在三维视图中启用）。

3.3　保护层的修改及设置

1. 保护层修改

（1）通过实例属性修改保护层　创建钢筋时，保护层的设置必不可少，可通过单击各类结构构件，在"属性"面板中实例属性部分修改对应保护层，如图 10 – 27 所示为墙、梁、楼板、柱、楼梯、基础的保护层属性。

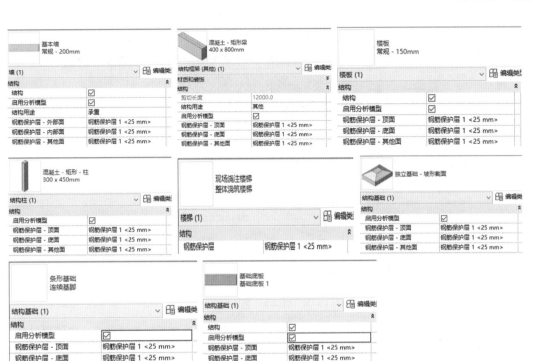

图 10-27

由图 10-27 可知，保护层属性在每一个结构构件的实例属性列表中，可通过单击一个或多个同类别构件以达到修改某个或批量性修改保护层的效果。但通过实例属性修改，仅能修改三个面或直接对整体修改保护层，该方法修改效率较低、不精细。

（2）通过命令设置保护层

1）单击"保护层"命令，"修改"选项栏中设置为"拾取图元"，单击要修改保护层的构件，即可在选项栏中"保护层设置"后的列表中选择保护层厚度，如图 10-28 所示。

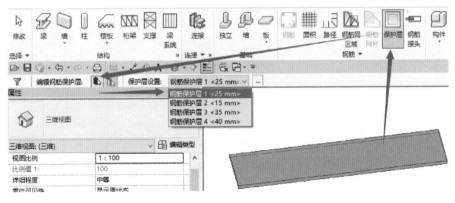

图 10-28

"保护层设置"是直接修改选中构件整体的保护层厚度，可以通过框选或加选不同类别的构件同时修改多个选中构件的保护层。

2）单击"保护层"命令，"修改"选项栏设置为"拾取面"，可通过点选、加选、框选方式选择单个构件的某个或多个面或者多个类别构件的某个或多个面，在"保护层设置"后的列表中选择保护层厚度，如图 10-29 所示。

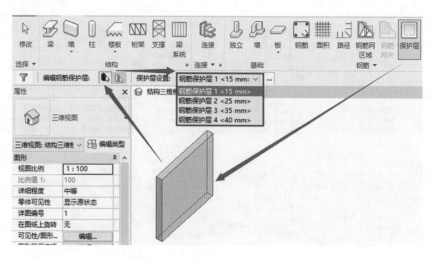

图　10 – 29

2. 保护层设置

1）单击"保护层"命令，单击"保护层设置"后的"…"按钮，在弹出的"钢筋保护层设置"对话框中创建保护层，如图 10 – 30 所示。

2）在现有保护层设置不满足需求的情况下，可单击"添加"或"复制"按钮创建新的保护层（图 10 – 30）；单击"说明"列的"钢筋保护层"行，可更改名称便于识别。

3）单击"设置"列的任意一行数字即可对保护层厚度进行修改。单击"说明"列或是"设置"列下的文字，"删除"按钮都会亮显，可删除钢筋保护层设置，如图 10 – 31 所示。

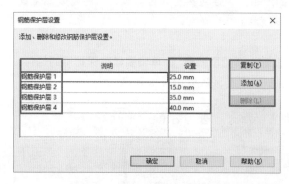

图　10 – 30

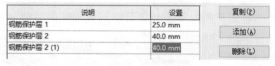

图　10 – 31

3.4　项目内钢筋的创建及创建规则

先以墙钢筋为例，创建钢筋，在三维视图中，单击要创建钢筋的结构墙体，在上下文选项卡中将弹出对应可使用在该构件上的钢筋命令，其中灰选部分是不能在当前视图中使用的命令，如图 10 – 32 所示。

下面主要介绍梁、柱、板三类构件的钢筋创建。

1. 梁钢筋的创建

（1）梁箍筋在加密区/非加密区的创建

1）以三层 KL9 为例，在创建梁的平面视图中，单击这一段结构梁，并单击上下文选项卡中的"钢筋"命令，如图 10 – 33 所示。

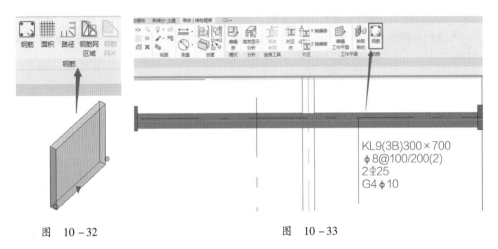

图　10 – 32　　　　　　　　　　　　　　　　　　图　10 – 33

2）单击"属性"面板中的类型选择器，在类型列表中选择对应的钢筋直径及等级，然后在"修改 I 放置钢筋"选项栏或"钢筋形状浏览器"中选择"钢筋形状：33"，如图 10 – 34 所示。

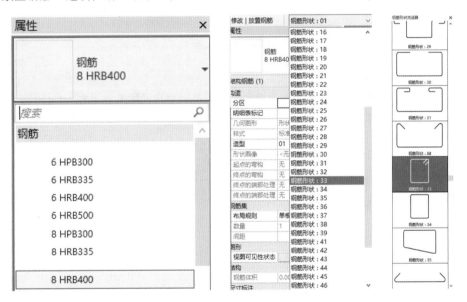

图　10 – 34

3）单击上下文选项卡中"放置平面"面板中的"近保护层参照"或"远保护层参照"命令，然后单击"垂直于保护层"命令，再单击"钢筋集"面板中的"布局"右侧下拉菜单，更改为"最大间距"，结果如图 10 – 35 所示。

图　10 – 35

4）将光标放置在视图中的结构梁上并单击鼠标左键，全梁段加密的箍筋即放置完毕，如图 10 – 36 所示。

5）按 <Esc> 键一次退出放置状态，单击放置的加密钢筋，拖动钢筋最右侧三角形的"造型操纵柄"，拖拽至左侧计算出的加密区长度位置为止，并拖动左侧钢筋距离柱边 50mm，完成后如图 10-37 所示。

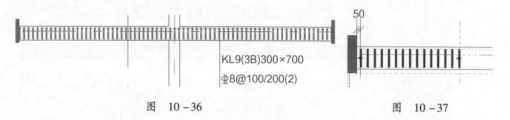

图 10-36   图 10-37

6）复制放好的加密区钢筋到梁中间，修改"钢筋集"面板中的"间距"数值为"200"，并拖动两侧"造型操纵柄"至合适位置，并将左侧加密区钢筋镜像至右侧，结果如图 10-38 所示。

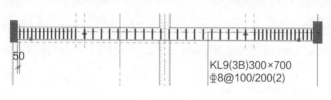

图 10-38

（2）梁水平钢筋的放置方式

1）以三层 KL9 为例，在创建梁的平面视图中，绘制剖面在梁段某处（图 10-39），并进入绘制的剖面视图，将视图详细程度调整为"精细"，并调整剖面范围，完成后如图 10-40 所示。

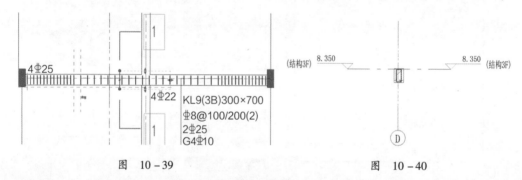

图 10-39   图 10-40

2）单击梁，在弹出的上下文选项卡中单击"钢筋"命令，单击"属性"面板中的类型选择器，在类型列表中选择对应的钢筋直径及等级，然后在"修改 | 放置钢筋"选项栏或"钢筋形状浏览器"中选择"钢筋形状：01"，如图 10-41 所示。

3）单击上下文选项卡中"放置平面"面板中的"当前工作平面"命令，"布局"为"固定数量"并修改"数量"为"2"，结果如图 10-42 所示。

图 10-41   图 10-42

4）将光标放置在视图中的结构梁截面上部位置中间并单击鼠标左键，梁上部通长筋即放置完毕，如图 10 – 43 所示。

5）更换钢筋类型为构造筋的直径及等级，单击"放置方向"面板中的"平行于保护层"命令，再单击梁截面中靠左或靠右位置放置构造筋，结果如图 10 – 44 所示。构造筋的高度如不满意可选中对应钢筋并移动。

6）复制上部通长筋至梁底部，根据该梁段底部通长筋原位标注，更换梁钢筋直径及等级后，修改"数量"为"4"，该梁段的下部通长筋放置完成，如图 10 – 45 所示。

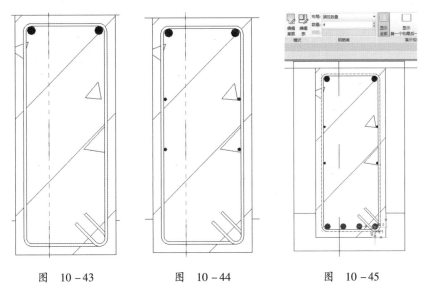

图 10 – 43　　　图 10 – 44　　　图 10 – 45

7）选中上、下部通长筋，单击"属性"面板中"图形"分组内"视图可见性状态"右侧的"编辑…"按钮，在弹出的"钢筋图元视图可见性状态"对话框中，勾选"清晰的视图"列，可让钢筋显示在相应的视图中。完成后单击"确定"，如图 10 – 46 所示。

8）切换视图至绘制梁的平面视图，此时可见绘制的通长钢筋。修改底部通长筋至柱中心。

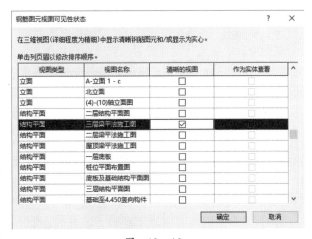

①如图 10 – 47 所示，绘制与梁平行的剖面视图，并修改其视图样板为预设结构剖面。双击刚绘制出的剖面的名称，进入该视图后调整视图范围框到梁位置，结果如图 10 – 48 所示。

图 10 – 46

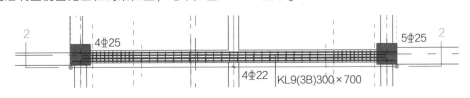

图 10 – 47

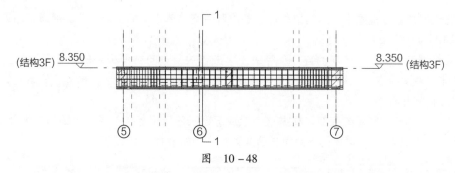

图　10－48

②双击下部通长筋，该钢筋将转化为紫色草图线，将其两端修剪到柱中心处（柱中心与轴线重合）后，单击上下文选项卡中"√"命令，结束编辑。再修改"属性"面板中"起点的弯钩"与"终点的弯钩"为"标准－90°"，结果如图10－49所示。

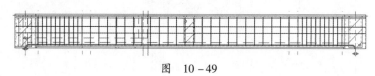

图　10－49

③该钢筋弯钩朝向错误，可在选中该钢筋的状态下，按＜空格＞键修改朝向，修改完成后，以同样的方式修改构造筋至柱边向内150mm（可依据绘制的距柱边50mm的参照平面绘制进入柱内，距柱边150mm的参照平面用以定位），构造筋不需要弯钩，完成后结果如图10－50所示。

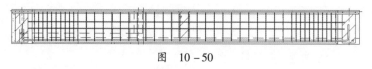

图　10－50

9）参照上一步添加弯钩及修改朝向至合适方向，如图10－51所示。

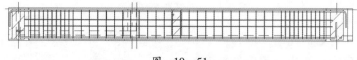

图　10－51

10）选择任意钢筋，单击"编辑类型"，在弹出的"类型属性"对话框中，各项功能如图10－52所示，参照钢筋平法图集修改对应属性，以符合实际。

（3）其余梁钢筋的创建　参照上述方式，依次将其余梁的箍筋加密区、非加密区、通长筋、构造筋及支座负筋等创建完毕。

2. 柱钢筋的创建

（1）柱箍筋在加密区/非加密区的创建

1）在绘制结构柱的视图中，单击结构柱，再单击"钢筋"命令，选择适合的钢筋直径、等级及钢筋形状（图10－53），选择"放置平面"为"近保护层参照"，"放置方向"为"平

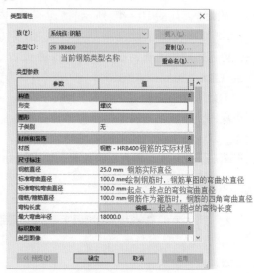

图　10－52

行于工作平面"，"钢筋集"设置"布局"为"最大间距"，
"间距"为"100.0mm"，设置如图 10 – 54 所示。

图　10 – 53

2）完成上一步设置后，单击柱体，即可放置钢筋（具体
钢筋的直径与等级请参考第 8 章第 3 节中"结构柱截面图"），
因其中有内支箍，可再次单击柱体放置箍筋，放置次数由柱中
"钢筋形状"为"33"的箍筋数量来决定（图 10 – 54 中有 3 个
不同的箍筋）。放置完成后，取消放置状态，再单击放置的箍筋，此时可发现箍筋有四个方向的
"造型操纵柄"，单击四个操纵柄将箍筋拖拽至合适位置，调整结果如图 10 – 55 所示（如平面无法
创建箍筋，可在剖面中创建）。

图　10 – 54

3）绘制一个朝向于该柱的剖面，并调整该剖面的"视图样板"为"结构剖面"，调整视图范
围并单击绘制的钢筋，拖动"造型操纵柄"，放置钢筋到计算出的加密区范围处，然后向下复制该
钢筋集，并修改"数量"为"200"，拖动"造型操纵柄"使钢筋范围到计算出的非加密区范围，
以上步骤的具体操作可参考梁的箍筋创建。

（2）柱纵筋的创建

1）切换至柱的平面视图，单击"结构"选项卡下的"钢筋"命令，选择合适的钢筋直径、
等级及形状（图 10 – 56），按照图 10 – 57 设置"放置平面""放置方向""钢筋集"。

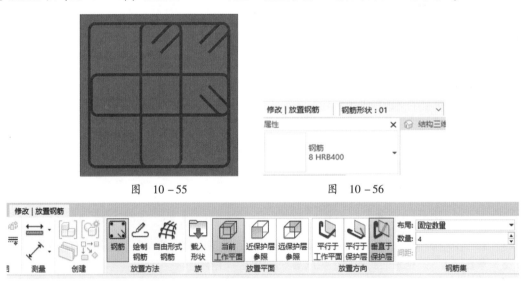

图　10 – 55　　　　　　　　　　　图　10 – 56

图　10 – 57

2）根据参考第 8 章第 3 节中的"柱配筋表"的示意位置放置钢筋，完成后如图 10 – 58 所示
（图中钢筋截面显示颜色因视图样板设置而改变）。

3）进入绘制出的柱剖面视图，调整视图范围，双击绘制的纵筋，编辑钢筋草图长度到合适位
置。设置"属性"面板中"起点的弯钩"及"终点的弯钩"，其中结构柱与结构基础连接位置应
注意对柱钢筋的设置，调整对应钢筋弯钩的朝向及长度。

3. 结构板钢筋的创建

（1）面筋及底筋的创建

1）以④轴到⑤轴，Ⓓ轴与②/⑥轴的楼板为例绘制钢筋。首先选择要创建钢筋的结构板，单击“面积”命令，如图 10－59 所示。

2）“属性”面板实例属性中修改各项属性如图 10－60 所示。其中，主筋及分布筋是指在绘制钢筋时，定义的一个钢筋方向，符合这个方向的钢筋，在 Revit 中被称为主筋，另一个与其垂直的钢筋就是分布筋，即属性中主筋及分布筋是定义的钢筋方向。

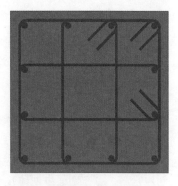

图 10－58

钢筋
板厚h=120
面筋⌀8@150(双向通长)
底筋⌀8@150(双向通长)
阴影区板面标高为4.400

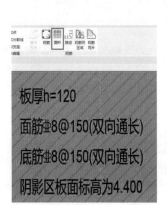

图 10－59

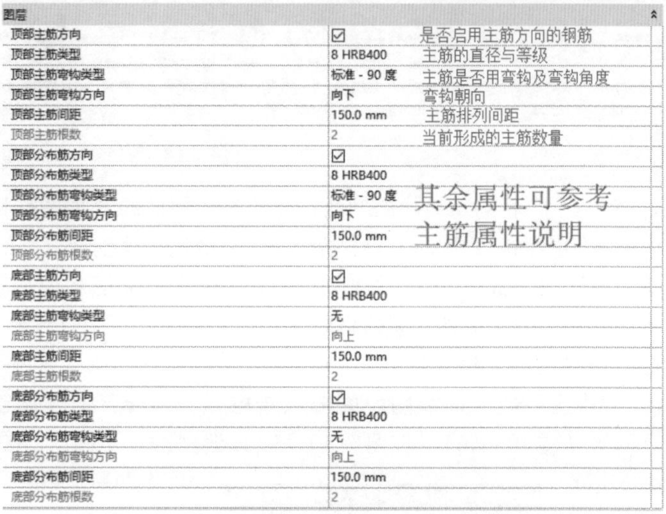

图层
顶部主筋方向 ☑ 是否启用主筋方向的钢筋
顶部主筋类型 8 HRB400 主筋的直径与等级
顶部主筋弯钩类型 标准 - 90 度 主筋是否用弯钩及弯钩角度
顶部主筋弯钩方向 向下 弯钩朝向
顶部主筋间距 150.0 mm 主筋排列间距
顶部主筋根数 2 当前形成的主筋数量
顶部分布筋方向 ☑
顶部分布筋类型 8 HRB400
顶部分布筋弯钩类型 标准 - 90 度
顶部分布筋弯钩方向 向下
顶部分布筋间距 150.0 mm
顶部分布筋根数 2
其余属性可参考主筋属性说明
底部主筋方向 ☑
底部主筋类型 8 HRB400
底部主筋弯钩类型 无
底部主筋弯钩方向 向上
底部主筋间距 150.0 mm
底部主筋根数 2
底部分布筋方向 ☑
底部分布筋类型 8 HRB400
底部分布筋弯钩类型 无
底部分布筋弯钩方向 向上
底部分布筋间距 150.0 mm
底部分布筋根数 2

图 10－60

3）在绘制“面积钢筋”的边界线时，主筋方向会自动创建在第一根边线上，如图 10－61 所示，多出的两条短线表示主筋方向已与该边线重合，短线的朝向则为主筋的方向，若需要自定义钢筋朝向，可单击上下文选项卡内“绘制”面板中“主筋方向”分组内的任意绘制方式进行绘制，如图 10－62 所示。

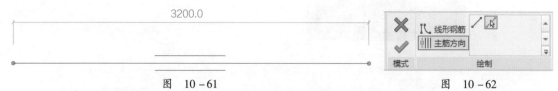

3200.0

图 10－61

线形钢筋
主筋方向
模式
绘制

图 10－62

4）如图 10－63 所示，绘制钢筋范围超过板边缘至梁中，绘制完成后板钢筋完成绘制。

5）单击“√”，结束钢筋创建，完成后如图 10－64 所示。

板厚h=120
面筋⌀8@150(双向通长)
底筋⌀8@150(双向通长)
阴影区板面标高为4.400

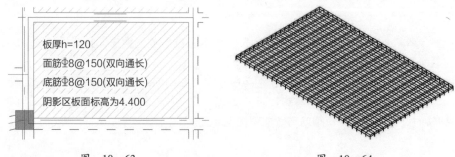

图 10－63

图 10－64

6）单击"编辑类型"，在"类型属性"对话框中修改对应属性以符合钢筋实际要求，如钢筋弯钩长度等。修改完成后板面筋完成绘制。

（2）板加强筋的创建　如图 10-65 所示，当某些位置上原本设置的板钢筋不足以满足结构受力需求时，需要敷设加强筋。

1）"路径"命令绘制钢筋。

①单击需要绘制钢筋的结构板，单击上下文选项卡内"钢筋"面板中的"路径"命令，如图 10-66 所示。

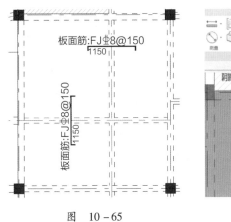

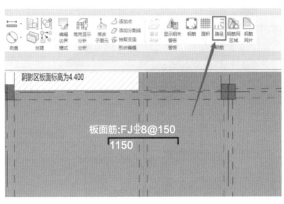

图　10-65　　　　　　　　　　　　　　图　10-66

②单击"路径"命令后，修改属性如图 10-67 所示，其中主筋长度为梁半宽加上延伸长度。

③单击梁中线开始绘制，如图 10-68 所示，紫色线条处为绘制的线条，黑色线条为钢筋范围。单击"√"完成绘制。需要注意的是，在绘制钢筋时，如大面积板钢筋是使用"面积钢筋"命令绘制双层双向的钢筋，应注意面积钢筋的主筋方向，面积钢筋主筋方向的钢筋是板面筋中的上层筋，如图 10-69 所示，绘制的钢筋默认也是上层钢筋，所以，应与主筋方向对齐。

④再绘制另一方向的加强筋，此时应注意两层钢筋不能碰撞，所以，除修改钢筋类型、直径、等级、长度之外还应修改钢筋相对于板面的距离，以防止碰撞，修改结果如图 10-70 所示。

⑤完成一个方向的绘制后，可将路径钢筋镜像至另外一方，如图 10-71 所示，即可完成梁两边的加强筋布置。

图层	
面	顶　钢筋放置在板顶/底
钢筋间距	150.0 mm 钢筋摆放间距
钢筋数	5　当前绘制的钢筋数量
主筋 - 类型	8 HRB400 钢筋直径及等级
主筋 - 长度	1400.0 mm 钢筋长度
主筋 - 形状	钢筋形状 1　钢筋形状
主筋 - 起点弯钩类型	无
主筋 - 终点弯钩类型	钢筋弯钩 90
分布筋	□　是否启用分布筋
分布筋 - 类型	20 HRB400
分布筋 - 长度	2000.0 mm
分布筋 - 形状	0 分布筋可单独控制
分布筋 - 偏移	
分布筋 - 起点弯钩类型	钢筋弯钩 90
分布筋 - 终点弯钩类型	无

默认出现的钢筋　　钢筋弯钩角度　　启用分布筋后，主筋中　将以 1:1 的比例　转化为分布筋

图　10-67　　　　　　　　　　　　图　10-68

图 10 - 69

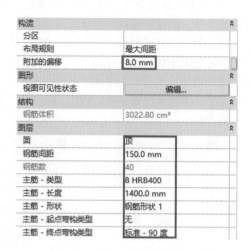

图 10 - 70

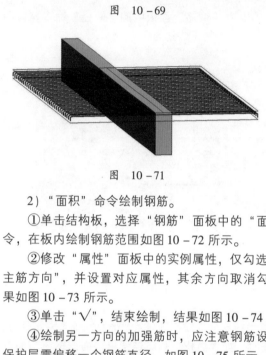

图 10 - 71

2）"面积"命令绘制钢筋。

①单击结构板，选择"钢筋"面板中的"面积"命令，在板内绘制钢筋范围如图 10 - 72 所示。

②修改"属性"面板中的实例属性，仅勾选"顶部主筋方向"，并设置对应属性，其余方向取消勾选，结果如图 10 - 73 所示。

③单击"√"，结束绘制，结果如图 10 - 74 所示。

④绘制另一方向的加强筋时，应注意钢筋设置顶部保护层需偏移一个钢筋直径，如图 10 - 75 所示。

图 10 - 72

4. 桩基础钢筋的创建

（1）桩箍筋的创建

桩箍筋的创建与一般的梁柱箍筋的创建略有不同，创建的形状一般选择默认的"钢筋形状 53"，如图 10 - 76 所示。创建该形状时，创建方式略有变化，如图 10 - 77 所示，其中"顶、底、

图 10 - 73

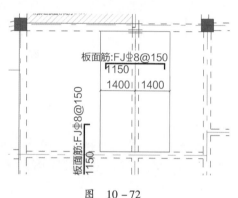

图 10 - 74

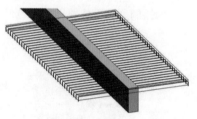

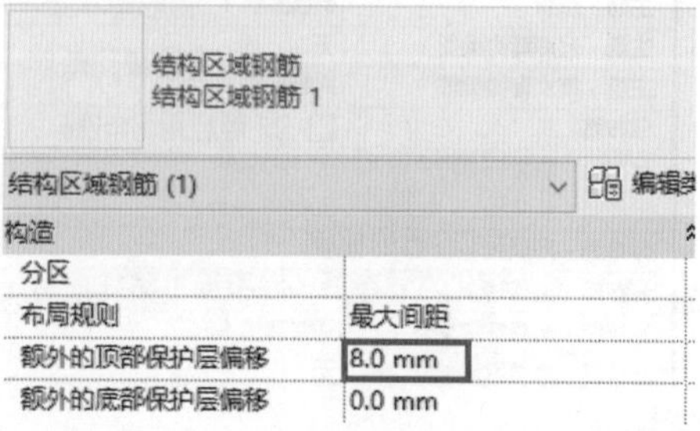

图 10 - 75

前侧、后侧、右、左"是指放置这类多平面钢筋时，这类多平面钢筋的顶面、底面、前面、后面、右面、左面，与当前工作平面平行，例如，当选择"顶"时，该钢筋的顶面与当前工作平面平行。

1）在选项栏中或"钢筋形状浏览器"中选择"钢筋形状：53"（图10-76）。

2）在"放置透视"面板中选择适合的放置方式，如"顶"，如图10-77所示。

图 10-76   图 10-77

3）修改"属性"面板中"顶部面层匝数"和"底部面层匝数"的数值，该属性指定了螺旋箍筋的顶部与底部起始位置的密集匝数，通常它们会以上下垒在一起的形式表现，如图10-78所示为修改属性与底部修改结果对照。

4）修改"属性"面板中"高度"和"螺距"的数值。通常"高度"参数不必修改，该参数会根据构件主体高度自动设置；"螺距"是指螺旋箍筋的螺旋间距。如图10-79所示为自动设置的"高度"参数与"螺距"参数设置后的效果图。

图 10-78   图 10-79

5）根据需求，决定整根螺旋箍筋是否添加"起点的弯钩"和"终点的弯钩"，如图10-80所示为设置后的结果，此时由于钢筋形状被修改，造型列表中将新建一个与设置相同的钢筋形状（如果钢筋形状浏览器中没有相似的造型），其自动命名为"钢筋形状×"，其中×为新建钢筋形状的编号，凡通过钢筋形状列表创建的钢筋在修改属性后都将如此。

6）在合适的视图中（例如与桩身相切的标高视图）中放置钢筋。在放置该钢筋时，注意光标应靠近圆桩中心处。如图10-81所示为光标靠近边界与靠近中心后，钢筋放置的区别。

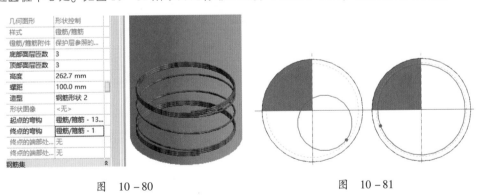

图 10-80   图 10-81

（2）桩纵筋的创建   桩纵筋的创建可参考柱纵筋的创建。

5. 钢筋的修改

所有使用"钢筋"命令创建的钢筋，可在"属性"面板的"尺寸标注"分组中直接修改各项数值，其中该分组内各项数值共分两类："字母类（A～R）"和"文字类"。其中字母类用于设置选中的或创建中的钢筋的各项长度类型的参数，根据钢筋形状不同而使用不同名称的参数，例如

01 号钢筋形状仅使用 A 参数即可控制整根钢筋长度，而 33 号钢筋形状就需要 A 参数和 B 参数，而其他有需要控制直径或半径的参数则由 O 参数及 R 参数控制，这取决于创建该钢筋族时，参数是否与对应钢筋参数绑定。文字类参数有"钢筋长度"和"所有钢筋长度"两个，其中"钢筋长度"是指选中的钢筋的单根长度，"所有钢筋长度"则显示选中的钢筋集的所有长度。

3.5 钢筋族的创建

当 Revit 预设的钢筋形状已不能满足项目使用需求时，在 Revit 中主要使用"绘制钢筋形状"及"创建钢筋族"的方式进行解决，"创建族"较为复杂，因此，本次以创建"马凳筋"钢筋族的方式，简单讲解一下如何创建钢筋族。

1）新建族，选择"钢筋形状样板 – CHN"为族样板。

2）单击"绘制"面板中钢筋分组内的绘制命令，绘制一个 L 形的钢筋路径，L 线条其中一条线的端点，与视图中的十字参照平面交点重合，绘制完成后如图 10 – 82 所示。

3）将下方同步生成的多平面钢筋上的"√"取消勾选，并添加标注在绘制出的钢筋端点上的参照平面上（随钢筋线条端点上生出的参照平面），结果如图 10 – 83 所示。

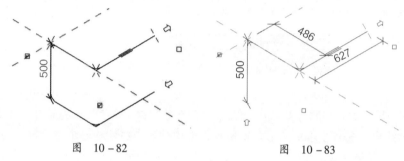

图 10 – 82   图 10 – 83

4）分别选中三个标注并将其分别与参数 A、B、C 关联，同时为三个参数在"钢筋形状参数"对话框内赋值（单击"族类型"按钮即可弹出），完成后单击"确定"，如图 10 – 84 所示。

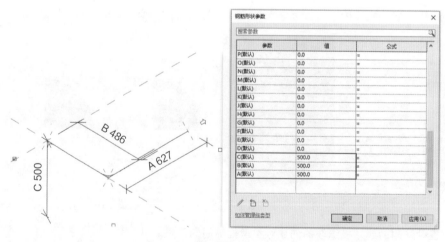

图 10 – 84

5）此时"形状状态"命令从亮显变成灰显，表示该钢筋形状创建成功，将该族保存名称为"马凳筋 – 半"并载入到项目中。

6）以板为例讲解如何拼装马凳筋。在项目中绘制一个厚 300 宽 200 长 1000 的板，并绘制一个剖面在板上，最终结果如图 10 – 85 所示。

7）选中板，选择"钢筋"命令，在"选项栏"或"钢筋形状浏览器"中选择"钢筋形状：马凳筋 – 半"，选择"放置透视"面板中的"顶"为放置方式，在剖面视图中单击放置钢筋，结果如图 10 – 86 所示。

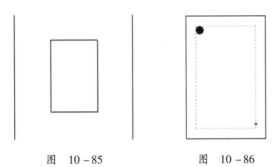

图　10 – 85　　　　　　图　10 – 86

8）选中钢筋形状并修改该图元"视图可见性状态"内三维视图后"清晰的视图"和"作为实体查看"。完成后转入三维视图，单击 < 空格 > 键翻转钢筋形状为图 10 – 87 所示。修改钢筋形状中参数 A、B、C 值为 50、200、100（钢筋直径不宜太大，请根据实际情况设置钢筋直径及等级），如图 10 – 88 所示。

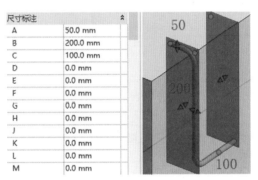

图　10 – 87　　　　　　　　　图　10 – 88

9）进入平面视图中将剖面方向翻转，然后重复前两步，完成后如图 10 – 89 所示。

10）将两个钢筋形状移动到一起，并选中两个钢筋形状创建一个模型组，模型组命名为"马凳筋"，如图 10 – 90 所示。

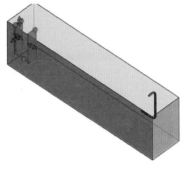

图　10 – 89　　　　　　　　　图　10 – 90

第4节　布局

4.1　设计深度要求

1）创建图纸空间，把对应视口按比例排版布局于图纸空间内，并制作层高表、图纸说明等图例信息。

2）提供各层墙身视口（Revit），编号和索引用于以草图提资。

4.2　模型管理注意事项

视口不能出现与图纸无关的图元、链接、注释等内容。

4.3　图纸的创建

在模型设计完成后，制作图纸时，图纸视图本身可以视为一个无限大的白纸，而白纸上需要一个图框来承载，放置各项项目信息，但 Revit 自身所带的图框难以满足需要，因此需要在 Revit 中设计图框。

1. 创建图框

1）新建族，选择"标题栏"文件夹内需要的族样板，如图 10 - 91 所示，选择"A1 公制 . rft"图纸。

2）在视图自有的图框中，首先制作图框线，内图框线与外图纸边缘的距离分别是左偏移 25mm、其余边均偏移 10mm。单击"线"命令，用"绘制"面板中的绘制工具完成图框绘制，完成后如图 10 - 92 所示。

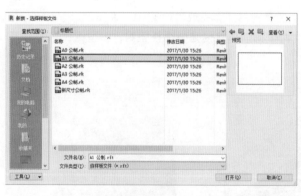

图　10 - 91

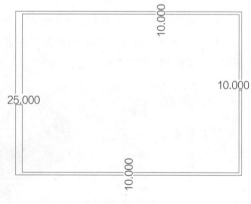

图　10 - 92

3）制作图框的标题栏部分，同样单击"线"命令，用"绘制"面板中的绘制工具绘制满足设计需求的标题栏，绘制完成后如图 10 - 93 所示。

4）制作标题栏内文字，单击"文字"命令，在各栏内填充文字信息，并调整文字字体及大小至满足要求，如图 10 - 94 所示。

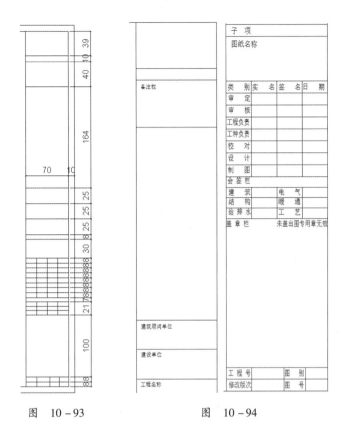

图　10-93　　　　　　　　　　　图　10-94

5）载入项目后，上一步制作的信息属于不可编辑的内容，为了让图框中的信息在载入项目后可根据实际情况填写或变化，应使用"标签"命令。单击"标签"命令，在要添加信息的某个栏内单击，在弹出的"编辑标签"对话框内"类别参数"列表中选择对应参数添加到右侧的"标签参数"列表中，如果在"标签参数"列表内找不到对应参数，可单击"添加参数"以满足要求，如图 10-95 所示。

6）单击"添加参数"，单击"参数类型"分组下的"选择"，此时若之前未在族中创建过共享参数，则会弹出"未指定共享参数文件"提示对话框，单击"是"即可，如图 10-96 所示。

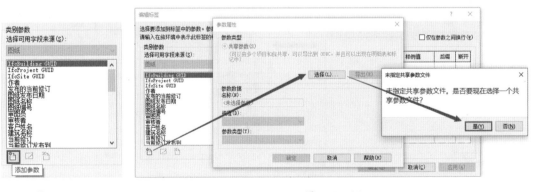

图　10-95　　　　　　　　　　　　　图　10-96

7）在弹出的"编辑共享参数"对话框中单击"创建"，在"创建共享参数文件"对话框中选择保存位置，然后为文件命名，完成后单击"确定"，此时用于保存共享参数相关数据的文件创建完毕，如图 10-97 所示。

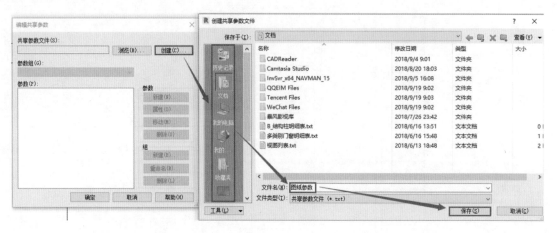

图　10－97

8）在"编辑共享参数"对话框中单击"组"下的"新建"按钮，在弹出的"新参数组"对话框中输入参数分组名称为"标题栏"，然后单击"确定"，此时共享参数的分组命名完成，如图10－98所示。

9）在"编辑共享参数"对话框中单击"参数"下的"新建"按钮，在弹出的"参数属性"对话框中输入参数"名称"修改"参数类型"，完成后单击"确定"。用同样步骤可创建其他共享参数，如图10－99所示。

图　10－98

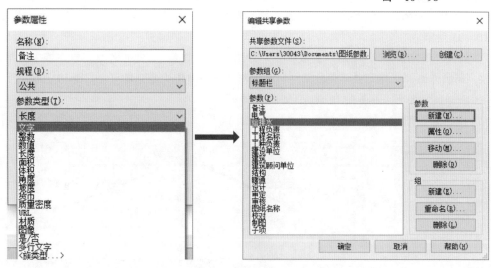

图　10－99

10）依次使用"标签"命令，在各处单击放置各项标签参数。完成后保存图框，命名为"施工图—A1"，并新建族类型为"A1"，然后将其载入到要使用的项目中。在项目中单击"项目参数"命令，将各项共享参数添加到"图纸"中，如图10－100所示。

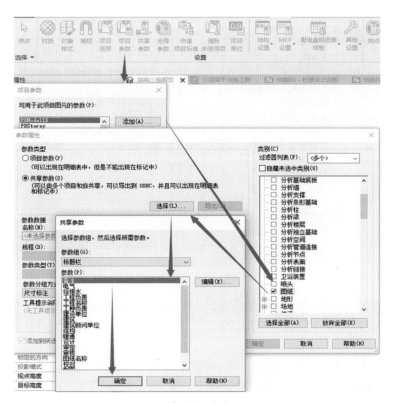

图 10 – 100

11）完成以上步骤后即可在项目中正常使用图框。

12）如需要除书中说明的 A1 图幅以外的其他规格（如 A2、A3 的图纸）图幅，可以重复以上方式创建；如果需要 A1 加长这样同类型不同规格的图纸图幅，可以添加参数以方便后续使用。

2. 图纸视图排布

完成图框制作后，可将各视图放入图纸中。

1）单击"图纸"命令，在弹出的"新建图纸"对话框中选择图框，或是单击鼠标右键选中"项目浏览器"下的"图纸（全部）"分组，在弹出的子菜单中选择"新建图纸"选项，然后选择图框，如图 10 – 101 所示。

2）双击选中的图框，或选中图框后单击"确定"，以创建图纸。此时，视图跳转到在创建的图纸视图，但图框中并没有内容，放置的方式是：

①鼠标左键按住对应视图，拖拽至图纸内。

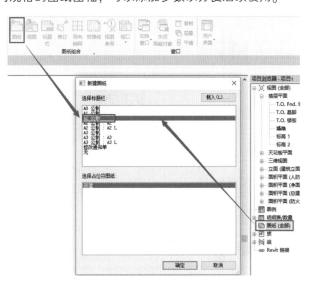

图 10 – 101

②在"图纸（全部）"列表下鼠标右键单击图纸名称，在弹出的菜单中选择"添加视图"，然后在弹出的"视图"对话框中选择视图（不可多选），并单击"在图纸中添加视图"按钮，如图 10 – 102 所示。

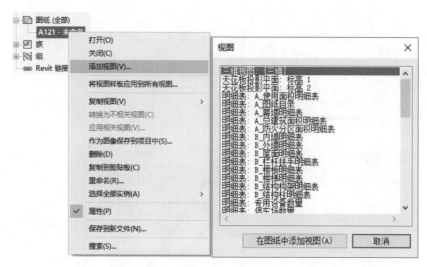

图 10 - 102

3）执行步骤2）任意一种方法添加视图后，还需要将视图放置入图框内（按住鼠标左键拖拽），但是如果图幅大而单个图纸内容相对较小，一张图纸中将会放置多个视图，此时，图纸放置相对较杂乱。

4）单击"管理"选项卡下"图纸组合"面板中的"导向轴网"命令，图纸视图中出现的蓝色方格网即为导向轴网。可通过单击边界的方式选中该导向轴网，选中后拖拽边界可控制其大小，通过"属性"面板可修改网格间距及名称，待调整到合适后，可将视图放置到图框内。图 10 - 103 所示为放置两个视图到图框后的效果。

5）通过对齐、移动等命令移动视图位置，如两个视图均将轴网与导向轴网对齐，即可使视图放置位置合适、精确，如图 10 - 104 所示。

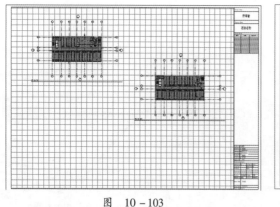
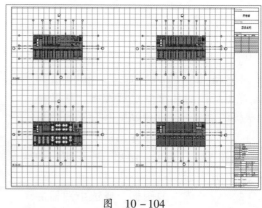

图 10 - 103　　　　　　　　　　　　　图 10 - 104

4.4 图例制作

因图例视图中制作的图元可多次放置在不同图纸中，而不必像平、立、剖、三维视图一样必须通过复制才能放置在多个图纸内，因此可以制作一些需要多次在图纸中引用的信息如"层高表"及"图纸说明"或是在某些图纸中需要用到的某些结构构件的三视图等。

1）在"项目浏览器"中，对"图例"单击鼠标右键，在弹出的菜单中选择"新建图例"，或通过"图例"命令创建图例，如图 10 - 105 所示。

2）输入图例名称及视图比例后（图 10－106），在图例视图中利用"文字"或"详图线"方式完成"层高表"或"图纸说明"（图 10－107、图 10－108）等信息的创建。

3）如果某些图纸中需要放置一些结构构件的三视图，也可将各类族构件直接拖入图例视图中以形成三视图，拖入图例视图后进行调整和添加标注及文字注释，完成后如图 10－109 所示。其中某些图元仅三视图无法表达清楚内部或局部构造的，可添加详图线以增强表达效果。

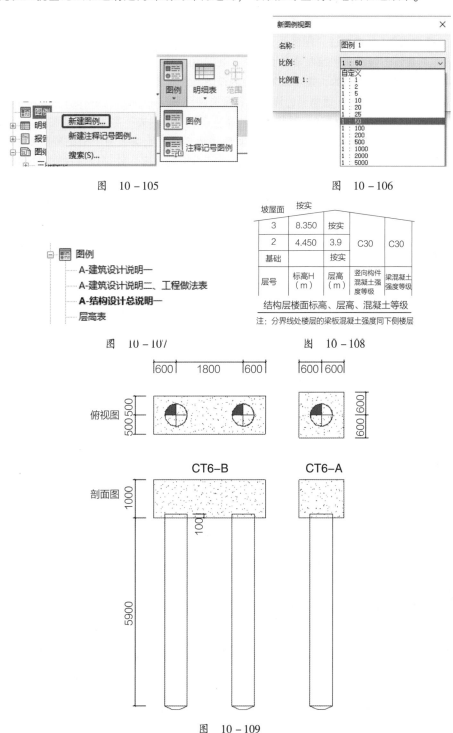

图 10－105

图 10－106

图 10－107

坡屋面	按实			
3	8.350	按实		
2	4.450	3.9	C30	C30
基础		按实		
层号	标高H（m）	层高（m）	竖向构件混凝土强度等级	梁混凝土强度等级

结构层楼面标高、层高、混凝土等级
注：分界线处楼层的梁板混凝土强度同下侧楼层

图 10－108

图 10－109

4.5 绘图视图

绘图视图可以创建与模型不关联的详图视图。有些图元无法在图例视图中创建对应图例，如结构钢筋图元。所以创建结构图元对应详图，可以通过创建"绘图视图"来代替。

注意，详图视图无法重复放置到不同视图或图纸中。

1）单击"视图"选项卡下"创建"面板中的"绘图视图"命令（图 10-110），在弹出的菜单中选择"新建图例"，或通过"图例"命令创建。

2）通过创建详图线及文字绘制墙剖面详图，如图 10-111 所示。

3）如需要创建一些复杂的，需要重复使用的详图，建议将其中重复利用率大的部分只作为详图项目，利用"填充区域"创建需要的详图，其余文字注释可利用"文字"命令直接添加至对应位置，如图 10-112 所示。或是通过对其绘制剖面，在剖面中隐去不需要显示的图元，再添加详图线和文字，以此来创建对应的详图。如需要重复使用该详图，则需要将一些需要重复显示的属性通过共享参数串联，对应的方式可参考第 11 章第 2 节内相关内容，就可以与对应的柱参数关联达到一变全变的效果。

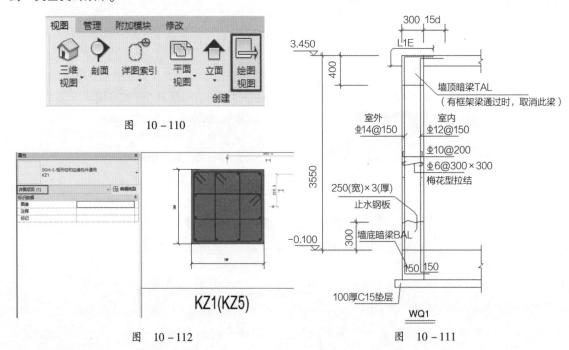

图 10-110

图 10-112

图 10-111

4.6 图纸布局

1. 注意事项

当模型建立完成后，就可以进行图纸的布局。在进行图纸布局之前，需要进行以下准备工作：

1）卸载或者删除与图面无关的链接。

2）在"可见性/图形替换"窗口的模型类别、注释类别中，隐藏与图面无关的链接、图元、注释等内容。

2. 布局

1）选择好创建的图纸的图幅大小，将对应图框放入图纸视图中。

2）单击图纸外面的空白位置，在"属性"面板的相应位置输入文字，修改图签上显示的专业、图名、图号等默认信息。例如，在"图别"中输入"结施"，以此来说明该施工图属于结构专业；在"图纸序号"中输入序号；在"图纸编号"中输入编号；在"图纸名称"中输入要创建的图纸名称；在"图纸发布日期"中输入图纸的发布日期；在"图幅"中输入当前图纸图幅。所有输入的信息都会在图框中相应的位置显示。

另外，也可以通过双击图签中的文字来修改图签的内容（注意不要双击"校对""设计""制图"等固定的文字注释，双击它们会进入编辑图框族视图）。

注意，共享参数载入项目中后，需要在"项目参数"中才能指定给对应类别的图元，且只能指定给一个类别的图元，同时指定给多个图元也不会实现参数数值同步修改，只有第一个指定的类别才能与图框同步。所以，必须将在创建图框时创建的共享参数载入到项目并指定给"图纸"类别，图纸视图的属性栏中才会显示与图纸相同的参数，并与之同步。

3）将合适的视图放置到图框中，完成后可以通过显示"导向轴网"或"移动"命令以及使用上下左右键调整视图的位置。然后选中该视图，在"属性"面板中把"视口"改为合适的类型，如图 10 - 113 所示（对应视口编辑、创建方式可参考第 6 章第 4 节中相关内容）。"属性"面板中的视图名称改为对应名称，同时该栏目填写的内容即为图纸视图中图纸的名称，如图 10 - 114 所示。

4）将"项目浏览器"中的"图例视图"或"绘图视图"分组中的"层高表"或其他详图视图拖动到图纸中，调整好各个视口的位置，即完成本次创建的图纸的图纸布局，如图 10 - 115 所示。

图 10 - 113

图 10 - 114

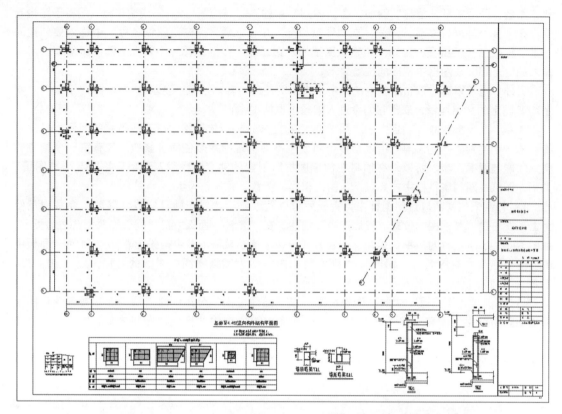

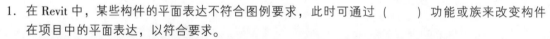

图 10－115

课后练习

1. 在 Revit 中，某些构件的平面表达不符合图例要求，此时可通过（　　）功能或族来改变构件在项目中的平面表达，以符合要求。

   A. 连接　　　　　　B. 详图项目　　　　　　C. 剪切　　　　　　D. 索引视图

2. 在 Revit 中，钢筋图元在三维视图中默认是（　　）。

   A. 可见的　　　　　B. 不可见的　　　　　　C. 实体图元　　　　D. 不可删除的

3. 在 BIM 设计到终模阶段后，进行合模时，应保证（　　）。

   A. 模型平面坐标、立面定位统一、对齐　　　B. 墙边对齐

   C. 模型几何信息完整　　　　　　　　　　　D. 清除不需要碰撞的图元

4. 在 Revit 中，默认的结构图元"墙"在其实例属性中都有（　　）个面的保护层设置。

   A. 2　　　　　　　　B. 6　　　　　　　　　C. 3　　　　　　　　D. 4

5. 在 Revit 中，当需要个性化定制图框族中展示的信息内容，并使其参数化以方便后期更改时，需要使用的功能是（　　）。

   A. 项目单位　　　　B. 共享参数　　　　　　C. 族参数　　　　　D. 计算参数

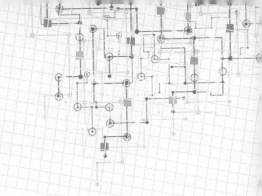

第11章　图纸创建与输出

第1节　创建水平构件平面图

1.1　梁平法施工图

1. 标签创建

1）创建结构梁标记，根据第7章第2节中相关内容，将准备好的梁平法标注共享参数载入到标记族中，并放置标签在族内，放置完成后梁平法集中标注如图11-1所示。

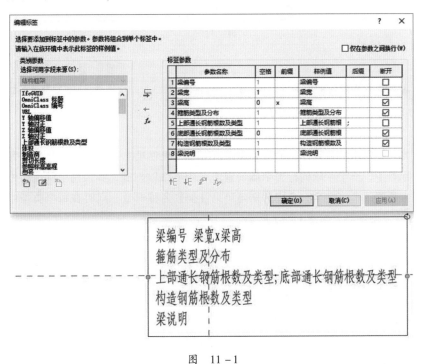

图　11-1

2）为适应某些位置梁无需放置集中标注，还需要对标签进行参数控制。选中放置好的标签，单击"属性"面板中"可见"属性后"关联族参数"按钮，在弹出的"关联族"对话框中，创建名称为"标注全"的参数，完成后单击"确定"，如图11-2所示。

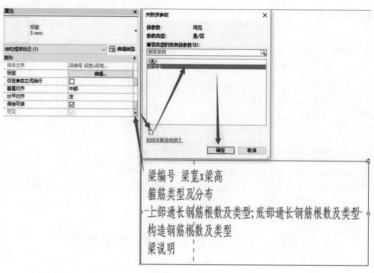

图 11-2

3）在文字中心放置两个如图 11-3、图 11-4 所示的新标签（图中上一步做的标签已被隐藏），结果如图 11-5 所示。

	参数名称	空格	前缀	样例值	后缀	断开
1	梁编号	1		梁编号		☐
2	梁宽	1		梁宽		☐
3	梁高	0	x	梁高		☑
4	上部通长钢筋根数及类型	1		上部通长钢筋根数		☐

图 11-3

	参数名称	空格	前缀	样例值	后缀	断开
1	梁编号	1		梁编号		☐

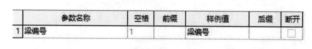

图 11-4

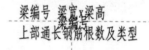

图 11-5

4）如图 11-6 所示，将新标签的可见属性分别与"无四项"和"仅梁编号"关联。

5）三个标签中，一个字段的标签字体设置为"中心线"对齐，其余两个标签均为左对齐。

6）在族中新建三个族类型，名称分别与可见性参数名称一致，同时在每个类型中仅勾选与族类型名称对应的可见参数，如图 11-7 所示。

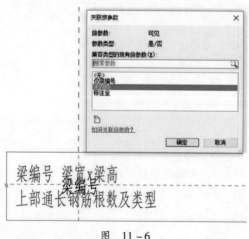

图 11-6

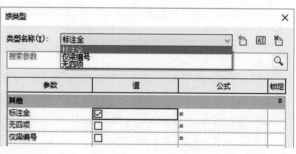

图 11-7

7）设置标签字体为钢筋字体"revit"，完成后以"梁平法标注"为文件名将其保存，然后载入到项目中（钢筋字体参考随书附件"钢筋 Revit 字体"）。

2. 参数载入及标注

1）使用"项目参数"命令，选择准备好的共享参数指定给"结构框架"类别，并修改参数属性为"实例"，如图 11 - 8 所示。

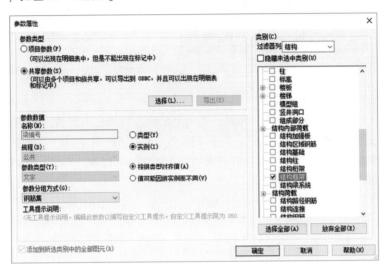

图　11 - 8

2）添加完成后，在对应视图中梁实例属性内添加对应参数，如图 11 - 9 ~ 图 11 - 11 所示。

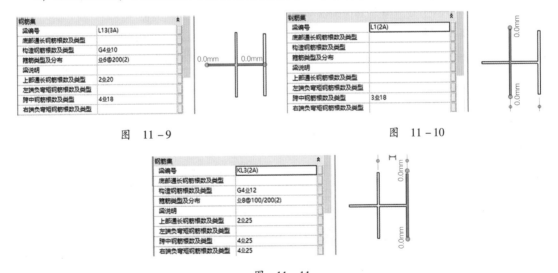

图　11 - 9　　　　　　　　　　　　　　　　图　11 - 10

图　11 - 11

3）单击"注释"选项卡下"梁注释"命令，在弹出的"梁注释"对话框中选择"放置"分组内"当前平面视图中的所有梁"，然后单击"注释位置和类型"分组内"中点"后的"..."按钮，在"选择注释类型"对话框中选择"结构框架标记"，"类型"选择"标注全"注释类型，完成后单击"确定"，如图 11 - 12 所示。

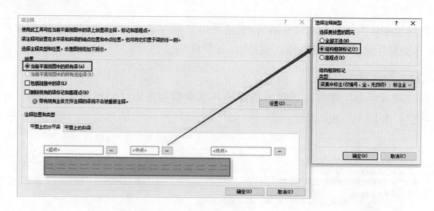

图　11－12

4）如图 11－13 所示为标注结果，梁属性各项信息已标注到相应位置。其中钢筋符号因无法在参数值中直接显示，因此显示为"&"，钢筋字体中"$""%""&""#"分别为一到四级钢。

5）单击选择某个标注出的标记族，将"属性"面板中的"引线"勾选，然后将"引线类型"修改为"自由端点"，如图 11－14 所示。

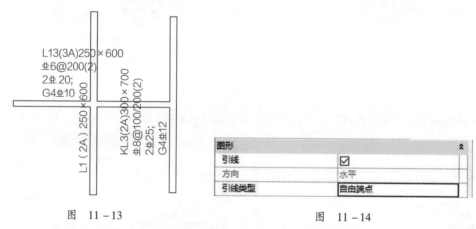

图　11－13　　　　　　　　　　　图　11－14

6）上一步修改完成后，拖拽两个线端点到标签一侧，结果如图 11－15 所示，继续拖拽完成后如图 11－16 所示。该线也可以通过在创建标签时直接创建在标签左侧，仅需要绘制三条长度与对应标签需要的符号线后，依次与对应的可见性关联即可。

以上为一种集中标注的创建及放置方式，其他集中标注及原位标注请根据需求创建并放置，并用"梁注释"命令添加标记。梁两端原位标注创建时应修改属性"附着点"为"起点"或"终点"，分别对应左端和右端梁支座原位标注。

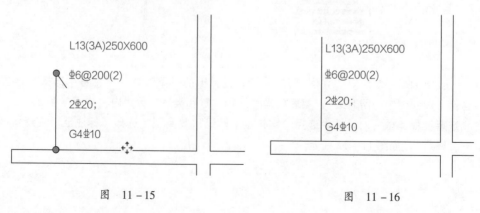

图　11－15　　　　　　　　　　　图　11－16

因为 Revit 中批量布置标记的方式无法对已有标记的主体（也就是构件图元，如梁）进行重复标记，因此在布置梁标记时应尽可能多地布置标记（使用次数多的），然后再使用"按类别标记"命令进行个别位置的补充。

7）完成后将该视图拖拽入创建好的图纸视图中的图框内（图框根据创建的图幅大小选择），并将对应的施工说明及楼层表等图例拖拽入内；最后单击图纸外面的空白处，在"属性"面板中的相应位置输入文字，以此来修改图签上显示的专业、图名、图号等默认信息，完成后如图 11-17 所示。

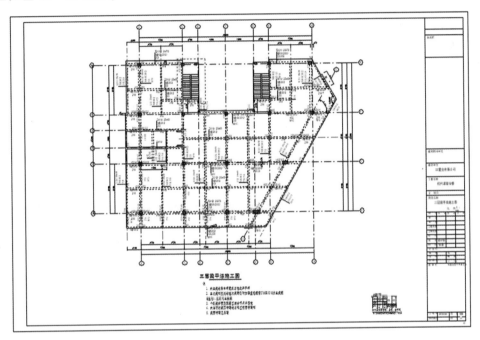

图　11-17

1.2　板平法施工图

1. 详图项目

1）新建族，选择"基于公制详图项目线"族样板。

2）对绘制出的参照线进行复制偏移，距离为 10，添加尺寸标注并转成 EQ 将距离均分，且将参照线两端与参照平面锁定。创建一个竖向参照平面在两个参照平面中间，标注三个竖向参照平面的尺寸并转成 EQ 均分距离，标注左右侧竖向参照平面且转化成实例参数，如图 11-18 所示。

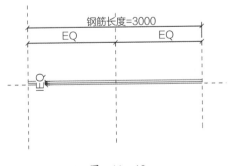

图　11-18

3）再次创建竖向参照平面，分别标注距离后转化为实例参数，然后标注最上、下侧的两条参照线距离并转化为实例参数，结果如图 11 - 19 所示。

4）创建两条水平参照平面于原参照平面下方。并分别为其添加标注为"弯钩平直段长度"和"弯曲半径"实例参数，结果如图 11 - 20 所示。

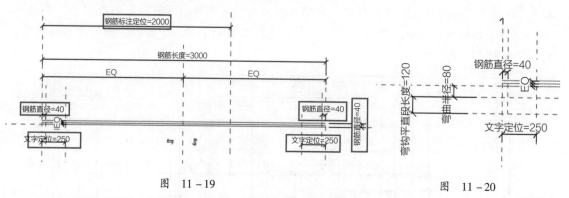

图 11 - 19　　　　　　　　　　图 11 - 20

5）创建填充区域，将所有边界线与所覆盖的参照线或参照平面对齐并锁定，然后在视图中放置一个双向水平和双向垂直翻转控件，完成后如图 11 - 21 所示。

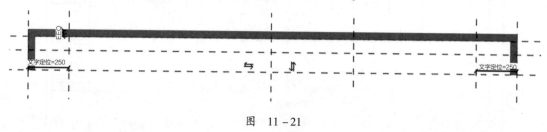

图 11 - 21

2. 创建注释

1）新建族，选择"公制常规注释"族样板，创建注释参数包括编号可见、详细、钢筋直径、钢筋类型、钢筋编号、钢筋间距共六个族参数，它们的"参数类型"分别为"是/否""是/否""长度""文字""文字""长度"，"规程"均为"公共"。

2）使用"线"命令创建一个直径为 3mm 的圆放置在族中十字交叉的参照平面交点处左侧，并在其上放置标签"钢筋编号"，且两者可见性均与"编号可见"参数关联，如图 11 - 22 所示。

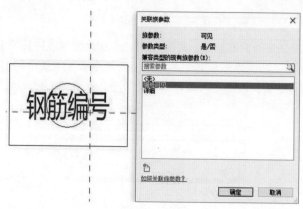

图 11 - 22

3）在放置的"钢筋编号"标签左侧，放置"钢筋类型""钢筋直径""钢筋间距"三个标签，且在"钢筋间距"标签的"前缀"输入格里输入"@",如图 11-23 所示。

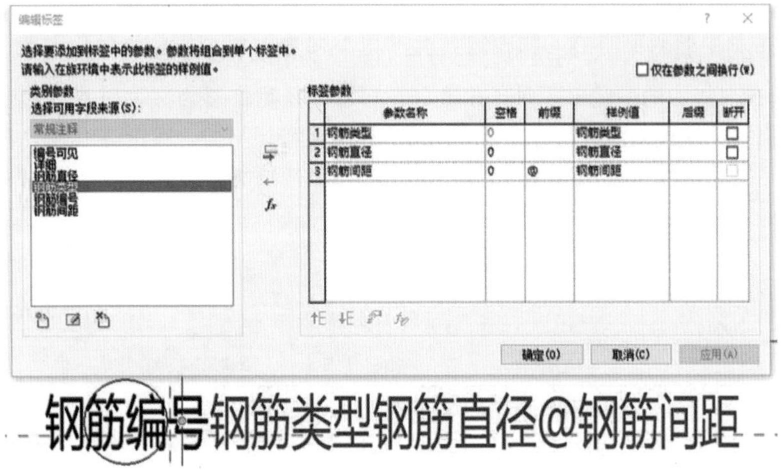

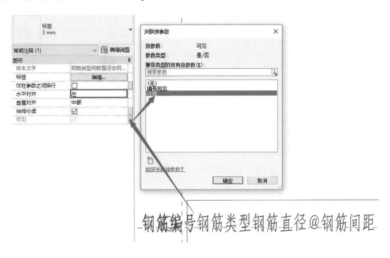

图　11-23

4)将后创建的标签可见性与"详细"关联,且修改"水平对齐"属性为"左"(图 11-24),完成后以"板筋编号"为名保存。

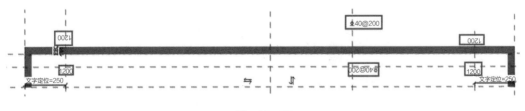

图　11-24

5)再次新建注释族,创建"左侧钢筋长度"实例族参数,"规程"为"公共","参数类型"为"长度",创建完成后将长度标签放置在十字交叉的参照平面的交点处,完成后以族参数名称保存,且重复这一步骤再次创建新的注释族,实例族参数名称为"右侧钢筋长度","规程"及"参数类型"与"左侧钢筋长度"一致,且以族参数名称保存。

6)将 3 个注释族分别载入到详图族中并放置,放置结果如图 11-25 所示,其中倒过来的注释族为镜像放置。

图　11-25

7）在详图族中，创建"是/否"参数（图 11 – 26 中可勾选的参数）和"长度"参数如图 11 – 26 所示。图中默认参数为实例参数（部分已添加参数不必重复添加）。

8）将注释族与对应的参照平面对齐并锁定（可对齐锁定位置为文字对齐方向），且与不同参数关联。以左侧钢筋注释族为例：将文字中间对齐锁定至参照平面，实例属性中"左侧钢筋长度"参数与对应同名实例参数关联（图 11 – 27），可见性与对应位置族参数关联（图 11 – 28）。

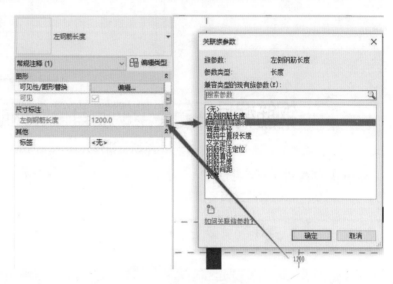

图 11 – 26　　　　　　　　　　　　　图 11 – 27

9）将所有标签与对应族参数关联且与对应竖向参照平面关联以后，即可通过参数控制对应标签的显示及数值，创建族类型名称为"板顶钢筋"，参数设置如图 11 – 29 所示。

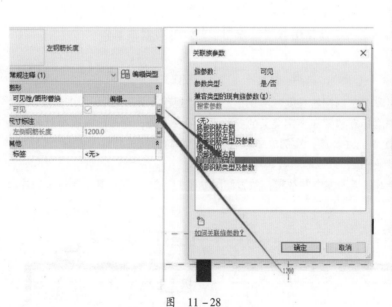

图 11 – 28　　　　　　　　　　　　　图 11 – 29

10）将做好的详图族保存并命名为"S - 板顶钢筋详图"，然后将其载入项目中，根据实际情况设置钢筋参数，结果如图 11 - 30 所示。

11）可根据实际情况设计有角度的填充图案用于板底钢筋，因步骤和创建思路类似，此处不再详述，创建结果如图 11 - 31 所示。

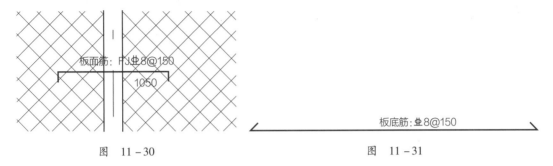

图　11 - 30　　　　　　　　　　　　　　　　　　图　11 - 31

3. 其他注释情况

板上的一些集中的钢筋文字注释，可用标记族标记板的方式来显示对应信息，或者直接使用文字注释放置在对应视图上。

使用标记族标记板的方式可用共享参数来串联标记族和结构板构件，请参照"梁平法施工图"对应内容，具体操作方式及思路基本一致，此处不再详述。

4. 创建图纸

根据实际情况设置且修改钢筋注释族的对应参数，并将其放置在视图对应位置，并将视图添加到准备好的图纸视图中的图框中，图框图幅根据需求选择，再放置施工说明或是层高表等，再修改图纸图框显示的专业、图名、图号等默认信息，完成后如图 11　32 所示。

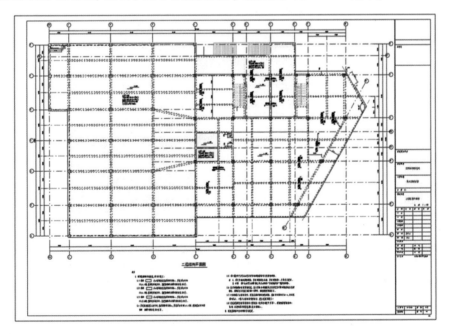

图　11 - 32

第2节　创建竖向构件平面图

1）对于大批量的柱或墙体添加标注时，对于重复的尺寸标注不变的部分，可在标注完一个后利用"复制"或"阵列"命令来添加重复性的标注。对于个别的异形柱或是定位不相同的墙或柱，还需要利用"注释"选项卡下的各项标注命令在对应视图中逐个添加。

2）尺寸标注主要用于竖向构件定位，标注完成后，还需要各构件的钢筋布置信息，可参考第10章第2、3节的相关内容添加、创建对应信息。

3）将需要添加的详图添加到图纸中后，将准备好的施工说明等信息也加入其中，完成后修改图纸图框显示的专业、图名、图号等默认信息，完成后如图11-33所示。

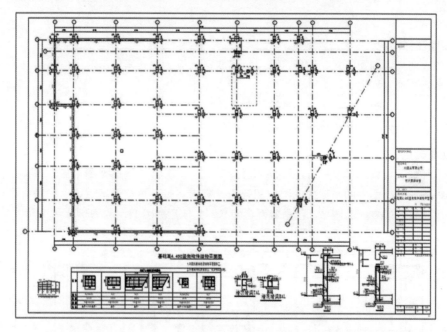

图　11-33

第3节　创建桩位及基础平面图

创建桩位及基础平面图的步骤与"创建竖向构件平法施工图"的步骤基本类似。

1）在"项目浏览器"中的"图纸"位置上方单击鼠标右键，根据图面的大小在"新建图纸"窗口选择合适的图幅。

2）单击图纸外面的空白，在"属性"面板的相应位置输入文字，以此来修改图签上显示的专业、图名、图号等默认信息。

3）鼠标左键单击"项目浏览器"中的"桩位平面布置图"视图，不要放开鼠标左键，把视图拖动到绘图区域中，在合适的位置单击鼠标左键放置视图。然后选中该视图，在"属性"面板中根据需求修改属性使视口显示合适。

"属性"面板中的视图名称改为"桩位平面布置图",该栏目填写的内容即为图纸中图纸的名称,加上应有的标注及标记过后再加入施工说明等信息。经过图纸布局的效果如图 11 – 34、图 11 – 35所示。

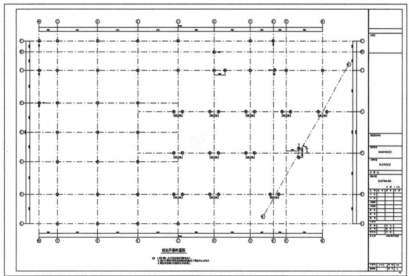

图 11 – 34

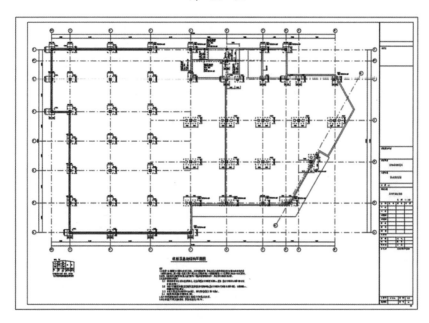

图 11 – 35

第 4 节 创建楼梯详图

有时候整张图纸上的标注信息太多,例如"楼梯"这样的需要密集标注或注释信息的位置就显得太密集,会互相遮挡、干扰。此时,就需要额外创建详图来展示。

4.1　详图创建

1）单击"视图"选项卡下"创建"面板中"详图索引"命令的下拉列表，选择合适的详图视图创建方式（一般为"矩形"），如图 11-36 所示。

2）在楼梯位置创建详图视图，创建成功后，"项目浏览器"中对应标高视图下会出现一个前一部分名称相同但会多出"—详图索引"名称的视图。进入该视图有两种方式：①双击"项目浏览器"内对应的视图名称；②在未选择绘制出的详图视图边界的情况下，对以蓝色显示的部分双击鼠标左键。如图 11-37 所示为创建成功的结果。

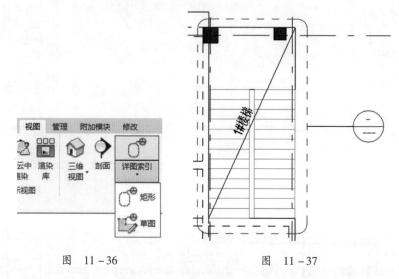

图　11-36　　　　　　　　图　11-37

3）此时的楼梯没有折断线，是因为绘制的详图默认继承原视图样板属性，其中折断线只有当视图范围的剖切面与楼梯剖切时才会出现。进入详图视图后，修改"视图范围"中剖切面高度到合适的值，楼梯上将出现折断线，样例如图 11-38 所示。

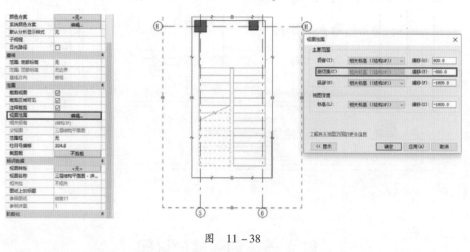

图　11-38

4.2　信息添加

1）楼梯详图中会标注楼梯的各个细部尺寸，以及梯梁、梯板、休息平台等构件的钢筋信息，如图 11-39 所示。

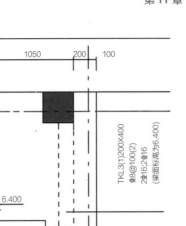

图　11 - 39

2）有时候视图中要表达的各类构件因为工程量计算的原因，使用"连接"命令去更改图元剪切顺序导致其不符合制图规则，此时，可使用"填充区域"或"遮罩区域"来补充或修改显示结果。以第 8 章第 7 节中对楼梯梯梁及楼板连接方式的处理结果为例，显示到详图中的结果如图 11 - 40 所示。

3）可通过对选中的构件单击鼠标右键，选择"替换视图中的图形"以"按图元"的方式替换掉选中构件的线条的"填充图案"（若视图剖过构件则选择"截面线"，没有则选择"投影线"），选择该方式后，可供修改的对话框及设置位置如图 11 - 41 所示（可改为虚线或专用的线型）。

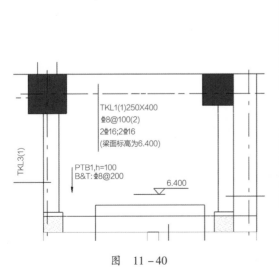

图　11 - 40

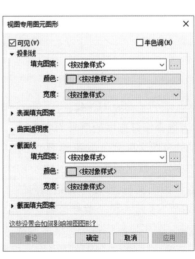

图　11 - 41

4）也可通过"遮罩区域"或"填充区域"来修改显示方式（如将遮罩区域的边界线的线型修改为虚线或专用的线型），该方式在本丛书的《BIM 建模工程师教程》一书中已有讲解，属于建模工程师必备技能，此处不再详述。

第 5 节　图纸校对、变更及修改

在实际项目审图的时候会发现很多问题，这时候就需要标注出来，让设计人更改模型，可以用 Revit 中"云线批注"的功能来圈出错误。

5.1　图纸校对

1．"云线批注"命令

单击"注释"选项卡下"详图"面板中的"云线批注"命令，然后可在图纸视图中绘制云线，圈出错误位置。圈完后单击选项卡中的"√"即完成云线批注。

2．"修订"命令

单击"视图"选项卡下"图纸组合"面板中的"修订"命令，在弹出的"图纸发布/修订"对话框中可修改或指定批注的各项信息，如图 11－42 所示。

（1）"修订编号"列

1）此列用于显示修订方案的序号无法直接单击编辑，需要单击对话框内"编号选项"分组下的"数字"按钮，在弹出的"自定义编号选项"对话框中选择起始编号及所有编号的前、后缀，如图 11－43 所示。

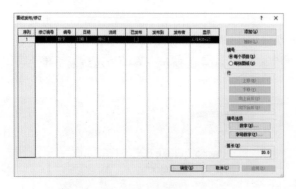

图　11－42　　　　　　　　　　图　11－43

2）当选择修订方案的序号为字母时，单击对话框中"字母数字"选项卡，可在该对话框中设置要使用的自定义序列（如果需要）的字母、数字或其他字符，当所设置的序号依次使用完时，再次添加序号会双倍显示（例如 AA、BB），同时可在此处设置所有序号的前、后缀（图 11－44）。同时，当"图纸发布/修订"对话框内的"编号"分组内设置为"每个项目"时，"修订编号"列会显示根据"序列"和"编号选项"生成的实际修订编号。当"编号"设置为"每张图纸"时，"修订编号"列不显示，每张图纸序号都从 1 开始。

（2）"编号"列　"编号"列用于控制"修订编号"列的序号显示状态，分别是"数字"显示、"字母数字"显示及"无"（不显示），如图 11－45 所示。

图　11－44　　　　　　　　　　　　图　11－45

（3）"日期"列　"日期"列用于编辑和设置该修订方案（一行为一个修订方案）的修订日期，可直接编辑。

（4）"说明"列　"说明"列用于设置该修订方案的修订信息。

（5）"已发布"列　"已发布"列用于设置该方案是否发布，勾选该状态的情况下，该方案所有设置均无法编辑。

（6）"发布到"列　"发布到"列用于设置发布目标，文字说明类信息。

（7）"发布者"列　"发布者"列用于说明发布人信息。注意，当所有方案均设定为已发布时，再次绘制云线批注则无法使用修订方案，此时云线批注将创建失败，创建未发布的新方案后方可成功。

（8）"显示"列　"显示"列用于设置绘制出的云线批注是否显示云线及标记，其中标记的显示需要使用标记类命令对绘制出的云线进行标记，该标记将显示云线的序号，未标记状态下则不显示。如"显示"设置为"无"，则云线及标记无论是否绘制，该方案的云线及标记都不显示；如设置为"标记"，则隐藏云线，隐藏后也可使用标记类命令将标记显示；如设置为"云线和标记"则全部显示（标记已添加），如图 11－46 所示。

（9）"编号"分组　"编号"分组用于设置编号的设置方式（图 11－47），设置为"每个项目"则表示在设置方案时，序号代表的方案整个项目唯一且不重复；设置为"每张图纸"时，则序号代表的方案是对于当前图纸唯一，并且此时"修订编号"列不显示。

（10）"弧长"分组　"弧长"分组用于设置绘制出的云线的弧长，同时弧线密度随视图比例改变，视图比例为 1:1 时，弧线单位为 mm，例如绘制一条长 100mm 的云线，弧长为 20mm 时则出现 5 条弧线。

（11）"行"分组（图 11－48）

图　11－46　　　　　　图　11－47　　　　　　图　11－48

1）该分组用于设置修订方案的行设置，"上移""下移"决定修订方案在表内的位置，方案位置的上下移动不影响序号的位置，假如序号 2 的方案"上移"一行，则序号 2 将变为序号 1。

2）"向上合并"和"向下合并"用于将修订方案合并，如要将方案合并，所选修订行的信息

（包括"日期""说明""发布到"和"发布者"值）将舍去，同时，应用了该方案的云线批注将自动更改修订方案为被合并后的方案。

3."属性"面板的"修订"参数

当修订方案创建成功，绘制云线批注时或绘制完成后选中云线批注，可通过"属性"面板的"修订"参数属性来修改当前绘制的或选中的云线批注的修订方案。同时属性面板也将显示修订方案的各项信息，如图 11－49 所示。

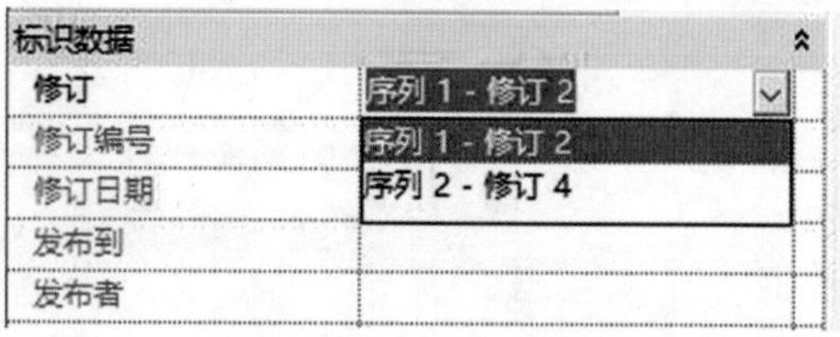

图　11－49

5.2　图纸修改

在项目各类平、立、剖、三维视图中，对模型修改后对应添加的图纸视图内的模型视图内容将同步修改，如需要在图纸视图中直接修改，可通过在图纸视图中选择对应的模型视图，然后单击"修改｜视口"上下文选项卡的"激活视图"命令，此时对图纸的修改将同步到对应的视图及模型，或者在图纸视图中对模型视图进行双击也可进入该状态。

退出"激活视图"状态需要在被激活的模型视图范围外双击鼠标左键即可退出，或者鼠标右键单击空白区域，在菜单中选择"取消激活视图"。模型视图范围在光标放置在模型视图上时的显示是围绕视图一圈的黑框，如图 11－50 所示。

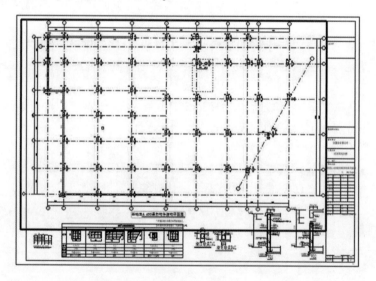

图　11－50

第 6 节　数据输出

6.1　数据统计及导出

Revit 中的各类信息统计一般以明细表为主，明细表的创建及导出在本丛书的《BIM 建模工程师教程》一书中已有讲述，属于建模工程师的必备技能，此处不再详述，此处仅讲述"修订明细表"。

　　新建图纸时，有时需要统计图纸内的修订方案方便查看，有了修订明细表，即使修订的云线已经隐藏也可以将其显示在表内。如果需要，也可以指定将其他修订（不是视图中的云线批注方案）显示在修订明细表中。

　　1）新建族，以标题栏文件夹内任意图幅为族样板（A0～新尺寸公制均可），单击"视图"选项卡下"创建"面板中的"修订明细表"命令，如图 11 - 51 所示。

图　11 - 51

　　2）在弹出的"修订属性"对话框中，默认已经添加了四个"字段"（"修订序列""修订编号""修订说明""修订日期"），根据需求选择对应的字段添加或删除。这些字段与项目的"图纸发布/修订"对话框的列相对应，例如"修订序列"字段与该对话框的"序列"列相对应，如图 11 - 52 所示。

　　3）根据需要设置"修订明细表"对话框中的"排序/成组"方式，但应确保勾选"逐项列举每个实例"。

　　4）设置"修订明细表"对话框中的"格式"，使其按照需求显示对应字段在图纸中应显示的名称及对齐方式。如果要使用该字段进行排序或成组，但不希望其显示在修订明细表中，应勾选"隐藏字段"选项，其中"修订序列"字段默认情况下已勾选"隐藏字段"选项，如图 11 - 53 所示。

图　11 - 52

图　11 - 53

　　5）根据需求设置"修订明细表"的"外观"，其中与其他明细表设置有所不同的是，"图形"分组中多出了"自上而下"和"自下而上"两种明细表显示方式（图 11 - 54）。设置为"自上而下"时，明细表放置到图纸中的显示方式与其他明细表显示相同，设置为"自下而上"时，明细表的表头部分将显示在整个明细表下方。如图 11 - 55 所示为修订明细表两种设置的显示结果。

　　6）完成以上设置后，单击"确定"明细表将创建完成，同时视图将切换到明细表视图，此时可根据"修改明细表/数量"选项卡下的各类命令对明细表进行修改，但在该视图的属性面板中无法再次对明细表进行修改，需要单击"项目浏览器"内"视图"分组下"明细表"分组内的明细表名称，此时才能对明细表进行修改。

　　7）单击"项目浏览器"内"图纸"分组，双击"－"，即可返回图纸视图，此时，单击"项目浏览器"内修订明细表名称，即可将其拖拽入视图内，放置成功后，明细表行数可通过单击选中修订明细表后，拖动表尾的蓝色原点来增加或减少行数（自上而下设置时，原点在表下方，自下而上设置时，原点在表上方）。

8）完成后，继续完善图框内其他部分如标题栏等信息，创建方式请参考第 10 章第 4 节及本丛书《BIM 建模工程师教程》的对应内容。图框完善后，载入项目中新建图纸，在当前图纸内创建"云线批注"后，"修订明细表"内将出现对应的修订方案，如要将其他方案一同在该图纸视图内的图框中显示，单击当前视图中的空白处，在未选择/未创建/未编辑状态下单击"属性"面板中"标识数据"分组下"图纸上的修订"参数后的"编辑"按钮，在弹出的"图纸上的修订"对话框中，将要显示的方案勾选即可，如图 11 –56 所示。

图　11 – 54

图　11 – 55

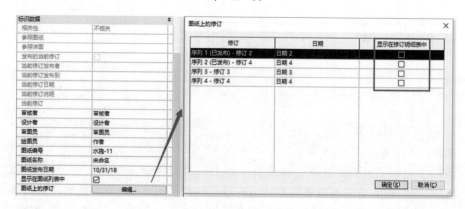

图　11 – 56

6.2　图纸信息输出

Revit 中的图纸输出在本丛书《BIM 建模工程师教程》一书中已讲述，属于建模工程师的必备技能，此处不再详述，仅简单讲述导出为 DWG/DXF 的一些设置功能。

选择图纸或视图导出为 DWG 格式时会弹出"DWG 导出"面板，此处讲述"选择导出设置"部分。

1）单击"任务中的导出设置"下拉列表后的"..."按钮，如图 11 –57 所示。

图　11-57

2）如图 11-58 所示，在弹出的"修改 DWG/DXF 导出设置"对话框中，在导出设置列表内可通过左下角的"新建"或"复制"按钮创建导出设置。

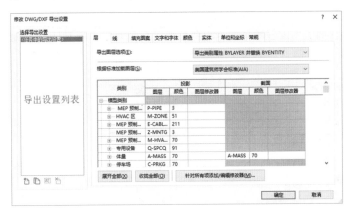

图　11-58

3）图 11-58 的右侧是对于导出的具体设置，其中"层"选项卡用于设置导出为 DWG 格式时，各个模型的投影状显示或截面显示的图层设置和颜色设置，其中颜色部分为 CAD 颜色代码，不同的颜色代码对应不同颜色，共 255 种（可参考随书附件"CAD 颜色代码对照表"）。"层"选项卡内"导出图层选项"共三个。

①设置为"导出类别属性 BYLAER 并替换 BYENTITY"时，导出为 DWG 格式后，所有模型均按照下方图层设置的图层名称及线颜色导出，但如有个别图元设置了其他的线颜色时，该图元将按照替换后的结果导出，即图层名称一致但线颜色不一致。

②设置为"导出所有属性 BYLAER，但不导出替换"时，导出为 DWG 格式后，所有模型无论是否设置过线颜色或模型颜色均按照下方设置的图层及颜色导出。

③设置为"导出所有属性 BYLAER，并创建新图层用于替换"时，导出为 DWG 格式后，如有个别图元设置了线颜色或模型颜色，将为该图元创建一个新的图层并按照替换的颜色导出，其中新的图层名称为"原图层名称-1"，其他所有模型依旧按照原设置导出。

 注意：以上提到的设置其他颜色等操作指的是对图元单击鼠标右键后选择"替换视图中的图形"。

4）"线""填充图案""文字和字体"三个选项卡指定的是 Revit 模型在对象样式中设置的线型显示、填充图案、文字字体转化为 DWG 格式时的显示结果，一般情况下无需改动（视图中的设置不会影响导出结果），"自动生成填充图案"即可。

5）"颜色"选项卡用于设置导出后的图元颜色设置，共有三个颜色设置。

①设置为"索引颜色"时，导出为 DWG 格式后，按照"层"选项卡的设置导出颜色。

②设置为"对象样式中指定的颜色"时，导出为 DWG 格式后，原"层"选项卡设置将不启用，将会以"对象样式"中的设置来导出颜色。

③设置为"视图中指定的颜色"时，原"层"选项卡设置将不启用，将以视图属性中的"可见性/图形替换"内设置的颜色来导出颜色。

6）"实体"选项卡内的设置用于当直接将三维视图导出为 DWG 格式时，如果是"多边形网格"，则在导出 DWG 格式里，模型将由多个连续的线组合成一个整体，如果是"ACIS"实体时，则会成为一整个整体。

7）"单位和坐标"选项卡内的设置一般无需更改，默认即可。

8）"常规"选项卡内应注意的是，下方有些选项无法直接查看到，需要双击整个对话框的下边线才能正常显示，显示出的"默认导出选项"可以设置在导出为 DWG 文件保存名称时的默认设置，一般应取消勾选"将图纸上的视图和连接作为外部参照导出"，"导出的文件格式"应设置为较低版本，因为 CAD 的版本高低不影响导出的质量，反而高版本的 CAD 可能让接收方打不开。

课后练习

1. 在 Revit 中，有时为了保证标记族能适应不同情况下的需求一族多用，一个族文件中往往保存了多个标签，但是在开始使用多个标签内容的同时显示使得信息杂乱不堪，为了解决这个问题，可以用下列（   ）功能来解决。

    A. 可见性参数化　　 B. 创建多个族类型　　 C. 图形替换参数化　　　 D. 创建多个族

2. 在 BIM 设计完成后，出图时，对于竖向构件或者水平构件的提资，提资视口应（   ）。

    A. 只显示竖向构件或者水平构件　　　　 B. 删除无关紧要的竖向或水平构件

    C. 隐藏无关紧要的竖向或水平构件　　　　 D. 不需要对其多加处理，各类信息越多越方便提资

3. 在 Revit 中，项目内默认的各大类族参数本身不足以满足设计上的信息展示需求，因此，可以使用下列（   ）功能满足这一设计需求。

    A. 创建共享参数　　 B. 改变项目信息　　 C. 添加项目参数　　　 D. 改变结构设置

4. 在 Revit 中，当个别墙体需要更换其表面及截面在三维视图的显示方式使其和图例一致时，下列（   ）功能可以满足。

    A. 可见性/图形替换　　　　　　　　 B. 对象样式

    C. 更换材质　　　　　　　　　　　 D. 按图元替换视图中的图形

5. 在以 Revit 软件作为 BIM 设计阶段的平台后，在将图纸信息进行数据输出时，图纸的校对、变更及修改信息如果需要显示在图纸中，最方便的方式是（   ）。

    A. 添加文字注释进行示意　　　　　　 B. 添加修订明细表进行说明

    C. 添加多个图纸图框　　　　　　　　 D. 在图纸上用云线标记出对应位置

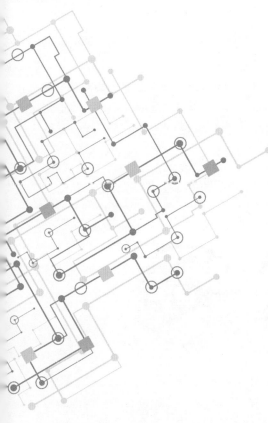

第 3 部分
Bentley AECOsim
案例实操及应用、Tekla
及其他软件应用介绍

第 12 章　Bentley AECOsim 案例实操及应用

第 13 章　Tekla 软件结构 BIM 解决方案

第 14 章　其他软件介绍

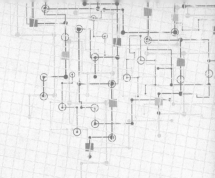

第 12 章
Bentley AECOsim 案例实操及应用

第1节　Bentley BIM 解决方案及工作流程

1.1　Bentley BIM 解决方案

1. Bentley 解决方案架构

Bentley 是一家具有 30 多年历史的软件公司，主要业务是为基础设施行业提供全生命周期的解决方案。从行业覆盖上来说，几乎涵盖了各个基础设施行业，例如，建筑、工厂、市政、轨道交通、园区、变电、污水处理、新能源、数字城市等。Bentley 公司大约有近 400 种软件产品，覆盖从设计、施工到后期运营维护和退役处理的各个环节。

BIM 技术在基础设施行业的应用过程就是数字化工作流程的应用过程。从全生命周期的角度，这个工作流程需要基于一个互联的数据环境，通过综合建模环境下的多专业协作工作流程和综合性能环境下的全生命周期应用来实现，如图 12 - 1 所示。

图　12 - 1

2. 互联的数据环境

BIM 数字化工作流程是通过互联的工作环境来实现的，而互联的工作环境又根据数据所处的状态不同，分为综合建模环境和综合性能环境。

（1）综合建模环境　对于综合建模环境来讲，解决的核心问题是"**多专业协作**"，管理对象是过程中的 BIM 数据，需要确保数据被正确创建、被正确移交。在这个工作过程中，需要齐全的专业设计工具、统一的建模平台，同时也需要一个协同的工作平台来进行管理。

对于不同的专业来讲，需要通过不同的专业模块形成"数字工程模型"，而在这个工作过程中，也需要每个专业通过统一的内容创建平台 MicroStation 进行实时的数据协同。

MicroStation 工程内容创建平台（图 12 - 2）：用来支持多专业的应用工具集，几乎所有的专业应用模块都是基于 MicroStation 的，这就意味着专业间可以实时协同，无需转换。同时 MicroStation 具有非常强的数据兼容性，支持 dwg、skp、obj、fbx、rvt、rfa、ifc 等近 80 多种数据格式。

图　12 - 2

在 MicroStation 平台上有丰富的专业模块，包括：

AECOsim Building Designer（简称 ABD）：建筑类的专业模块，本书的 Bentley 部分就是以此为核心。

ProStructural：结构专业施工级详细模型应用，包括钢结构和混凝土两个模块。

Staad. Pro、RAM 系列：常用结构分析模块，除此之外，还有很多的结构分析模块，例如 RM 用于桥梁的分析应用。

OpenPlant 系列：工厂类等级驱动类关系系统设计模块，涵盖工艺流程、管道、设备、支吊架、电气仪表等分支专业应用。

OpenRoads 系列：市政交通类专业设计模块，涵盖场地、道路、地下管线、综合管廊等应用。

OpenRail 系列：轨道类设计模块。

Substation 电气系列：包括变电、电缆桥架等系列应用。

上面列举的是常用的模块，截止到 2018 年底，Bentley 有将近 400 个专业模块，对应不同专业的应用需求。

除了通过这些专业的设计工具形成各专业的 BIM 模型以外，也可以利用航拍、无人机、点云等实景数据，通过实景建模的方式形成 "实景模型"。从某种意义上讲，在设计、施工阶段建立数字工程模型时，现实中的 "物理" 模型还不存在，或者只是存在于一部分施工过程中，而实景模型可以将原始的周围环境、施工过程中的状态准确地记录下来。通过与数字工程模型结合，将 "虚拟" 和 "现实" 连接起来。图 12 - 3 是 Bentley 实景建模技术的应用场景。

图　12 - 3

ProjectWise 协同工作平台（图 12 - 4）：对于多专业协同的数字化工作流程，需要一个协同工作平台对工作过程进行管理，这样才能提高整个项目的效率。ProjectWise 就是这样的角色定位，它可以基于 B/S 和 C/S 结构进行部署，支持云相关技术的应用。

图　12 - 4

ProjectWise 可以对基础设施行业多专业协作过程中的工作内容进行分级授权管理，对企业级的工作标准进行统一控制，对工作流程进行自动化控制。

ProjectWise 作为协同工作平台，不仅仅可以与 Bentley 的设计模块协作起来，也可以与其他的软件集成。例如 AutoCAD、Revit、Office 系列等。同时，它可以作为数字化移交的平台，实现构件级的管理，用于将设计、施工的 BIM 数据移交到后期的运维环节。

（2）综合性能环境　对于综合性能环境来讲，解决的核心问题是 "**数据综合应用**"，管理对象是运维中的 BIM 数据，需要确保运维数据与实际数据的一致性以及变更过程中的可靠性。例如，当一个水泵被更换时，需要确保运维系统中的对象数据被更新，相关联管道、阀门也做了相应的更新。

AssetWise 资产管理平台（图 12 - 5）：设计、施工的 BIM 数据最终都要通过数字化移交的方式，移交到后期的运营维护环节。AssetWise 根据运营维护的需求，将设计、施工的 BIM 数据与运营维护的数据进行结合，例如备品备件信息、检修信息、供应商信息等，建立一个满足后期运营维护的"数据模型"。数据模型是指数据之间的逻辑关联关系，而不是指三维的形体模型。

图 12-5

综合性能环境是用来为资产的运营维护服务的。通过建立"数据模型"将三维信息模型数据、财务数据、运维数据、人员管理与培训等运维信息连接起来。通过变更管理、关键设备可靠性、备品备件管理等手段，保证资产 Asset 的可靠性，用于与企业的其他系统进行集成，例如 OA、ERP 等。

综合性能环境是通过人员、流程和技术来保证资产的性能，也就是让资产满足设计要求。这里涉及"关联关系管理"的概念，因为需求不同，构件在运维阶段的关联关系也不同，如图 12-6所示。例如，一个阀门在运维阶段会与房间产生联系，因为它的关闭会决定房间是否受影响。

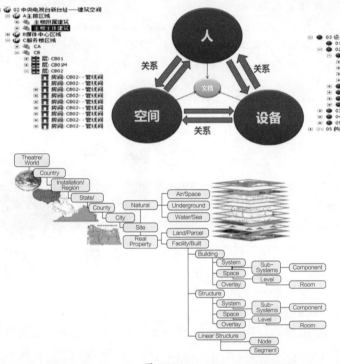

图 12-6

其他的应用系统，例如企业 OA、ERP 系统，也可以从这个运维系统中提取数据，如图 12-7所示。

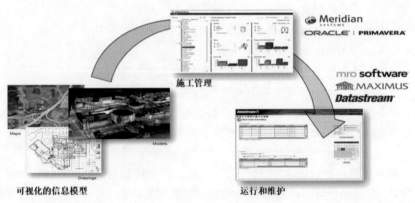

图 12-7

3. BIM 解决方案应用

对于 BIM 在全生命周期的应用来讲，是通过综合建模环境和综合性能环境来建立数字化的工作流程。

为了实现上述目的，需要对整个 BIM 应用所采用的解决方案进行配置，图 12 – 8 是一个典型市政工程的 BIM 解决方案应用的案例。除了传统的建筑类专业外，还需要地质、总图等专业的配合。

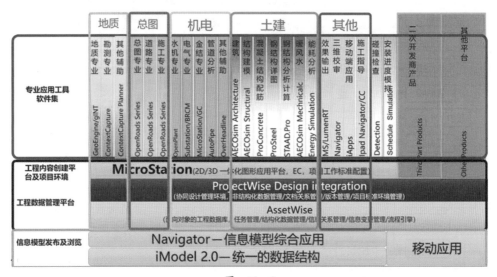

图　12　8

由图 12 – 8 可知，Bentley BIM 解决方案分为三个应用层次。

1）"专业应用工具软件集"解决了多专业协作过程中每个专业都有特定的工具软件问题。

2）平台层，是通过 MicroStation、ProjectWise 和 AssetWise 三个平台，解决了全生命周期中协同协作的问题。

3）"信息模型发布及浏览"解决了数据存储与交流的问题，也包括了与其他工程数据的兼容。

Bentley BIM 解决方案定位于全生命周期应用，通过综合建模环境和综合性能环境来建立 BIM 数字化的工作流程。对于某个具体行业的应用来讲，Bentley 通过工具集、平台支持和数据支持进行解决方案的配置。

1.2　Bentley BIM 设计流程

Bentley BIM 解决方案是基于全生命周期的，包括设计、施工、运维以及某些行业的退役过程。每个环节都有一个数字化的工作流程与之对应。下面以设计环节为例介绍工作流程。

需要注意的是，BIM 的工作过程在于优化工作流程，这也包括不同环节的配合过程。所以，对于设计环节来讲，除了使用设计工具、协同平台外，还需要用到一些运维的工具来校核、检验设计的成果是否符合后期的运维需求。例如，通过空间规划的工具检测建筑设计的空间布置是否满足后期运维的功能需求。

下面以建筑行业为例，说明 Bentley BIM 解决方案的工作过程。

对于一个包含传统建筑专业的综合项目来讲，可以使用不同的工具建立多专业的三维信息模型，如图 12 – 9 所示。

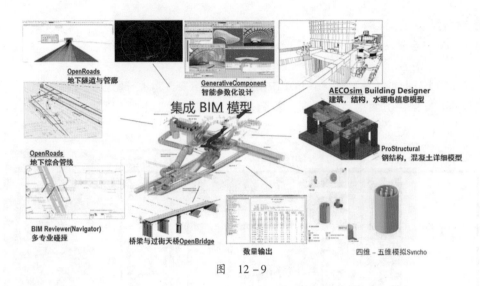

图 12 - 9

不同的软件通过一个协同的工作过程，形成了多专业的三维信息模型，输出相应的设计成果，为后期的施工和运维打好模型基础。

1. 建筑专业设计

对于一个建筑项目来讲，需要从场地规划和建筑设计开始。首先需要根据所涉及建筑的外围环境、建筑性能规划来进行综合考量。

应用 Bentley Map、OpenSite 等模块，设计团队可以评估毗邻环境的使用情况对环境的影响，并开始建筑布局的评估，应用 OpenRoads Designer 的场地改造来做雨水控制、道路、停车场和建筑平面布局的评估，如图 12 - 10 所示。在这个过程中，也可以通过实景建模技术形成更加真实的环境场景模型，以优化设计方案。

当整体方案确定后，建筑专业会进行建筑内部的详细设计，包括了不同功能房间的布置、开间布局、具体三维模型的布置等。

当方案布置完成后，可以与规划初期的设计用途进行校核，判断各种功能区域是否满足设计需求，并在此基础上进行优化，如图 12 - 11 所示。

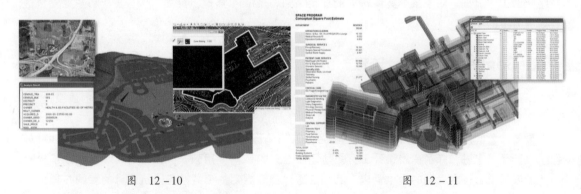

图 12 - 10　　　　　　　　　　　　　图 12 - 11

初步设计完成后，可以将设计模型与实景模型相结合，如图 12 - 12 所示。

也可以输出到 LumenRT 中进行真实场景的展示，也支持虚拟现实技术，如图 12 - 13 所示。

图　12 - 12

图　12 - 13

在 ABD 中，可以采用参数化的设计工具和三维的设计环境，快速地表达设计创意，通过与实景技术的结合，更加有效地考虑与周围环境的协调一致。通过内置的 Luxology 渲染引擎和 LumenRT 表现手段，可以更加真实、容易地表达设计创意。

2. 结构专业设计

结构设计和建筑设计几乎是同时进行的过程，一起探讨整体设计方案，通过基于 ABD 的实时参考技术很容易做到这一点。

当建筑设计方案确定后，结构专业开始利用 ABD 进行详细的结构设计过程。考虑各种荷载因素，结构工程师利用 ABD 建立初步的结构模型后，通过 ISM 文件交换技术，使用 Staad. Pro、RAM 等分析工具进行结构分析。根据分析结果对设计进行调整，如图 12 - 14 所示。

3. 设备专业设计

设备专业设计包括了暖通、给水排水、消防、燃气等管线的设计内容。对于暖通专业设计来讲，首先需要进行负荷计算，确定每个房间的负荷，以选择合适的暖通设备，通过水利计算，确定相应的管径。

使用 ABD 的 Energy Simulator 可以进行能耗计算和分析模拟，并支持 LEED 认证，计算模块可以直接读取建筑对象的房间对象，只需设置维护结构热工参数和气象数据就可以完成计算过程，如图 12 - 15 所示。

图　12 - 14

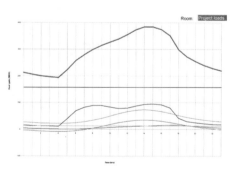

图　12 - 15

负荷计算完成后，根据计算结果进行参数化的布置，如图 12 – 16 所示。

4. 电气专业设计

电气专业设计包括了动力照明设计、火灾报警系统和桥架系统设计。设计的过程，需要参考建筑、结构等专业的三维模型，以精确定位电气设备。对于照明设计过程，可以与 Relux 或者 Acruity Brands 集成，进行照度分析，并根据结果自动布置灯具，如图 12 – 17 所示。

图　12 – 16

光照分析

图　12 – 17

上述是一个简单的建筑项目中各专业的协同工作过程，对于某些特殊的项目，还需要特殊的专业支持。例如，对于医院项目，还包括了医用管道的设计内容，这属于有压力的管道，需要使用 OpenPlant 软件来设计压力管道，并与其他管道类型进行管道综合，如图 12 – 18 所示。

OpenPlant 是专为具有等级驱动（Spec）概念的压力管道设计的，可以使用 Isometric 自动提取生成系统图。

图　12 – 18

由于 OpenPlant 和建筑系统使用同一个平台 MicroStaion，所以这个过程是实时的协同工作过程。

通过上述设计过程，可以形成一个多专业三维信息模型，如图 12 – 19 所示。

地理信息　场地　建筑　结构　暖通　给水排水　电气　FM运维

图　12 – 19

5. 协同工作

BIM 的工作流程需要一个系统的工作环境。上述的整个工作过程是基于 ProjectWise 的协同环境下进行的。

综上所述，对于一个 BIM 工作流程来讲，既需要齐全的专业设计工具，又需要协同的工作过程。对于设计过程来讲，需要根据项目需求、人员角色进行工作流程的梳理，工作流程也简称工作流（Workflow），划分为三个部分，分别是建模工作流（图 12 – 20）、审核工作流（图 12 – 21）和文档生成工作流（图 12 – 22）。

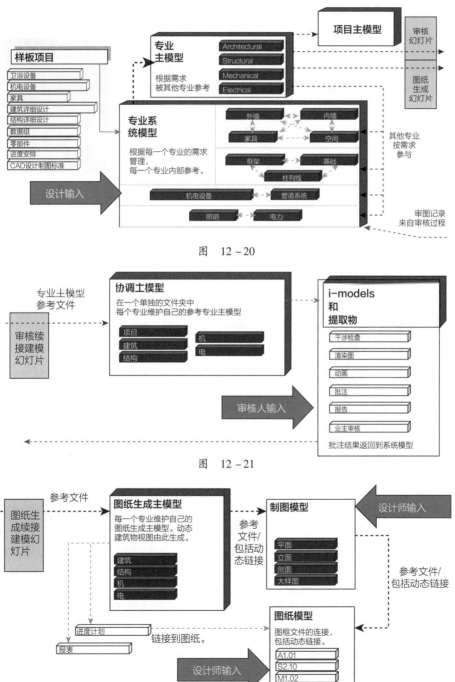

图　12 – 20

图　12 – 21

图　12 – 22

1.3 学习资源

由于篇幅限制，对于 Bentley 的实例操作部分，内容重点放在操作的流程和原则上，对于一些细节内容不再赘述，可以使用如下学习资源掌握更多的内容。

● 微信公众号

可以关注微信公众号"BentleyBIM 问答社区"（非官方）来获取学习资源、软件试用、视频教学及案例分享（图 12 –23）。上面也有 Bentley 更多的软件模块试用下载和介绍。

图 12 –23 BentleyBIM 问答社区

● 图书资料

对于 ABD 的环境定制和整体 BIM 应用流程，可以参考《AECOsim Building Designer 协同设计管理指南》和《Bentley BIM 解决方案应用流程》（图 12 –24），目前这两本书都是基于 V8i 版本，但原理一样，后续会陆续更新到 CE 版本。

● 论坛支持

在学习过程中，有问题可以通过中国优先社区：http://www.bentley.com/ChinaFirst 获得更多的技术支持（图 12 –25）。

图 12 –24   图 12 –25

第2节 AECOsim Building Designer 通用操作

Bentley 所有的建模工具都是基于统一的建模平台 MicroStation，无论安装了 AECOsim Building Designer（简称 ABD）、ProStructural、BRCM、Substation 还是 OpenPlant，MicroStation 都会被自动安装，或者被"内嵌"在专业应用模块里。在某种程度上来说，ABD 只不过是 MicroStation 平台上的一系列针对建筑类应用的插件，所以，所有的 MicroStation 操作在 ABD 里都是有效的，也可以启动单独的 MicroStation，如图 12 –26 所示。

由于篇幅限制，不讲解 MicroStation 和 ABD 的全部内容，只是通过一些典型的实例操作讲述应用的原则。

图 12 –26

2.1　启动 AECOsim BD

当启动 AECOsim BD 时，系统首先弹出如图 12 – 27 所示的界面，可以通过相关的链接查看相关的案例、学习课程和一些 Bentley 的新闻公告。如果是商业授权用户，右上角为账号登录状态。单击"头像"，可以进入企业的项目管理站点。

图　12 – 27

单击图 12 – 27 中的""按钮，进入 ABD 的项目管理界面，在 ABD 中，以项目为单位来组织工作内容，称为工作集 Workset。多个专业的人员使用同一个工作集进行工作，工作集中保存了大家共同使用的对象类型、标注样式、字体样式、出图模板等。ABD 已经预置了不同国家和地区的工作集模板，工作集的使用，不依赖于 ABD 的语言版本，在英文版的 ABD 上，仍然可以使用具有中国设计环境的工作集。在安装 ABD 时，可以在安装过程中选择需要使用的工作集。在工作时，可以以此为模板，建立自己的工作集来管理自己的项目内容，如图 12 – 28 所示。

可以建立多个工作集来管理多个工程项目。工作集的标准设计环境，可以通过局域网共享或 ProjectWise 托管的方式，实现工作标准的统一管理。在这里，以预置的中国标准工作集为模板"BuildingTemplate_CN"，新建一个"Building-Project1"的工作集，如图 12 – 29 所示。

图　12 – 28　　　　　　　　　　　　　　　　　图　12 – 29

在建立工作集的过程中，系统需要设定工作集的根文件夹，以用来在这个位置存储模型图纸和标准等内容。如果没有 ProjectWise，也可以通过局域网共享的方式来使整个团队达到标准的统一。

然后，通过"浏览"或"新建"按钮，打开或者建立一个文件。在这里，建立一个"Project1-Arch-Floor1"的文件，文件的命名和划分，在后面的章节里会提到，这取决于如何组织工程内容，例如建筑的分层，还是暖通的分系统。

在这里需要注意的是，对于 ABD 的内容组织来讲，可以分为多个文件，以便于提高操作效率，毕竟打开一个大模型非常影响运行速度。整体模型，可以通过参考的方式组装起来。而对于多个文件所引用的"工作标准"，例如，一些库文件是放置在文件外面的。一个项目无论是几十个还是几万个文件，都可以通过指向同一个工作集设置来引用同一组标准。

在初次使用 ABD 时，会出现如下的对话框，这是对构件属性升级的提示，勾选"不再显示该警告"，如图 12 – 30 所示，然后单击"确定"即可。需要注意的是，这里的兼容提示，是指模型的属性可能用老版本无法显示，因为新版本用了新的工作集环境。而对于 DGN 文件来讲，甚至可以用十年以前的 MicroStation 或者老的应用软件打开。Bentley 在这方面是与其他厂商不同的，它的软件功能升级后

图　12 – 30

不影响文件格式，文件格式可以保持一个非常长的时间周期，一般是 15 年以上。

2.2　AECOsim BD 操作界面

ABD 的操作界面如图 12 – 31 所示，这是一个基于微软 Ribbon 的标准操作界面，其整体的操作逻辑和 Word 没有太大的区别。ABD 只不过在此基础上增加了一些独有的操作方式，同时按照专业对功能进行组织。

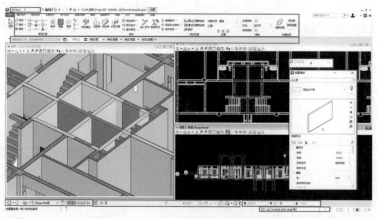

图　12 – 31

图 12 – 31 是一个创建墙体的典型 ABD 操作界面，中间是视图区域，每个视图上面都有操作视图的工具条，视图也可以像其他软件一样进行层叠、排列等，在这里不再赘述。

区域 1：功能分类区，通过下拉列表，可以选择 MicroStation 的各类功能以及 ABD 的各类功能，这个列表和功能的组织都是可自定义的。

区域 2：详细功能区，根据功能分类区的选择不同，会有不同的功能组合，当选择不同的工具时，也会有不同的参数设置。

区域 3：ABD 样式设置区，当在区域 5 中选择一类对象时，可以在区域 3 选择一种样式来控制对象的材质、图层、二维图纸表现、统计材料设置等。在 ABD 里，任何对象都用样式来控制所有的表现属性。

区域 4：工具属性设置，这个是 MicroStation 平台具有的公共设置。ABD 是基于 MicroStation 平台的，所以，无论是 MicroStation 的工具还是 ABD 的工具，都可以在这个属性框中设置属性，工具不同，可以设置的属性也不同。

区域 5：ABD 独有的属性设置，在 ABD 里创建对象的过程其实就是从 "库" 里选择的过程。这个区域可以进行选择，设置一些参数；也可以通过按钮来设置后台的库。需要注意的是，这个库存在于工作集中，并没有存储在文件中。

区域 6：历史记录和视图开关区，可以通过左侧按钮的下拉列表打开最近操作的文件，右侧可以决定打开几个视图。

区域 7：楼层选择，在 ABD 里楼层是个标高位置的概念，与其他的对象没有逻辑的关联，选择一标高后，对象的定位点就放在这个高度，相当于辅助坐标系 ACS。后续会结合精确绘图来讲如何使用。

区域 8：精确绘图坐标，这是 ABD 的定位核心，在一个三维空间中精确定位，靠的就是 ABD 的精确绘图坐标系，在这个坐标系窗口激活的情况下，可以输入很多的 "精确绘图快捷键"，来控制三维空间的精确定位。熟练使用精确绘图坐标，将大大提高在三维空间的操作效率。

区域 9：锁定捕捉设定区域，一些锁定的开关和属性的捕捉的设置。

2.3　内容组织与参考

在 ABD 中，倾向于将不同专业、不同楼层、不同系统、不同部位的模型放在不同的 dgn 文件中，然后通过灵活的参考技术，将不同的模型 "组装" 在一起。虽然，对 MicroStation 这个平台来讲，具有非常优秀的大模型承载能力，但从操作效率上来说，采用分布式的存储，效率更高。例如，可以建立一个空文件，将一层的建筑、结构、机电等专业的模型参考进来，形成一层的全专业三维信息模型，整个建筑、整个园区也是通过这样的方式，如图 12 – 32 所示。

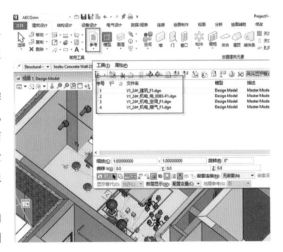

另外，专业之间通过参考的方式可以保持内容的独立和权限控制，同时可以实现实时的协同过程。对于一些大型项目来讲也更具优势。

图　12 – 32

对于一个项目或者一个专业的多人协作来讲，都是在同一个三维空间中来工作的，对于定位来讲，最简单的方式是参考同一个平面图和同一组标高设置。但对于一个复杂的项目，仍然需要制订一些规则，以下内容供参考。

1. 文件划分

传统的建筑项目更倾向于用 "层" 的概念来进行文件划分，但对于一些外立面的设计，例如玻璃幕墙的设计反而是不对的，因为这样的文件划分会将一个 BIM 对象的 "整体" 划分为不同的部分，当组装在一起时，会产生中间的接缝。所以，在 BIM 设计模式下，更应该尊重实际的划分原则，图 12 – 33 是 BIM 设计模式下的实际划分案例。它是将一个建筑的电梯间、外墙、结构对象分成三个文件放置，然后参考在一起，形成整个建筑的模型。而传统意义上，建筑是按照层来划分的。在 BIM 工作流程中，可以采用更加灵活的方式。

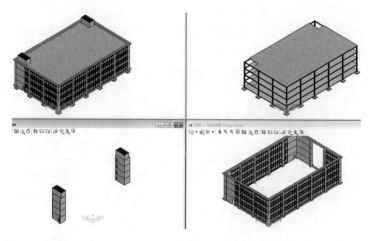

图 12－33

对于文件的划分原则，行业不同，专业不同，也会有很大的差异。但总的原则基于两点：

（1）本专业的应用需求　例如，建筑专业以层为模型的组织单位，将不同层的建筑模型分别放置在不同的文件里。对于建筑管道专业，在层的基础上，还可能分系统进行文件划分。

（2）专业之间的配合关系　在制订本专业的模型划分时，也要考虑到将来被其他专业参考的使用细节，以便于其他专业有针对性地引用某一具体文件，而不是整个模型。

对于文件的层级按照如下原则进行划分：专业、区域、模型文件，例如，厂房－主厂房－208.5 高程.dgn

2. 建议规则

建议规则如果对于一个项目能够形成标准，将大大提高整体协同的效率，由原来的口头交流变成根据规则解读含义。

（1）文件命名　文件命名规则的设定是为了"见名知意"，从而提高专业之间的沟通效率，当引用其他专业的工程内容时，通过名字知道文件里的内容。文件的命名规则和工程内容的组织规则、目录结构类似。文件的命名分为 5 部分，各部分以英文的下划线为分隔符号"_"，如图 12－34 所示。例如，××小区_24#楼_建筑_一层_赵某某.dgn。

| 项目名称 | 专业名称 | 区域名称 | 模型划分 | 设计者 |

图 12－34

对于文件命名，推荐采用英文字符的方式，因为中文的某些符号会有全角和半角之分，而且命名要尽量简短。例如，Sub14-DWL-Arch-F1-YolandaLee.dgn。

（2）文件目录　项目的目录结构设置分为三部分：

1）标准设置。这部分内容是全专业都需要遵守的规定，使用的资源。

2）工作流程。将工作过程分阶段存放相应的内容。

3）专业目录。每个专业都有自己的专业目录，在专业目录里又划分为不同的工作区域，每个工作区域里又根据自己的工作过程分为三维模型、二维图纸、提交条件、轴网布置等。对于 BIM 的工作过程来讲，应该把数据放在同一个位置，采用同一个目录，这才是协同的基础。如果采用 ProjectWise 的协同工作平台，可以为不同的工程师设定不同的权限。例如，建筑工程师对于暖通的目录结构中的数据，只能读取参考，而没有权限更改。图 12－35 是一个典型项目的目录结构，供大家参考。

　　每个专业下面又划分为不同的区域，并且放置一个目录作为所有专业的文件组装。专业目录结构如图 12－36 所示，专业内部工作流程如图 12－37 所示。

　　当一个项目很大时，甚至可以进一步划分。例如，可以对某个目录再进行划分，如图 12－38所示。

S01-标准及规定	2016/10/20 15:45	File folder
S02-设计说明书	2016/10/20 15:45	File folder
S03-设备材料表	2016/10/20 15:45	File folder
S04-设计附图	2016/10/20 15:45	File folder
S05-项目管理	2016/10/20 15:45	File folder
W01-方案设计	2013/3/18 14:59	File folder
W02-初步设计	2013/3/18 14:59	File folder
W03-详细设计	2013/3/18 15:00	File folder
W04-三维校审	2013/3/18 15:01	File folder
W05-管线综合	2013/3/18 15:00	File folder
W06-图纸输出	2013/3/18 15:02	File folder
W07-材料报表	2013/3/18 15:02	File folder
W08-施工组织	2013/10/23 18:27	File folder
W09-项目移交	2013/10/23 18:27	File folder
Z01-建筑专业	2016/10/20 15:45	File folder
Z02-结构专业	2016/10/20 15:45	File folder
Z03-暖通专业	2016/10/20 15:45	File folder
Z04-给排水专业	2016/10/20 15:45	File folder
Z05-电气专业	2016/10/20 15:45	File folder
Z06-精装专业	2016/10/20 15:45	File folder
Z07-市政专业	2013/10/23 18:21	File folder
Z08-园林景观	2016/10/20 15:45	File folder

图　12－35

00-专业组装	2013/11/21 8:47	File folder
01-C01号楼	2016/10/20 15:45	File folder
02-C02号楼	2016/10/20 15:45	File folder
03-C03号楼	2016/10/20 15:45	File folder
04-E01号楼	2016/10/20 15:45	File folder
05-E02号楼	2016/10/20 15:45	File folder

图　12－36

00-总装文件	2013/11/21 9:44	File folder
01-定位基准	2013/3/18 21:22	File folder
02-原始资料	2013/3/18 21:19	File folder
03-三维模型	2013/11/21 9:44	File folder
04-二维成果	2013/3/18 21:21	File folder
05-接收条件	2013/3/18 21:23	File folder
06-提交条件	2013/3/18 21:23	File folder
07-中间过程	2013/3/18 21:24	File folder

图　12－37

3. 文件组装

整个项目模型的组装按照如下层级进行。

　　1）基本专业模型文件。它是指某一个专业按照自己的文件划分原则形成最小单位的模型文件。

　　2）专业区域组装。将基本专业模型文件按区域划分并进行组装，例如，12 号楼建筑专业三维模型组装文件，"12 号楼"就是一个区域。由于在模型文件的工作过程中会相互参考，为避免重复引用，本层次参考时，"嵌套链接"设为"无嵌套"，即"No Nesting"，如图12－39 所示。

　　3）专业总装文件。将不同专业区域的总装文件进行总装，"嵌套链接" = 1。

　　4）全区总装。将各专业总装文件进行总装，"嵌套链接" = 2。所以，对于一个 BIM 项目来讲，"嵌套链接"最大到 2 就可以满足需求，同时在最底层的组装，"嵌套链接"一定等于 0，有效避免了同一个对象的多次引用，如图 12－40 所示。

　　在图 12－40 中，模型文件（绿色）工作过程中会相互参考，在进行组装时，"嵌套链接"等于 0 的情况下，总装文件里只看到 1、2、3 部分，其他的 4、5、6、7、8、9 由于模型文件是参考别人的，所以，在总装文件里看不到；如果"嵌套链接"等于 1，那么在总装文件里 4、5、6、7、8、9 就会被看到，但当再次参考 4、5、6 所在的模型文件时，就会出现在总装文件里同一个位置有两个模型，无法发现，这给后续出图、统计材料造成很大影响，如图 12－41 所示。

图　12 – 38

图　12 – 39

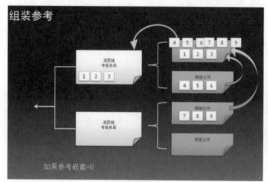

图　12 – 40

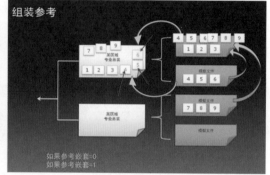

图　12 – 41

整个项目的目录组织结构如图 12 – 42 所示。

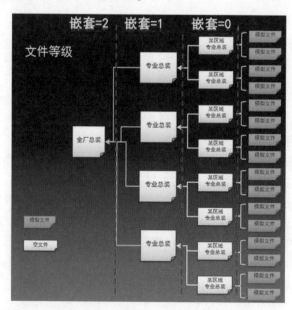

图　12 – 42

就经验而言，一般组装的层级也不会超过四层，多于四层很大程度上就属于特别复杂的项目。需要注意的是，上面介绍只是一种建议的方式，也可以不分级，但对于一些项目来讲，还是需要遵循规则。

2.4 标准库管理

ABD 工作的过程，就是从一个"库"里选择构件类型、型号，设置参数，然后放置的过程。这个"库"就是工作标准，不仅仅是一些三维信息模型的标准构件库，也保存了输出图纸所需的模板、切图规则、文字样式等。这些内容是保存在工作集里的，其工作过程如图 12 - 43 所示。

在 ABD 中，放置任何对象的对话框都是类似的，都是从这个"库"选择合适的类型和型号，然后通过定位进行放置，以完成三维信息模型的创建，如图 12 - 44 所示。

在任何放置界面右上角的灯泡图标都有一个下拉菜单，根据下拉菜单可以进入到"库"的操作界面，也可以通过单击图 12 - 45 所示的 图标命令，进入后台"库"的操作。

图   12 - 43   图   12 - 44

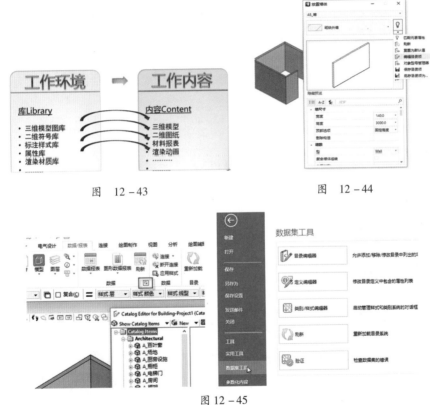

图 12 - 45

对于一个企业的项目环境来讲，"库"中保存了很多的内容。

2.5 三维建模环境

ABD 的工作环境是一个全三维的工作环境，可以在三维空间中直接定位，也可以像传统的二维设计一样，在一个二维视图中工作。通过定义标高来设定竖直方向的高度。

在这里说明一下，如果在新建文件时，选择了一个二维的模板文件，那么绘图空间就是二维的，没有 Z 坐标存在。

在 ABD 中，通过两种方式的组合来定位。

1. 辅助坐标系 ACS

辅助坐标系 ACS 保存在 dgn 文件中，可以被共享。ACS 是 MicroStation 的底层应用，后面讲到的 ABD 的楼层管理器核心就是一组 ACS，只不过是通过楼层来组织。

在图 12 -46 中，可以设置多个 ACS，通过双击某个 ACS 将 ACS 激活，当激活某个 ACS 后，需要锁定 ACS，才能使最后的点定位在 ACS 设置的平面上。如果没有锁定，则以捕捉的点为准。需要注意的是，ACS 里的定义是以世界坐标系为定位基点的，而且 ACS 的 Z 轴并不一定是竖直的，任何三个点都可以确定一个坐标系。例如 2m 的 ACS 设置如图 12 -47 所示。

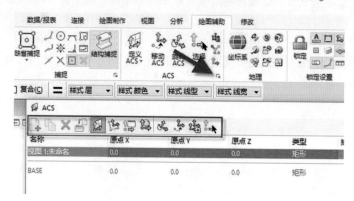

图　12 -46

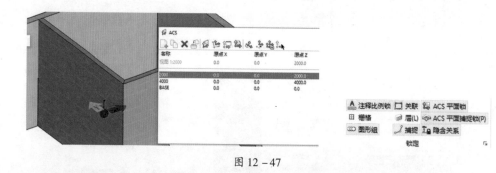

图 12 -47

捕捉高度为墙高 3m 以上的点，定位点将落在 2m，如图 12 -48 所示。

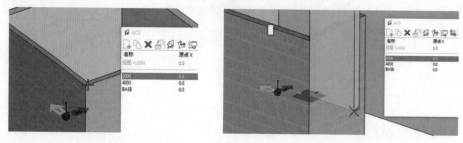

图 12 -48

2. 精确绘图坐标系 AccuDraw

使用精确绘图坐标系来控制鼠标移动的方向、距离、角度，也可以通过快捷键来做相应的辅助定位。所以，下面的 X、Y、Z 轴区域在激活的情况下，可以输入数值，以控制绘制对象的尺寸、偏移的距离等（图 12 - 49）；也可以通过快捷键来控制坐标系的方向。

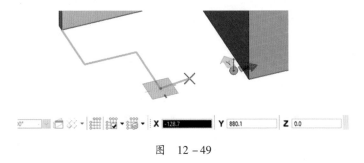

图　12 - 49

通过 F（ront）快捷键，使精确绘图坐标系与前平面对齐，以在竖直平面定位。

综上所述，通过辅助坐标系 ACS 和精确绘图坐标系 AccuDraw 可以非常灵活地在三维空间中进行定位。

建议学习相关的 MicroStation 定位操作，能提高效率，常用的快捷键主要有：

- 输入基于世界坐标系的点：P、M。
- 调整精确绘图坐标系方向：T、S、F。
- 将精确绘图坐标系放置在捕捉的点上：O，注意 ACS 的锁定情况。
- 基于精确绘图坐标轴旋转：RX、RY、RZ。
- 切换直角坐标系和极坐标系：M。
- 锁定坐标轴：回车键，再次回车解除锁定。
- 锁定当前的坐标值：X、Y、Z、D、A（D、A 应用于极坐标系长度和角度锁定）。

精确绘图快捷键是可以自定义的，是快捷键的一种。在 CE 版本中，下列几个快捷键也常用，如图 12 - 50 所示。

a）空格键：弹出快捷菜单　　　　b）"＜Shift＞ + 鼠标右键"视图菜单　　　c）"Q"快捷菜单

图　12 - 50

2.6　楼层管理及轴网

楼层管理器是用来在一个项目里让所有人共享一组标高，它的核心就是存在工作集中的一组 ACS。

轴网是用来在一个项目中让所有人共享一组平面的定位基准的，当创建一个轴网时，系统会定义这个轴网是哪个楼层的轴网。对一个建筑来讲，系统会根据楼层管理器里标高的设置，每层的开间和进深信息创建一组三维的轴网系统。这组轴网在创建模型时可以灵活引用，在切图时也可以自动以合适的样式放置在二维图纸里。

1. 楼层管理

ABD 里的楼层管理分为设置标高和引用标高，分别用"楼层管理器"和"楼层选择器"命令调用，如图 12–51 所示。楼层管理器是建立一组标高，楼层选择器是使用标高。

单击"楼层管理器"命令，弹出如图 12–52 所示的界面，进行楼层标高的管理，供整个项目的人使用。

图　12–51

图　12–52

（1）楼层管理器　在楼层管理器界面下定义标高时，需要清楚标高的层次关系：Project→Site→Building→Floor→Reference Plan。

一个项目（Project）可能分为几个地点（Site），每个地点（Site）上可能会有几个建筑（Building），一个建筑（Building）分为不同的楼层（Floor），每个楼层又可能分为不同的参考平面（Reference Plan），例如天花板的高度，风管的高度层。需要注意的是，这里的层次关系只是指标高的组织方式，与实际的对象没有必然的联系。

每个高度对象都有属性，这样的层次设置一方面便于管理标高，另一方面是为了将来输出到其他的管理系统中而设计的。

选择某个层级时，其上的工具条相应的工具也会亮显。如图 12–53 所示，每个标高也有相应的参数设置，在这里不一一说明。

在图 12–53 中，左边的"项目组合"是需要定义的高度信息，右边是具体的描述。对于一个建筑整体来讲，都有一个"0 平面"作为相对的标高基点，修改它，整个建筑的楼层实际高度都将调整。在每一层的设置里，只需设置具体的层高，当修改了某个层高的时候，其他的楼层也可以自动进行调整，这就是采用楼层管理器的好处。如图 12–54 所示，"24#Building"整个建筑以相对高程 10000mm 作为基准 0 平面（一般作为建筑 1 层的地面标高），那么"B1"层的层高是 3500mm，"B1"层的相对高程为 6500mm，在建筑标注时，标注"B1"层的地面标高为 –3500mm。

也可以建立典型楼层，如图 12–55 所示。典型楼层相当于常说的标准层，系统会自动生成多个标高，如图 12–56、图 12–57 所示。在后续的应用过程中，这些高程在立面图、剖面图中会被自动标注，也有一些相应的设置，如图 12–58 所示。

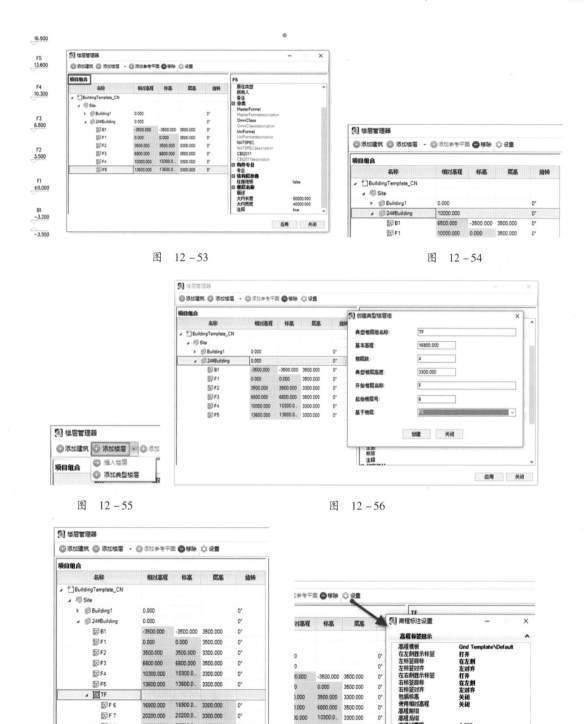

图　12 - 53

图　12 - 54

图　12 - 55

图　12 - 56

图　12 - 57

图　12 - 58

（2）楼层选择器　当建立好楼层标高后，在这个项目环境下，所有的文件都共享同一组标高，这通过楼层选择器来实现。单击"楼层选择器"命令，弹出如图 12 - 59 所示的界面，默认情况下，这个界面是显示的。

图 12 – 59

当选择一个楼层标高时，系统其实是"临时"在当前的文件中建立了一个 ACS，当然，它受 ACS 是否锁定的控制，如图 12 – 60 所示。

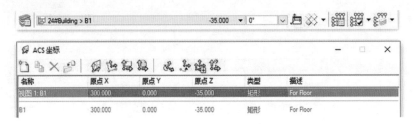

图 12 – 60

2. 轴网

工程项目中常用轴网来定位开间和进深。在以往的二维设计里，期望所有的楼层都使用一个轴网，所以定义了涵盖所有楼层开间和进深的"大而全"的轴网系统。

在三维设计中，这样的操作也没有问题，但需要注意，当定义一个轴网时，对于一个实际的项目来讲，每层开间和进深是不同的，需要一个独特的轴网。这就意味着，需要根据每层开间和进深的不同，为每个楼层在相应的高度上建立一个"空间"的三维轴网系统，这就是轴网与楼层管理器协同工作的原因。

（1）轴网的建立　当启动轴网的命令，建立轴网时，弹出如图 12 – 61 所示界面，每个轴网都有一个或多个楼层与之对应，若想采用传统的方式，需要注意这个"大而全"的轴网仅仅是放置在某个特定的标高上。

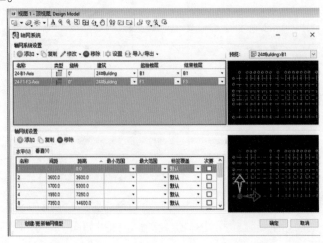

图 12 – 61

从图 12 – 61 中可以看到，建立的每个轴网都是指定给某个建筑的某个楼层标高的，在下面的参数区域可以设置。在预览区域，也可以对这个三维轴网的某一层进行预览。

在 ABD 中，可以建立矩形、弧形以及曲线轴网，如图 12 – 62 所示。

在一个楼层里，可以组合多个轴网进行定位，为方便定位，在某个楼层标高的右键属性菜单里，可以调出"偏移"选项参数，如图 12 – 63 所示。

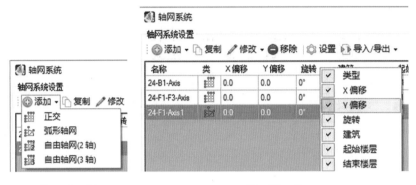

图　12 – 62　　　　　　　　　图　12 – 63

设置的结果如图 12 – 64 所示。

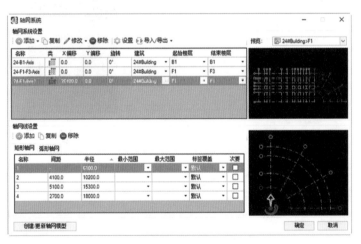

图　12 – 64

如果选择添加一个曲线轴网时，单击"添加"或"修改"按钮会弹出如图 12 – 65 所示界面对曲线轴网进行设置。

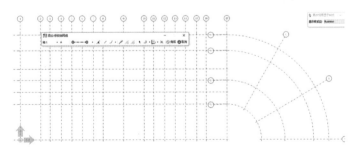

图　12 – 65

通过绘制轴网、识别轴网等方式进行曲线轴网的布置，其命令如图 12 –66、图 12 –67 所示。

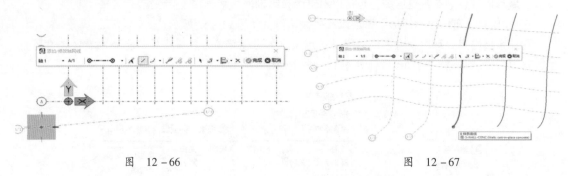

图　12 –66　　　　　　　　　　　　　　　　　　图　12 –67

当轴线的参数设置完毕后，单击对话框下的"创建/更新轴网模型"，可以生成三维轴网，如果只单击"确定"按钮，系统只保存参数，如图 12 –68 所示。

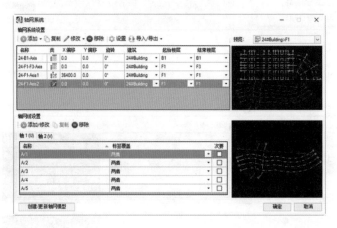

图　12 –68

（2）轴网的使用　在创建模型时，需要通过楼层选择，设定一个 Z 轴的高度，通过轴网进行平面定位。而在楼层管理器中，选择一个楼层标高时，系统会自动设定高度，把轴网"显示"在相应的标高上，从效果上与参考是一样的，如图 12 –69 所示，需要注意，图中没有参考轴网。这就是智能轴的意义，将来在切图时，轴网也会自动显示在二维图纸上，而不是"真实"的参考。所以，通过"楼层选择器"按钮，可以进行楼层管理器的设定，轴网是否显示等操作。

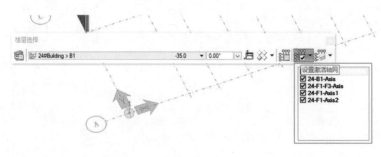

图　12 –69

2.7　对象创建与修改

在 ABD 中，模型的建立和修正是通过一系列的创建模型和修改模型来完成的，不同的专业模块具有不同的对象创建和修改工具，这些工具都沿袭类似的操作方式。

1. 对象的参数化创建

ABD 中建筑、结构、机电专业的模型创建及修改工具如图 12 – 70 ~ 图 12 – 72 所示。

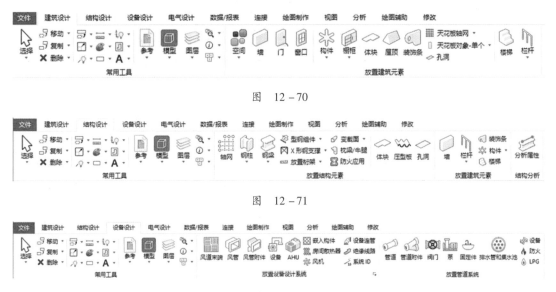

图　12 – 70

图　12 – 71

图　12 – 72

ABD 中，对象的创建过程遵循：选择命令，设置参数，通过空间定位三个步骤。创建的过程同样也是从"库"中选择一种型号进行放置的过程，图 12 – 73 为选择墙体类型进行放置墙体。

可以在选择完型号后修改参数，但建议修改参数后，把新的参数组合当成一种"新型号"存到库里去，这样就不用整个创建过程都在不停地修改参数，如图 12 – 74、图 12 – 75 所示。

图　12 – 73

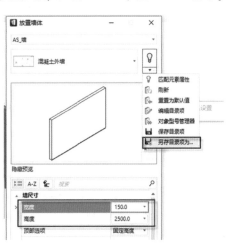

图　12 – 74

图　12 - 75

可以通过"放置选项"和"型号参数"控制放置的过程，如图 12 - 76 所示。

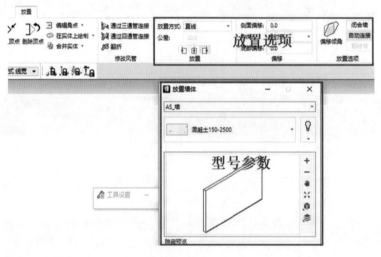

图　12 - 76

2. 对象的参数化修改

对象的更改选项和创建时的参数控制一样，分为型号属性参数更改和特殊参数更改。有些对象类型有特殊的对象修改命令，例如，门可以修改门扇的开启方向，而这个操作命令对于墙对象而言是无效的。

ABD 的通用修改命令在"修改属性"命令选项卡里，一些命令是针对特定的对象类型的，例如修改墙、修改风管的命令，如图 12 - 77 所示。

图　12 - 77

3. ABD 对象操作原则

对于放置、修改过程，遵循以下原则，任何 ABD 的命令就将会使用。

（1）定位的原则　在 ABD 中，影响定位的因素只有两个：辅助坐标系 ACS 和精确绘图坐标系 AccuDraw。注意 ACS 是否锁定，精确绘图坐标系也可以通过 X、Y、Z、D、A 快捷键来锁轴。

定位的过程为：鼠标捕捉到某个点，如果 ACS 锁定了，那么单击鼠标时，实际点就会落在 ACS 的平面上，也可以使用字母"O"精确绘图快捷键，将精确绘图坐标系放到捕捉到的点上，以此来确定捕捉的点，注意这时并没有单击鼠标的左键。

然后通过 T、S、F 快捷键确定精确绘图坐标系的坐标平面，以此为原点来定位下一点。

（2）命令执行的原则　选择某个放置命令后，系统会显示相应的参数对话框，可以从系统库里选择相应的型号进行放置。如果是修改对象命令，虽然可以直接修改放置所选型号的参数，但修改后的对象型号与系统库中的型号参数会发生变化。

在 BIM 的工作流程中，因为某种具体的型号对应固定的参数，当修改一个对象的"参数"修改时，意味着一种"新型号"的产生，因此应将这种"新型号"放在库里。

无论是放置命令还是修改命令，都有一个"属性"对话框来设置参数。这个"属性"对话框，可以通过鼠标拖动粘连在窗口的边界上，任何对话框都可以通过这样的方式粘连到边界上，如图 12 - 78 所示。

（3）修改对象的操作原则　修改单个对象时，系统会弹出与这个对象相关的修改命令，最常用的就是"修改属性"的命令，也可以通过双击对象来启动这一命令，如图 12 - 79 所示。通过对象的右键菜单选择相应的修改命令，如图 12 - 80 所示。

图　12 - 78

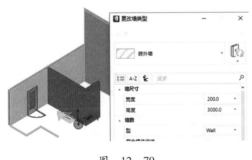

图　12 - 79

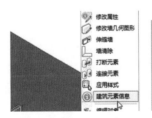

图　12 - 80

当选择了多个不同类型的对象时，进入修改命令后，系统会首先提示需要同时修改哪类对象，如图 12 - 81 所示。修改对象的另外一种方式是通过后台的数据库批量更改。放置的任何一个对象，都会作为一条记录存储在后台的数据库中，后面的材料报表统计就是在这个数据库中提取数据而已，如图 12 - 82 所示。

当修改放置的对象时，也可以通过直接修改数据库参数的方式来实现，还可以通过不同参数来批量过滤，然后批量选择，最后批量更改，这个过程和操作 Excel 表类似。

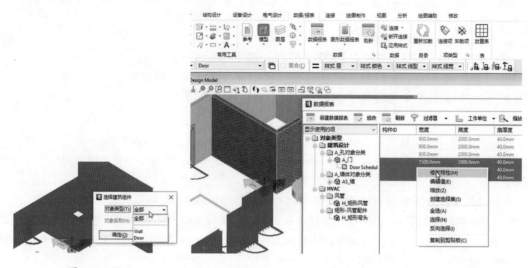

图　12 - 81　　　　　　　　　　　　　图　12 - 82

　　另外，在数据库中操作时，需要确认修改的有效性，最好通过此来修改一些非图形参数时在数据库中操作，因为图形参数的修改会涉及其他对象。例如，批量修改风管尺寸，并不能保证连接件自动调整。

　　ABD 对于数据类型是开放的，可以随便放置一个形体，然后赋予属性作为一个 BIM 对象。所以，可以使用 MicroStation 的任何命令来建立模型。

　　ABD 中的 MicroStation 的建模工具，注意左上角选择 "建模" 功能分类，如图 12 - 83 所示。

图　12 - 83

　　ABD 是基于 Ribbon 进行界面定义的，所以，可以采用 Ribbon 界面通用的定义功能，定义属于自己的操作界面，如图 12 - 84 所示，此处不再赘述。

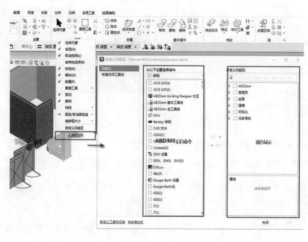

图　12 - 84

第 3 节　结构类对象创建与修改

在 ABD 中，结构类对象，通过如图 12 - 85 所示的命令进行放置。

图　12 - 85

对于某些特殊的异形体或需要自定义的对象，可以通过 MicroStation 底层平台的体、曲面、参数化工具形成三维模型，然后赋予 BIM 类型属性和样式定义，就可以成为一个 BIM 对象。图 12 - 86 是通过 MicroStation 建立了一个三维模型，图 12 - 87 是为这个对象赋予 BIM 属性，图 12 - 88 是赋予对象样式以控制其显示方式。在 ABD 中，对象类型是可以任意扩展的，任何企业和个人都可以通过 ABD 提供的工具来扩展自己的 BIM 对象库。

图　12 - 86

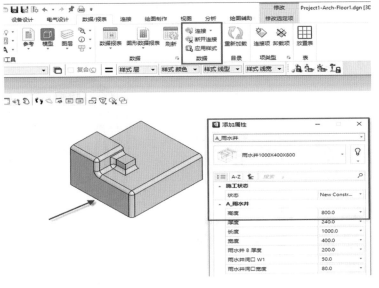

图　12 - 87

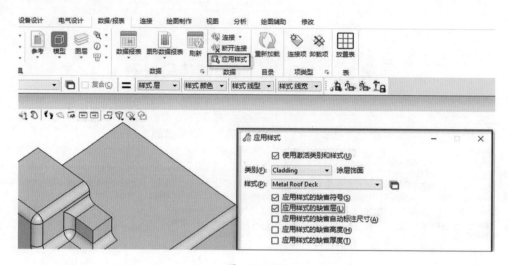

图 12-88

3.1 结构专业工作流程

在以下内容中将重点介绍工作流程和核心要点,其中每个命令的执行步骤和参数设置在帮助文件中都有详细的描述。

对于结构类的对象,需要考量结构的工作流程,从结构的三维设计到结构分析,乃至后期的结构详细模型。对于结构的数据流向,首先要规划工作流程。例如,对于工厂项目,当设备、管道的信息确定后,会提参数给结构专业,结构专业会将这些信息作为荷载条件,根据三维布置进行大致的结构分析计算,确定所使用的结构对象参数,然后在三维布置里进行设计,必要时,会到结构分析系统中验算,当设计参数发生更改时,再重复这个过程。

设计完毕后,在施工环节之前,需要形成一个结构专业的详细模型,以满足结构施工专业的细节需求。ProStructural 可用于这一阶段,它分为钢结构详细模型和混凝土钢筋详细模型。注意,这些模型是针对施工细度的,如图 12-89 和图 12-90 所示。

Bentley 建立了 ISM 数据标准(Intergrated Structure Modeling 的简写),兼容结构数据,如图 12-91 ~ 图 12-93 所示。

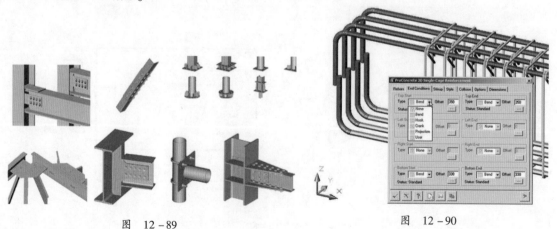

图 12-89　　　　　　　　　　　　　　　图 12-90

图　12 – 91

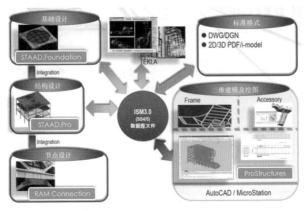

图　12 – 92

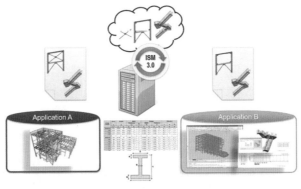

图　12 – 93

所以在 ABD 中有与 ISM 的数据交互工具，如图 12 – 94 所示。

图　12 – 94

当然，ISM 和 Imodel 之间也有相应的数据交换。对于第三方结构软件，也是通过 ISM 进行数据交互的，例如与 PKPM、Tekla 之间的数据交换。

3.2 结构对象通用布置

在 ABD 的结构模块中，支持钢结构、混凝土结构、木结构以及自定义的结构形式，如图 12 – 95 所示。

图　12 – 95

在结构模块里，所有的布置命令界面和布置的过程基本一致，如图 12 – 96 所示。

布置一个结构对象时，有一个选项是是否让这个对象具有结构分析属性。

注意，对于结构分析属性，在 ABD 里很多对象在定义时没有定义成结构对象，也就没有分析属性，这是由对象的样式控制的，如图 12 – 97 所示。

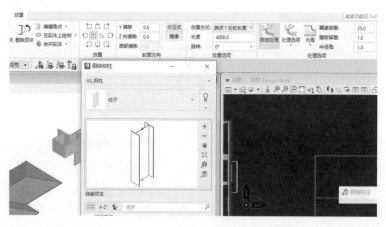

图　12 – 96

如果定义成结构对象，这个对象就有了具有分析属性的资格，如仅做三维布置，可选择不在对象中放置分析属性。

这个选项的打开、关闭与结构分析属性的编辑是通过菜单里的"分析属性"开关来控制的，如图 12 – 98 所示。当然，如果布置的对象不是结构对象，这个"分析属性"的选项卡也没有用，如图 12 – 99 所示。布置时如果没有添加结构分析属性，也可通过后期的工具添加。

图　12 – 97

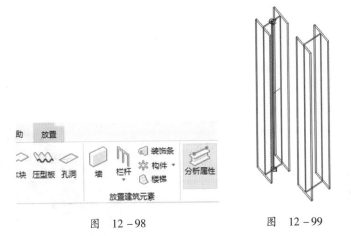

图　12 - 98　　　　　　　　　图　12 - 99

对于结构对象的布置方式，和其他的参数化构件命令一样，布置的过程也是从 DataGroup 库中提取一个型号进行布置，也可对其进行扩展。

与其他类型的库不同的是，结构专业模块布置的"型号"都有一个截面 Section 与之对应。在布置时，可选择已有的截面，也可选择新建截面，如图 12 - 100 所示。

图　12 - 100

对于一个结构对象的型号，其对应结构的截面应该是固定的，不应该随意更改。图 12 - 101 所示是一些具体的参数。可通过"放置方式"来布置结构对象。从操作上来说，柱和梁的布置仅默认布置方式不同。对于不是"直"的对象，可自己设置路径，然后用"选择路径"的方式来布置，如图 12 - 102 所示。

图　12 - 101　　　　　　　　图　12 - 102

捕捉到一个对象时，该选项会根据端点修剪设置，对布置的对象进行"修剪"，以避免碰撞，如图 12 – 103 和图 12 – 104 所示。

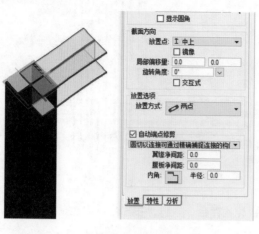

图　12 – 103　　　　　　　　　　　　　　　　图　12 – 104

对于结构对象，如需要结构分析，一定要注意结构对象之间的逻辑连接性，在布置的时候，就需要采用相关的规则来捕捉结构对象逻辑连接的点，如图 12 – 105 所示。

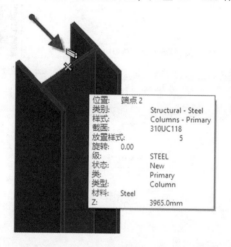

图　12 – 105

 注意：结构对象的"节点"捕捉，可理解为在 MicroStation 普通捕捉类型的基础上增加了一种类型，它是一种特殊的"关键点（Keypoint）"，所以，也需要打开精确捕捉的开关。

3.3 特殊对象布置

1. 变截面

针对不同的结构形式，有些特殊的命令如图 12 – 106 所示。

对于变截面对象，需要选择两个截面，但是注意，这两个截面应为同一种形式。例如，工字钢变截面，如果组合成工字钢截面加上角钢截面，系统会给出错误的提示。

两个结构对象之间可以布置多个对象，如图 12 – 107 所示。其

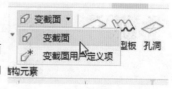

图　12 – 106

中，两个结构对象之间也可以是弧形的，如图 12 – 108 所示。

图　12 – 107　　　　　　　　　　　　　图　12 – 108

对于结构檩条、支撑的布置，和通用的结构对象布置没有区别，如图 12 – 109 和图 12 – 110 所示。

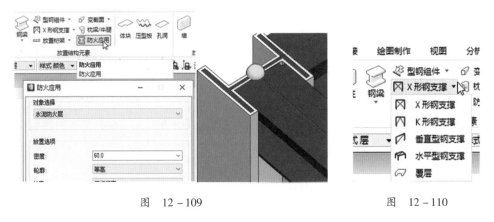

图　12 – 109　　　　　　　　　　　　　图　12 – 110

2. 桁架对象

钢桁架布置时，系统会弹出一个对话框，可选择放置一个新的桁架或编辑一个已有的桁架对象。如是新建一个钢桁架对象，需要指定起点和终点的位置，如图 12 – 111 所示。

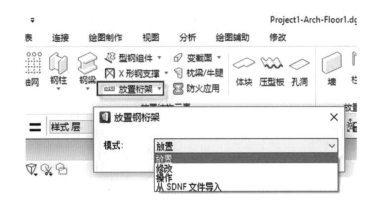

图　12 – 111

在设置参数的对话框中，选择一个结构截面为基础，设置完毕后，单击"放置"即可生成桁架。如果要对已经放置的桁架进行编辑，选择已经放置的桁架，也会弹出相应界面进行参数设置，如图 12 – 112 所示。

这些设置的参数可保存为一个 ＊.tru 文件，等下次再使用，通过"打开"按钮就可调用已经保存的设置文件，如图 12－113 所示。

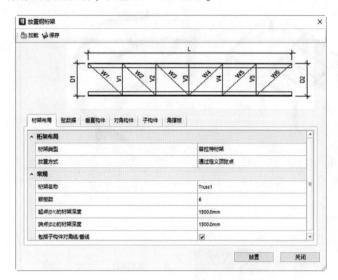
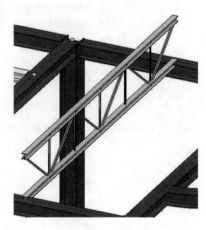

图　12－112　　　　　　　　图　12－113

3. 托梁对象

托梁对象 Span 与桁架有点类似，也是通过参数的方式来布置，在"放置托梁"对话框中需要选择不同的截面和参数，如图 12－114 所示。

另外的几个桁架对象布置与之类似。

4．压型板对象

压型板的布置对话框如图 12－115 所示。

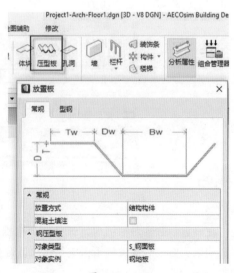

图　12－114　　　　　　　　图　12－115

5. 混凝土结构对象

混凝土对象布置和钢结构布置基本一致，仅多了一个"牛腿对象"，相当于在一个柱子上放置一个支撑对象，以在工业厂房里放置类似于轨道的构件。在放置时，需要通过精确绘图定位柱子侧面点，建议关掉结构的节点捕捉选项，如图 12 - 116 所示。另外，在混凝土结构中，还有一些墩、桩等结构形式，布置方式与通用布置方式相同，如图 12 - 117 所示。

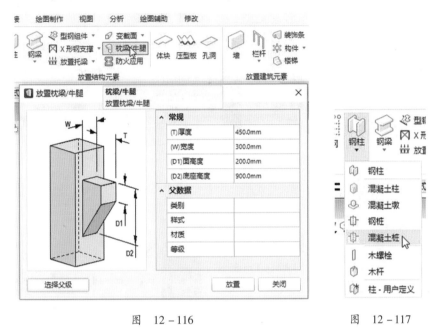

图 12 - 116　　　　　　　　　　图 12 - 117

6. 自定义结构对象

在 ABD 的结构模块，同样设置了自定义结构对象的布置方式，分为自定义线性结构对象、变截面对象，还可以同时布置多个对象，如图 12 - 118 所示。

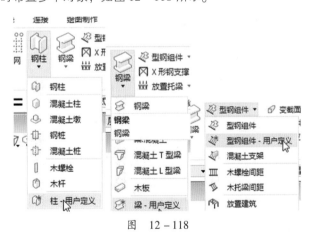

图 12 - 118

3.4 结构对象更改

结构对象的更改，沿用通用的修改操作。除和建筑类对象相同的开孔操作外，还有一些特殊的操作，如图 12 - 119 所示。

修改结构对象的端点时，由于结构对象是特殊的对象，涉及一些结构分析的特征，所以不能用 MicroStation 的 Strech 操作，而是用特定的工具来修改结构对象的形体和分析属性，如图 12 - 120 所示。

平面回切的操作是修改结构对象距离定位"节点"的距离。回切参数的修改，可针对一个对象来处理，也可对整个文件中的回切设置进行更新和修改，如图 12 - 121 所示。

图 12 - 119　　　　　　　　图 12 - 120　　　　　　　　图 12 - 121

3.5 数据交换与输出

1. 常规导入导出

ABD 具有结构数据交换的功能，这包含了对 CIS/2、SDNF、IFC、以及直接与 STAAD. Pro 的支持，如图 12 - 122 所示。

对于结构的导入和导出，由于截面的定义，有时需要一个截面的匹配设定，以使两个应用程序可识别彼此的截面设定，如图 12 - 123 所示。

图 12 - 122

图 12 - 123

2. ISM 数据交换

ISM 文件是以一种类似数据库的形式进行存储的。数据库中的条目对应一个结构对象。所以，当我们通过 ISM 进行数据交换时，它会自动显示哪些数据被更新了，从而可以对更新后的数据进行验证和确定。

开始时应先生成一个 ISM 库，ISM 库其实就是一个以扩展名为 *. ism. dgn 的文件，导出的过程如图 12 - 124 所示。

图　12 - 124

导入和导出的过程是一样的，都是需要先打开需要进行数据更新的 ISM 库，如图 12 - 125 ~ 图 12 - 128 所示。

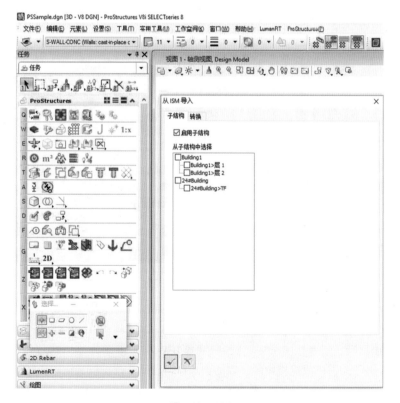

图　12 - 125

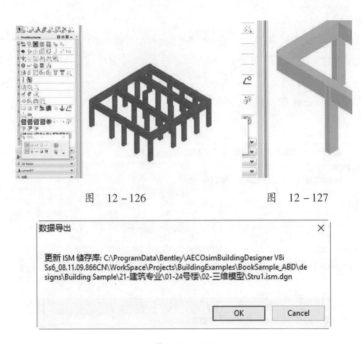

图 12-126

图 12-127

数据导出
更新 ISM 储存库: C:\ProgramData\Bentley\AECOsimBuildingDesigner V8i Ss6_08.11.09.866CN\WorkSpace\Projects\BuildingExamples\BookSample_ABD\designs\Building Sample\21-建筑专业\01-24号楼\02-三维模型\Stru1.ism.dgn
OK
Cancel

图 12-128

在截面中，通过过滤显示工具，可看到哪些对象被修改了，然后选择这些对象进行更新，如图 12-129 所示。

C:\ProgramData\Bentley\AECOsimBuildingDesigner V8i Ss6_08.11.09.866CN\WorkSpace\Projects\BuildingExampl
File
Tools
Help
Objects
Type
Label
Status
Change
Curve Member
Column(RC300x500)
Deleted
Unde...
Steel
没有指定材质
Added
Unde...

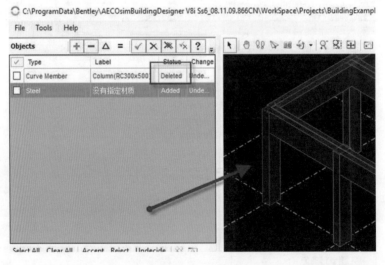

图 12-129

在安装 ABD 和 ProStructural 时都会安装一个 Structural Synchronizer 的模块，它相当于一个中间的翻译器，如图 12-130 所示的界面就是它的界面。

如图 12-131 所示，所有的 Bentley 结构应用模块以及与第三方的结构应用模块，都是通过 Structural Synchronizer 来进行数据交换的，以达到从结构设计、分析以及结构详图的数据交换。

在 ABD 中无法实现结构的平法出图，如果需要，则要导入到 PKPM 中进行操作，PKPM 的数据也可导入到 ABD 中来，生成三维的结构对象。

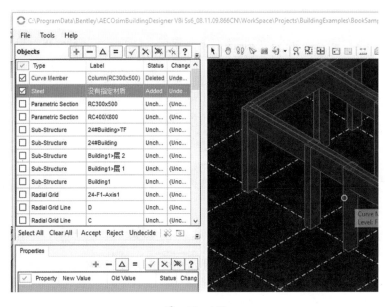

图　12 – 130

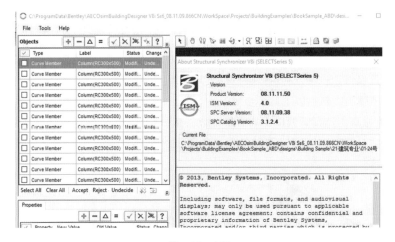

图　12 – 131

第 4 节　数据管理与报表输出

创建和修改信息模型的过程，其实也是修改后台数据库里的每条记录。对于数据的统计，只是将这些数据导出来，可以通过图 12 – 132 的系列命令进行数据统计和报表输出，不同专业的不同工程量统计需求，采用不同的命令。

数据统计被分成两种类型：以个数为统计基础的"数据报表"和以工程量定义为统计基础的"统计工程量"。

"数据报表"统计的基础是根据对象属性为过滤条件进行分类统计，模型中每个被赋予属性的对象都是一个独立的个体。

"统计工程量"统计的基础是以某种工程量为基础，然后从不同的对象中提取相同的工程量。

例如，某种标号的混凝土会用在楼梯上，也可以用在墙体上。工程量是在对象的样式里来定义的。在图 12 – 133 的数据报表中，可以查询 BIM 对象的数据，也可以对其进行编辑和修改，前台模型的属性也会自动更新。

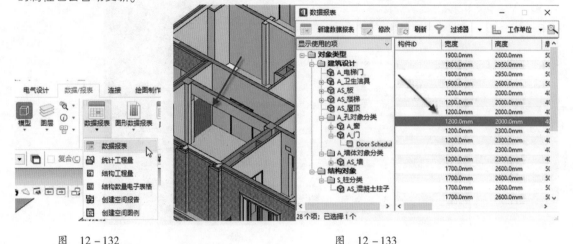

图　12 – 132　　　　　　　　　　　　　　图　12 – 133

4.1　数据报表

前台的每一个 BIM 对象，在后台都有一个数据项，可以根据属性的差异进行过滤，然后进行修改、统计等批量操作，也可以将这些数据输出为报表。

创建一个报表输出，包括以下几个步骤：

1）创建统计报表，选择需要统计的对象类型，在图 12 – 134 中，单击"新建编排"命令，然后选择需要统计的对象类型，可以选择多种对象类型，但需要保证它们在一起被统计时有意义，如图 12 – 135 所示。

图　12 – 134

需要注意，创建的报表输出设定是保存在一个 xml 文件里，可以选择系统已有的文件，也可以新建一个 xml 文件。同时需要设定这个文件是项目用，还是整个公司用。

2）选择需要统计的对象类型（图 12 – 135）和特性（图 12 – 136）。在图 12 – 137 中，设定过滤条件，将符合条件的对象过滤出来。例如，只统计高度大于 2.2m 的门对象，并在图 12 – 138 中设定统计结果的排序条件，以及每种属性的数字格式（图 12 – 139）。

图　12 – 135

图　12 – 136

图　12 – 137

图　12 – 138

3）选择一个 Excel 表作为报表的模板，如图 12 – 140 所示。报表的模板是通过一个 Excel 文件来定义的，系统只是将这些数据输出到 Excel 的单元格里，"选择的特性" 与 Excel 文件是相对应的（图 12 – 141）设定以哪个单元格开始，可以自定义模板，如图 12 – 142 所示。系统在安装目录中也预置了很多模板，以与默认的报表定义配合。

图　12 – 139

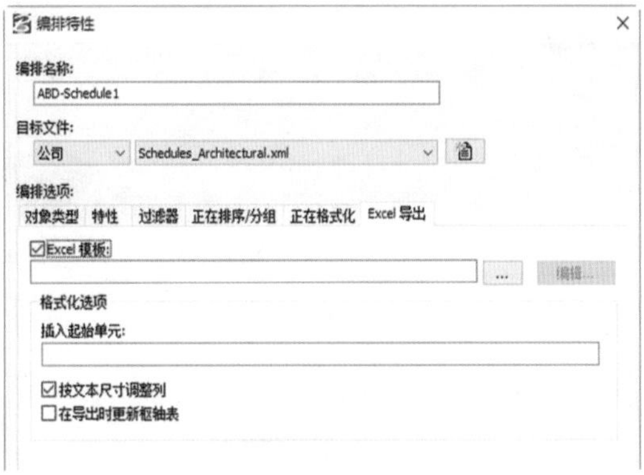

图　12 – 140

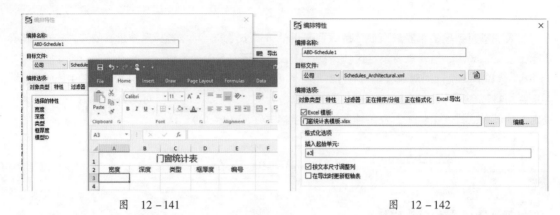

图 12 –141   图 12 –142

4）设置完毕后，可以将报表导出。将所有的数据导出去时，也可以通过 Excel 的数据透视表来统计。

4.2 统计工程量

以体积、长度等工程量为基准的统计方式，大多应用在建筑、结构专业。在 ABD 中，工程量的设定只有对象样式的一部分。针对这类统计，特别是建筑、结构专业，需要首先检查对象的工程量定义是否有效。在图 12 – 143 中，可以采用 "验证样式" 的工具，对当前文件的模型是否具有正确的工程量定义做验证。如果模型不具有正确的工程量定义（样式定义），就会出现图 12 – 144 的提示。可以通过图 12 – 145 的工具，对这些对象赋予正确的工程量定义。每种工程量的定义是通过样式来实现的，如图 12 – 146 所示。

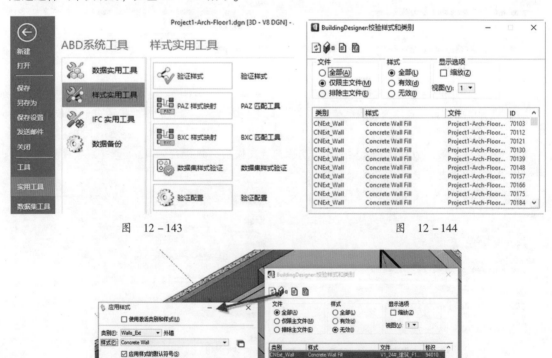

图 12 –143   图 12 –144

图 12 –145

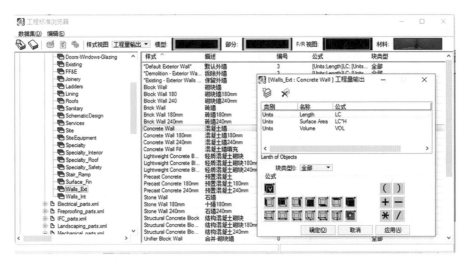

图　12 – 146

当样式没有问题后，就可以通过工程量统计的命令进行输出，如图 12 – 147 所示。可以通过图 12 – 148 的界面，设定统计的选项。

图　12 – 147

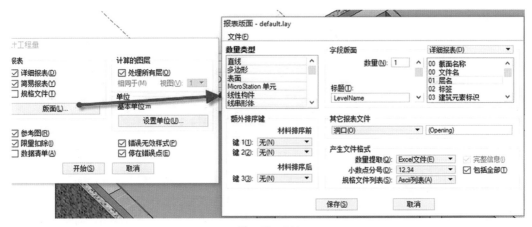

图　12 – 148

统计过程中，如果有错误，系统会给出提示，如图 12 – 149 所示，并可以查看详细的错误细节。图 12 – 150 所显示的错误是由于对象不具有合适的工程量定义，所以统计出现了错误。如果一切设置正常，就会出现图 12 – 151 和图 12 – 152 所示的统计结果。

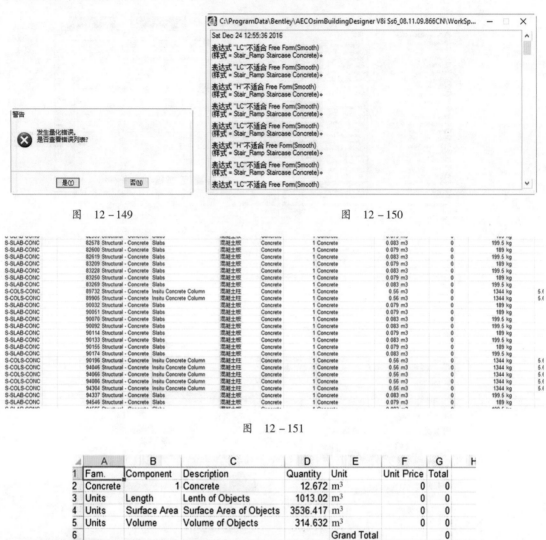

图　12 – 149　　　　　　　　　　　　　　　　　图　12 – 150

图　12 – 151

图　12 – 152

第 5 节　图纸输出

5.1　图纸输出原理

当建立了三维信息后，可以通过不同的切图模板输出不同类型的二维切图 Drawing，然后再组合成可供打印的图纸 Sheet。三维设计到二维出图的工作流程如图 12 – 153 所示。

在 MicroStation 的底层提供了动态视图 Dynamic View 的切图技术，将三维模型输出为二维图纸。而 ABD 只不过是在此基础上增加了一些专业的切图规则，例如，给墙体填充图案，管道变成单线等。

从图纸的表现来讲，其实就是确定一个切图的位置和一个切图的深度，将其合为一个视图 View 作为 Drawing，然后在 Drawing 里进行标注，最后再放到 Sheet 里进行出图。

图 12－154 显示的是从文件组织角度建议的切图流程。

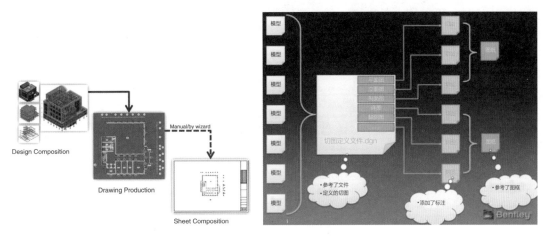

图　12－153　　　　　　　　　　　　　　　图　12－154

5.2　图纸输出过程

以平面图和剖面图图纸类型为例说明图纸输出的过程。假定，输出为一张平面图、两张剖面图，然后把这三种切图放在同一张 A1 的图纸上。

在二维的设计流程里，倾向于将所有的文件都放在同一个文件夹里，这其实并不规范。基于分布式的文件组织方式，应将不同的内容放在不同的目录里，如图 12－155 所示。需要区分设计 Design，切图 Drawing 到最后组成 Sheet 的流程，如图 12－156 所示。

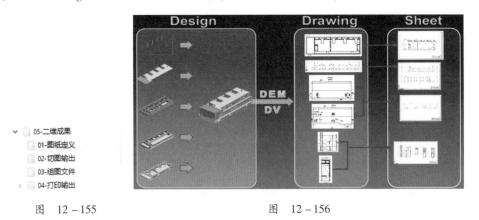

图　12－155　　　　　　　　　　　　　　　图　12－156

三维工作的图纸输出和二维设计的图纸输出的差异在于：在二维设计时，平、立、剖面图是绘制出来的，而在三维设计中，这些图是通过三维信息模型输出的。

图纸的输出过程的步骤包括：模型组织，切图定义及输出，切图标注及调整，组图输出。

1. 模型组织

建立了一个模型后，可以在这个文件里定义图纸，然后输出。但仍然倾向于建立一个空白的文件，然后把需要切图的模型组织在一起，如图 12 – 157 所示。

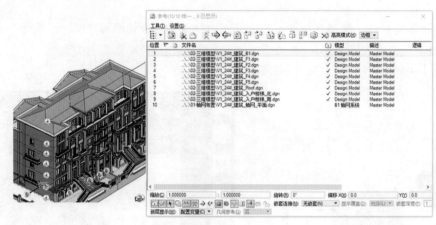

图 12 – 157

对于不参与切图的模型，可以通过图层显示的功能对参考文件里的图层进行关闭，如图 12 – 158 所示。

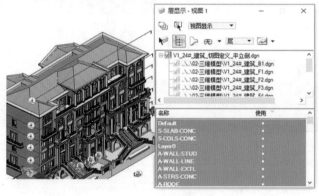

图 12 – 158

2. 切图定义及输出

当模型组装完毕后，就要定义切图的参数，然后进行切图输出的过程。

1）选择切图工具及切图模板，如图 12 – 159 所示。不同的切图工具对应不同的切图模板，切图模板里设定了一些规则来控制切图的输出。在图 12 – 160 中选择合适的切图模板。

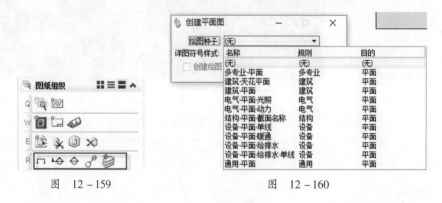

图 12 – 159　　　　　图 12 – 160

2）选择切图模板后，在模型中定义切图的位置和切图的深度。首先要将模型调整到相应的视图上，例如在前视图中定义平面图的切图位置和方向。对于阶梯剖的情况，需要用〈Ctrl〉＋鼠标左键的形式确定阶梯剖的折点，如图 12 – 161 所示。

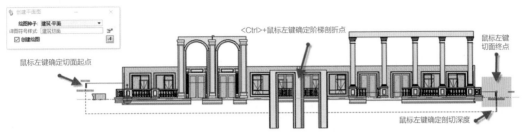

图　12 – 161

3）确定了切面的位置和深度后，弹出"创建绘图"对话框，如图 12 – 162 所示。在图 12 – 162 中的"创建绘图模型"的输出为 Drawing，而"创建图纸模型"的输出为 Sheet，可以将这些对象都放在当前的 dgn 文件中，也可以放置在不同的 dgn 文件中，以下操作是放置在当前文件中。

如果选择了"创建图纸模型"，创建完毕后，系统就生成了一个平面的切图 Drawing，同时建立了一张图纸来放置这个切图，如图 12 – 163 所示。勾选图 12 – 162 中的"打开模型"，将在创建完毕后打开最终的图纸文件，如图 12 – 164 所示。这个自动放置的图纸已经在切图模板里设置好图幅大小、并参考了图框。

图　12 – 162

图　12 – 163

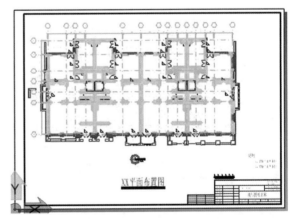

图　12 – 164

在这个案例中，将平、立、剖面图都放置在一张图纸 Sheet 上，所以，在定义好切图的位置和深度后，只生成切图 Drawing，而不生成 Sheet，如图 12 – 165 所示，不勾选"创建图纸模型"选项。

在图 12 – 165 的对话框中，需要注意注释比例的设置。Drawing 和 Sheet 肯定是存在某个 dgn 的 Model 里，而 Model 有个属性是注释比例用来控制注释对象的大小，这个比例就是常说的出图比例。

按照相同的方式创建剖面图，完成后生成不同的 Drawing，如图 12-166 和图 12-167 所示。

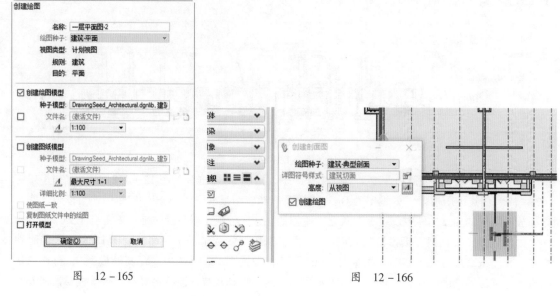

图 12-165　　　　　　　　　　　　　　　图 12-166

这些切图的定义是以 View 的方式保存在定义文件里，这就是 MicroStation 的动态视图原理。动态视图是一种更高级的 View，保存在 dgn 文件中，如图 12-168 所示。

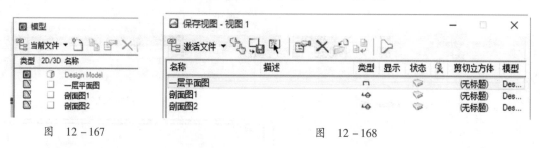

图 12-167　　　　　　　　　　　　　　　图 12-168

需要注意的是，动态视图和普通视图属于不同的 View 类型，可以通过图标看出差异。

3. 切图标注及调整

通过上述过程，将三维信息模型输出为二维图纸，如图 12-169 所示。

图 12-169 的切图是直接从三维模型中切出来的，在视图属性中有很多的设定参数。不同类型的图纸定义如图 12-170 所示，每一个切图定义属性中的切图规则控制如图 12-171 所示。

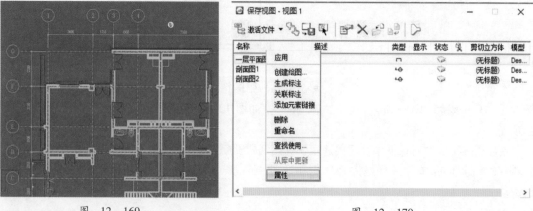

图 12-169　　　　　　　　　　　　　　　图 12-170

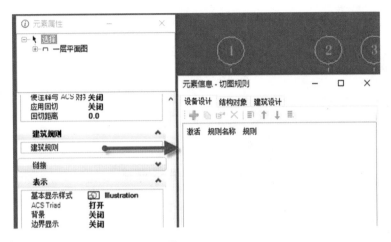

图　12－171

在每一个切图模板里，设定了上述参数后，当切图模板被调用时，这些切图设置也会被自动应用。

三维模型与切图的关联关系为 Model →View→Drawing。对 Drawing 的更改不影响 View 的定义，当然也不会影响标准库里的切图模板。其实，一个 View 定义形成后，可以输出多个 Drawing，这多个 Drawing 可以具有不同的切图参数。当然，同一个 View 生成的多个 Drawing，默认情况下是一样的。也可以用更改的 Drawing 参数来更新 View 定义，并不影响其他 Drawing 的输出。

打开一个 Drawing 后，可以通过图 12－172 修改 Drawing 的显示，这是 MicroStation 控制参考显示的命令，但它对于一个 Drawing 类型的 model 有更多的选项。

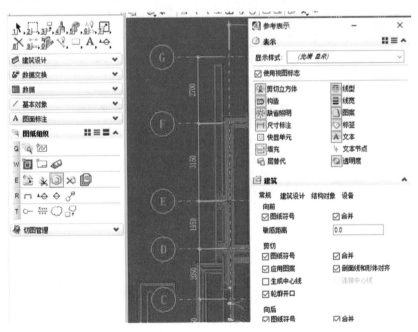

图　12－172

在图 12 –172 的对话框里，为不同的专业模块设置了不同的规则定义，设定规则后，就会影响当前的 Drawing 输出。例如，通过取消勾选图 12 –172 中的"应用图案"可不显示填充图案，如图 12 –173 所示。

在 Drawing 里设置的参数，可以选择将这些设定更新到原始的切图定义中，也可以从原始的切图定义中读取默认的参数来覆盖当前的修改，如图 12 –174 所示。

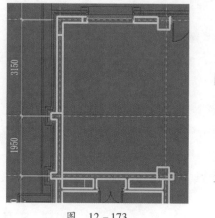

图　12 –173　　　　　　　　　　　图　12 –174

设置完毕后，可以使用一些标注工具来进行必要的标注操作，如图 12 –175 所示。对于轴网的显示，也是一个切图的设定，让系统去"读取"轴网的数据，而不需要真的去参考一个真实的轴网文件，可通过勾选"显示轴网系统"来实现，如图 12 –176 所示。

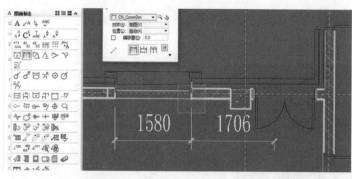

图　12 –175

使用一系列的标注工具，对切图进行标注后，就形成了一张切图。需要注意的是，这些注释对象的大小是受注释比例控制的，如图 12 –177 所示。

4. 组图输出

在自动出图过程中，系统会自动生成一张默认图幅大小的图纸。然后把 Drawing 放置在图纸 Sheet 上。但在实际工程中，更倾向于手工布置图纸，也就是手工建立一个 Sheet 图纸，然后把标注好的 Drawing 放置到这个 Sheet 里，新建一张图纸 Sheet 的对话框，如图 12 –178 所示。

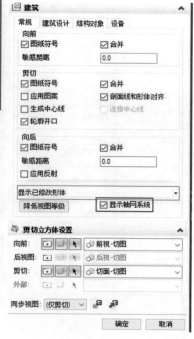

图　12 –176

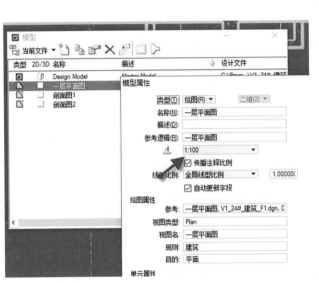

图　12－177　　　　　　　　　　　　　　　　　　　　图　12－178

　　新建图纸，就是类似于 AutoCAD 新建布局的过程。每个 Sheet 具有固定大小的图幅设定，可以被打印程序所识别，也可以进行批打印。

　　在这个图纸里，需要设定图幅、参考图框，标题栏信息。对于一个企业来讲，图框等信息都是固定的，所以可以创建一个文件作为图纸的种子文件（图 12－179），在创建图纸的时候选择它即可，如图 12－180 所示。生成的空白图纸如图 12－181 所示。

　　接下来需要将标注好的 drawing 参考进来，可以用参考的命令，也可以在 Model 里拖动，然后放置在 sheet 里，系统就会弹出图 12－182 所示的对话框，选择"推荐"的方式，然后在 Sheet 里确定放置的位置，如图 12－183 和图 12－184 所示。

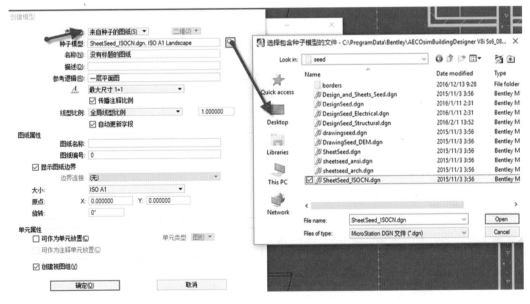

图　12－179

图　12 – 180

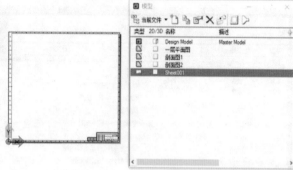

图　12 – 181

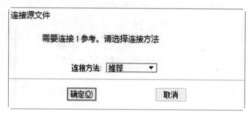

图　12 – 182

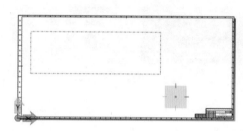

图　12 – 183

在上述 Design – > Drawing – > Sheet 的图纸输出过程中，将组图文件，Drawing 的输出以及图纸都放置在一个 dgn 文件中，当项目规模增大时，建议将不同的 Drawing 和 Sheet 都放置在单独的 dgn 文件里，每个 dgn 文件里只有一个 Model，这样效率会更高，如图 12 – 185 ~ 图 12 – 187 所示。

图　12 – 184

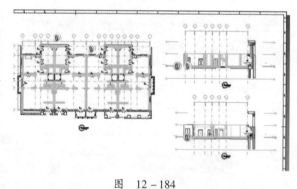

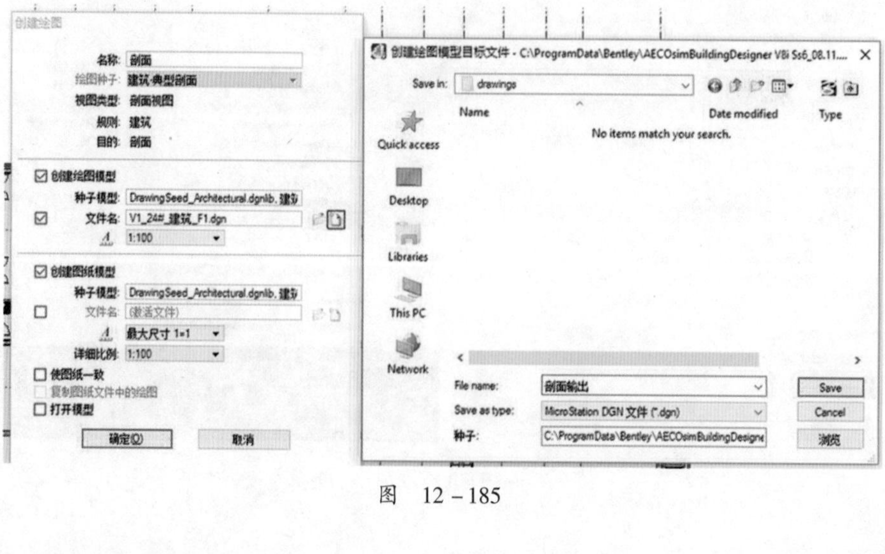

图　12 – 185

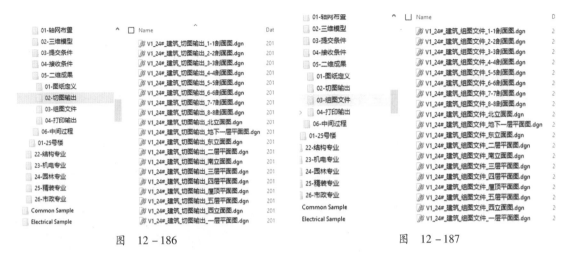

图　12 – 186　　　　　　　　　　　　　图　12 – 187

明白了上述原理后，便可更加灵活地输出切图。切图的定义不一定非要在模型里进行，在已经放置好的 Drawing 和 Sheet 上都可以放置其他的切图输出，因为只是定义位置，这与在模型中定义是一样的，如图 12 – 188 和图 12 – 189 所示，可以在一个图纸 Sheet 里定义新切图的位置和范围。

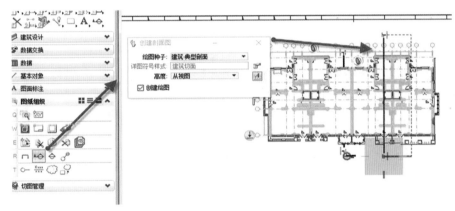

图　12 – 188

可以采用相同的方式将这个 Drawing 放置在 Sheet 里，当用移动的命令在 Sheet 里移动切图的符号时，切图 Drawing 也会自动更新，如图 12 – 190 所示。可以在 Sheet 里移动切图符号，对应的切图将自动更新。

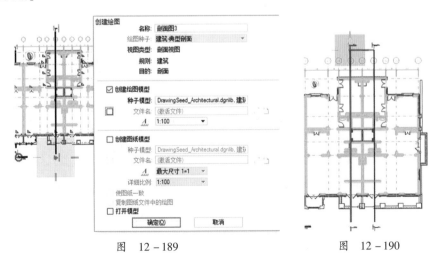

图　12 – 189　　　　　　　　　　　　图　12 – 190

5.3 图纸与模型的集成

在定义切图时，无论是在 Design、Drawing 还是在 Sheet 里，切图的位置都有相应的符号，如图 12 – 191 ~ 图 12 – 193 所示。

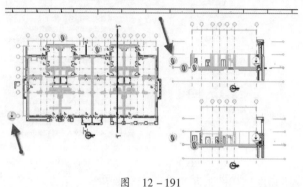

图　12 – 191　　　　　　　　　　　　　图　12 – 192

如果这些符号不显示的话，可以在"视图属性"中打开相应的设置，如图 12 – 194 所示。

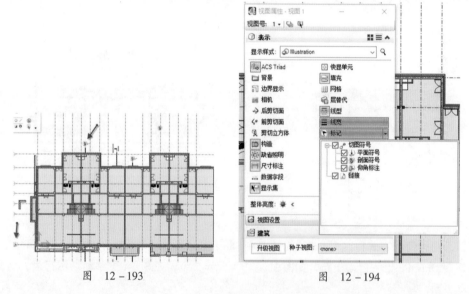

图　12 – 193　　　　　　　　　　　　　图　12 – 194

当把光标放置在切图标记上时，可以通过链接进入相应的模型和图纸，也可以将二维图纸显示在三维模型上，如图 12 – 195 所示，选择显示图纸后最终的效果如图 12 – 196 所示。

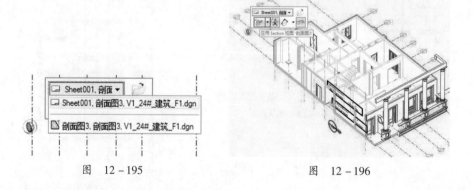

图　12 – 195　　　　　　　　　　　　　图　12 – 196

通过上述方式可以将模型和图纸链接起来，也可以校核两者的一致性，推敲某些设计细节。

5.4　图纸输出与工作环境

从工作环境 WorkSpace 中选取切图模板，然后进行切图输出定义。

结合工作环境的架构和图纸输出的流程，总结如下。

在三维工作过程中，工作环境和工作流程的关系如图 12 – 197 所示。在工作环境中，选择切图定义，对三维模型进行切图操作（图 12 – 198），生成切图定义（图 12 – 199）。在这个过程中，切图定义和最后的切图成果之间的关系，如图 12 – 200 ~ 图 12 – 202 所示。

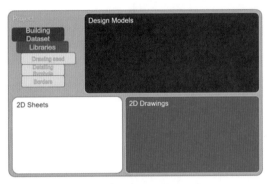

图　12 – 197

图　12 – 198

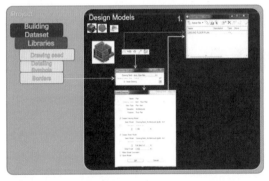

图　12 – 199

图　12 – 200

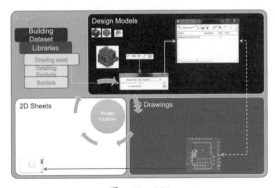

图　12 – 201

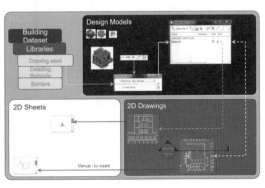

图　12 – 202

所以，对于 BIM 的三维设计过程来说，三维模型、二维图纸以及各个细节的二维图元定义都有密切的联系，如图 12 - 203 和图 12 - 204 所示。首先需要了解这个流程，然后才能有针对性地控制整个工作过程。

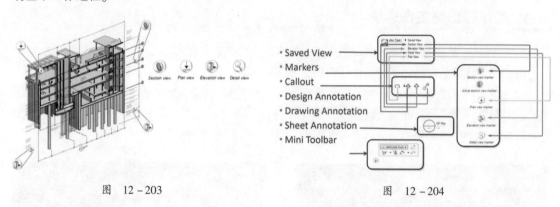

图 12 - 203   图 12 - 204

5.5 切图规则

在切图模板的定制过程中或者在 Drawing 的显示控制中，都会用到一些切图的规则控制。对于建筑、结构和设备模块，切图规则的定义不尽相同。建筑规则控制的是将对象的一些属性自动标注出来，它的规则和对象标注 DataGroup Annotation 命令的设定有一定的联系，而暖通和结构的对象更像是一种"线性对象"，切图规则是控制单双线的设置以及一些属性的显示。

在切图模板中，或者更改 Drawing 时，都可以进入"应用切图规则"的界面，如图 12 - 205 所示。在图 12 - 205 的右面是应用规则的界面，而不是定义的界面。在这个界面里，上面是过滤条件，下面是规则的名称。不同的模块，过滤条件也不同，如图 12 - 206 所示。

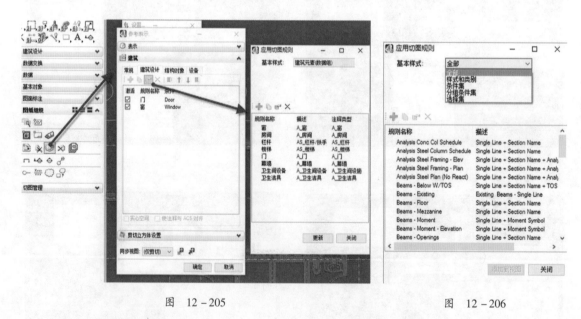

图 12 - 205   图 12 - 206

"结构对象"进入定义切图规则的界面操作如图 12 - 207 所示，"设备设计"进入定义切图规则的界面如图 12 - 208 所示。

不同模块的切图规则有不同的含义。

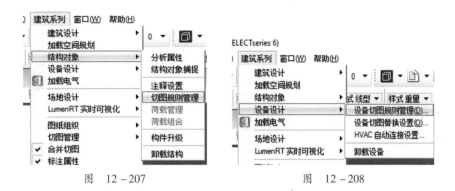

图　12 – 207　　　　　　　　　　　　　　图　12 – 208

1. 建筑切图规则

建筑的切图规则主要是根据对象类型自动放置对象属性。对象的属性定义是受对象标注的工具定义，如图 12 – 209 所示。所以，在建筑切图规则的定义里，只是定义选取哪个注释单元来标注属性。

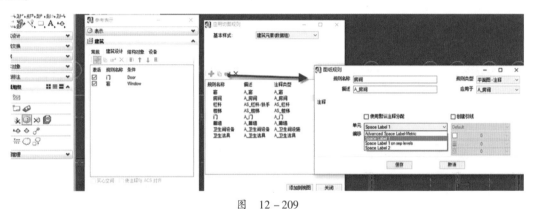

图　12 – 209

2. 结构切图规则

结构的切图规则需要设定单线、双线及自动标注的标签（图 12 – 210、图 12 – 211），还要设定规则应用的切图类型（图 12 – 212、图 12 – 213），因为对于剖面图来讲，有时需要特定的规则参数。

图　12 – 210

图　12 – 211

图 12 – 212

图 12 – 213

3. 设备切图规则

建筑设备的切图规则设置与结构类似，也是单双线设置及标签的设定，如图 12 – 214 所示。图 12 – 214 表达的是线性对象在切图时，线性方向和垂直方向的切图规则设定。图纸的"平面剖切"是指线性对象被垂直方向剖切时，需要显示的符号。

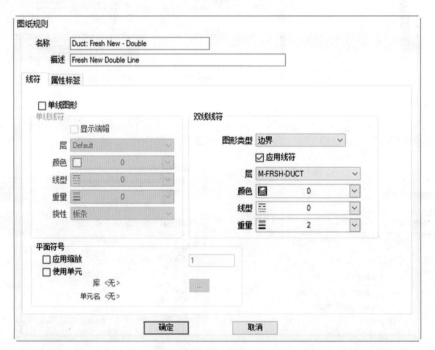

图 12 – 214

上述切图规则可以被内置在切图模板里，也可以在控制 Drawing 显示时进行调整和编辑，以控制最终的图纸输出，所以，切图规则就是三维模型和二维图纸之间的翻译器，通过定义翻译器将三维模型表达为不同要求的二维图纸。

课后练习

1. 下列关于 Bentley 软件的说法不正确的是（　　　）。

   A. Bentley 的 AECOsim Building Designer 是建筑类的专业模块

   B. OpenRoads 系列包括了变电、电缆桥架等系列应用

   C. 如果是在工厂或者综合管廊中用到的压力管道，则需要采用基于等级驱动的 OpenPlant 系列

   D. 结构施工级模型采用 ProStructural，常用的结构类分析采用 Staad. Pro 系列

2. 下列关于 Bentley BIM 解决方案中互联的数据环境说法不正确的是（　　　）。

   A. BIM 数字化工作流程是通过互联的工作环境来实现的，而互联的工作环境又根据数据所处的状态不同，分为综合建模环境和综合性能环境

   B. 对于综合建模环境来讲，解决的核心问题是"多专业协作"，管理对象是过程中的 BIM 数据

   C. 对于综合性能环境来讲，解决的核心问题是"数据综合应用"，管理对象是过程中的 BIM 数据

   D. 对于 BIM 在全生命周期应用来讲，是通过综合建模环境和综合性能环境来建立数字化的工作流程

3. 下列关于 Bentley 通过数字化的方式推动全生命周期的应用解释不正确的是（　　　）。

   A. Bentley 通过数字化的方式推动全生命周期的应用包含"综合的建模环境"和"综合的性能环境"两点

   B. 综合的建模环境：需要确保数据被正确创建、被正确移交，需要齐全的专业设计工具、统一的建模平台、协同的工作平台

   C. 综合的性能环境：需要确保运维数据与实际数据的一致性以及变更过程中的可靠性

   D. 综合性能环境是通过人员和技术来保证资产的性能

4. 下列关于 AECOsim BD 软件基础的介绍，说法不正确的是（　　　）。

   A. 当启动 AECOsim BD 时，系统会弹出"欢迎使用 AECOsim Building Designer"界面，可以通过相关的链接查看相关的案例、学习课程和一些 Bentley 的新闻公告

   B. 进入 ABD 的项目管理界面，在 ABD 中，以项目为单位来组织工作内容，称之为工作集 Workset

   C. 可以建立多个工作集，只能管理多个工程项目。工作集的标准，也可以通过局域网共享，ProjectWise 托管的方式，实现工作标准的统一管理

   D. 在建立工作集的过程中，系统需要设定工作集的根文件夹，以用来在这个位置存储模型图纸和标准等内容。如果没有 ProjectWise，是不能通过局域网共享的方式来使整个团队达到标准的统一

5. 下列不属于 AECOsim BD 操作界面的是（　　　）。

   A. 功能分类区　　　　B. 详细功能区　　　　C. 工程属性设置　　　　D. 修改上下文选项卡

6. 以 Bentley BIM 作为解决建筑结构的某些特殊的异形体或者需要自定义的构件时，可以通过一个底层平台的体、曲面、参数化工具形成三维模型，然后赋予 BIM 类型属性和样式定义，就可以成为一个 BIM 对象，这个平台是（　　　）。

   A. MicroStaiton　　　　　　　　　　B. AECOsim Building Designer

C. Prostructural   D. OpenPlant

7. 以 Bentley BIM 作为解决建筑结构问题的方案，当设计完毕后，到施工环节，需要形成一个结构专业的详细模型，以满足结构施工专业的细节需求。可用于这一阶段的软件是（　　）。

A. MicroStaiton   B. AECOsim Building Designer

C. Prostructural   D. OpenPlant

8. Bentley 建立了 ISM 数据标准，也就是 Intergrated Structure Modeling 的简写，这个数据标准是（　　）。

A. 用于数据交换的一种工作流程   B. 用于数据交换的一种文字规范

C. 用于数据交换的一种数据格式   D. 用于数据交换的一种前置操作

9. 在 ABD 里，很多的对象在定义时没有定义成结构对象，也就没有分析属性，这是由对象的样式来控制的。如果定义成了结构对象，那么该对象就有了（　　）。

A. 分析属性的资格   B. 被参数化属性的资格

C. 变更移动方式的资格   D. 可自由编辑形态的资格

10. 在 ABD 里，两个结构对象之间如果要布置多个对象，（　　）。

A. 需要定义成结构对象   B. 直接操作就可以

C. 需要参数化对象才可以   D. 不可以

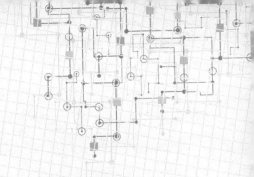

第13章　Tekla 软件结构 BIM 解决方案

第1节　Tekla Structures 软件概述

1.1　软件简介

Tekla Structures 是芬兰 Tekla 公司开发的以钢结构深化和详图设计为主的软件。功能包括 3D 实体结构模型、3D 钢结构细部设计、3D 钢筋混凝土结构设计、工程项目管理、自动生成报表和相关图纸等。Tekla Structures 设计出来的三维模型包含了设计、制造、装配的全部信息需求。

用户可以在工程实施前搭建一个完整的钢结构模型，用于指导设计、制造、装配。模型根据建模深度可以包含结构各组成部分的几何尺寸、材料规格、横截面形状、节点类型、用户批注等在内的所有信息。Tekla Structures 模型可自动生成所需要的图形文件、报告清单所需的数据信息，所有信息和关联信息储存于模型数据库，当模型改变时，其他数据均做相应改变。模型信息的导入和输出格式兼顾了通用文件格式，支持 IFC 输入／输出功能。Tekla Structures 模型以更少的时间和更好的结果辅助设计人员完成设计工作。

近年来，随着国内外大型复杂钢结构项目的迅猛发展，特别是高层建筑、大跨建筑、异形曲面结构等项目，对深化设计、材料利用、加工制作、误差控制等提出了更高更细的要求。为了满足工程建设的需要，Tekla Structures 的功能也不断升级和完善，在工程建设过程中发挥了重要作用。

1.2　软件配置

Tekla Structures 是一种具有不同配置的产品，可提供一组专业化的功能以满足建筑行业的需求。Tekla Structures 的使用范围涵盖从概念设计到制造、安装和辅助管理的整个建筑过程。其功能配置选项表见表 13 – 1。

表　13 – 1

配置 功能	完全	钢结构 细部设计	预制混 凝土细 部设计	现场 浇筑	工程	建筑 建模	主构件	项目 查看器	绘图
查看	✓	✓	✓	✓	✓	✓	✓	✓	✓
轴线、辅助线、点	✓	✓	✓	✓	✓	✓	✓		

（续）

配置 功能	完全	钢结构 细部设计	预制混 凝土细 部设计	现场 浇筑	工程	建筑 建模	主构件	项目 查看器	绘图
建筑零件	✓	✓	✓	✓	✓	✓	✓[1]		
构件	✓	✓	✓	✓	✓	✓	✓		
预制浇筑体	✓		✓			✓	✓		
浇筑	✓[2]		✓[2]	✓[2]	✓[2]	✓[2]	✓[2]	✓[2]	
现场浇筑浇筑体	✓			✓		✓	✓		
编号	✓	✓	✓	✓[3]			✓		
分配控制编号	✓						✓		
计划节点组件				✓	✓	✓			
钢组件	✓	✓					✓		
混凝土组件	✓			✓[5]			✓		
拆运	✓	✓	✓	✓	✓	✓	✓	✓	
程序装置	✓	✓	✓	✓	✓	✓	✓	✓	
定义属性	✓	✓	✓	✓	✓	✓	✓	✓	✓[4]
展示工程状态（4D）	✓	✓	✓	✓	✓	✓	✓	✓	✓
多用户	✓	✓	✓	✓	✓	✓	✓	✓	✓
锁定	✓	✓	✓	✓	✓	✓	✓	✓	
碰撞校核管理器	✓	✓	✓	✓	✓	✓	✓	✓	
任务管理器	✓	✓	✓	✓	✓	✓	✓	✓	
管理器	✓	✓	✓	✓		✓	✓	✓	
打印和发布									
打印和绘制	✓	✓	✓	✓	✓	✓	✓	✓	
发布模型	✓	✓	✓	✓		✓	✓	✓	
外部编辑器									
符号编辑器	✓	✓	✓	✓	✓	✓	✓		✓
模板编辑器	✓	✓	✓	✓	✓	✓	✓	✓	✓
图纸、计划和报告									
创建整体布置图 （计划、截面、安装）	✓	✓	✓	✓	✓	✓	✓		
修改整体布置图 （计划、截面、安装）	✓	✓	✓	✓	✓	✓	✓		✓
创建钢结构制造图纸 （零件图）	✓	✓							

（续）

配置 功能	完全	钢结构 细部设计	预制混 凝土细 部设计	现场 浇筑	工程	建筑 建模	主构件	项目 查看器	绘图
修改钢结构制造图纸（零件图）	✓	✓					✓		✓
创建钢结构制造图纸（构件图）	✓	✓					✓		
修改钢结构制造图纸（构件图）	✓	✓					✓		✓
创建预制混凝土图纸（浇筑体图纸）	✓		✓				✓		
修改预制混凝土图纸（浇筑体图纸）	✓		✓				✓		✓
创建现场浇筑混凝土图纸（浇筑体图纸）	✓		✓	✓			✓		
修改现场浇筑混凝土图纸（浇筑体图纸）	✓		✓	✓			✓		✓
锚栓平面	✓	✓	✓	✓	✓	✓	✓		
报告	✓	✓	✓	✓	✓	✓	✓	✓	✓
互操作性									
输出 CNC、DSTV	✓	✓					✓	✓	
钢 MIS 链接	✓	✓					✓	✓	
输入 2D 和 3D DWG、DXF	✓	✓	✓	✓	✓	✓	✓	✓	
输出 3D DWG、DXF、DGN	✓	✓	✓	✓	✓	✓	✓	✓	
输出图纸（DXF、DWG）	✓	✓	✓	✓	✓	✓	✓	✓	
输入和输出 CAD 和 FEM 包	✓	✓	✓	✓	✓	✓	✓	✓	
IFC2×3 输出	✓	✓	✓	✓	✓	✓	✓		
CIS/2 输入和输出	✓	✓	✓	✓	✓	✓	✓		
EliPlan 输入和输出	✓		✓				✓		
BVBS 输出	✓		✓	✓			✓		
HMS 输出	✓		✓				✓		
Unitechnik 输出	✓		✓				✓		
查看参考模型	✓	✓	✓	✓	✓	✓	✓	✓	✓
附加参考模型（DXF、DWG、DGN、3DD、IFC、XML、PDF）	✓	✓	✓	✓	✓	✓	✓	✓	

（续）

配置功能	完全	钢结构细部设计	预制混凝土细部设计	现场浇筑	工程	建筑建模	主构件	项目查看器	绘图
分析									
创建分析模型	✓	✓	✓	✓	✓		✓		
分析和设计界面	✓	✓	✓	✓	✓		✓		
荷载	✓	✓	✓	✓	✓		✓		
Open API									
Open API 功能	✓	✓	✓	✓	✓	✓	✓	✓	✓[4]

注：✓[1] = 限制：2500 个零件、5000 根钢筋 + 钢筋组、无限数量的螺栓。

✓[2] = 浇筑通过高级选项启用。

✓[3] = 仅限对现场浇筑的零件、浇筑体和钢筋进行编号。

✓[4] = 仅限视图。

✓[5] = 仅限现场浇筑混凝土组件。

1.3 软件优势

Tekla Structures 软件用于建筑建模，可显著改善结构工程信息的传递质量，优势突出，应用广泛。

1）Tekla Structures 是比较完善的钢结构深化设计软件，有自动出图、生成报表等功能，应用十分广泛，在业界有大量的应用实绩。

2）提供 API（Application Programming Interface）应用程序编程接口，可按自身需要做定制化接口处理程序研发。

3）可将结构分析软件三维数值分析模型和成果数据导入 Tekla Structures 软件中进行三维视觉展现，使结构分析过程及设计成果得以在三维视觉下检核和展示，使得结构分析、结构设计、设计图以及数量计算等数据自动连接，进而提高设计精确度。

4）以 3D 模型作为基础系统架构，包含设计、制造与安装所需的全部数据，大幅提高总体生产效率。设计模型修改过程会自动更新至工程图及报表中，降低 3D 模型信息转换成 2D 信息的错误率。

5）引入了自定义参数化模型设计技术，可依个人需求自行定义参数化 3D 实体模型，让使用者更方便。

6）支持多种语言和国际标准，增加了软件应用的通用性。

第 2 节　Tekla 软件结构应用方案

2.1 应用流程

2013 年，Google 公司的 Sketch Up 正式成为 Trimble 家族的一员。Trimble BIM 软件主要有 Sketch Up、Tekla Structures、Vico Office 等。

Sketch Up 软件的中文名为草图大师，国内建筑行业常用于建筑方案规划和景观专业设计，拥有大量的建筑、结构、机电、算量等专业插件，市场占有率仅次于 Autodesk AutoCAD 软件；Tekla Structures 是一款钢结构和混凝土结构深化设计 BIM 软件，包括钢构件、钢结构节点、混凝土构件、钢筋和 PC 构件等专业模块；Vico Office 是一款施工管理软件，包括模型综合、三维审阅、版本比对、进度管理、碰撞检查、工程算量、漫游动画等功能。这三款软件形成了方案表达—深化详图—过程管理的工程建设 BIM 解决方案，如图 13 - 1 所示。Vico Office 软件的工作流程如图 13 - 2 所示。

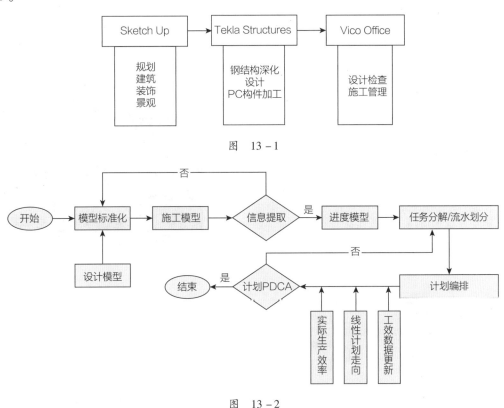

图   13 - 1

图   13 - 2

2.2 数据应用

1）Tekla Structures 数据可直接与工厂生产线实现对接，需要提供加工设备型号、加工规格、加工工艺和接受数据格式。

2）Tekla Structures 数据可以通过 Trimble 公司的放样机器人与施工现场实地测量数据进行关联，将 BIM 设计数据带到施工现场。

2.3 数据交互

Tekla Structures 软件主要通过以下几种形式的软件进行数据交互，包括 DWG、DXF、SDF、SDNF、IGES、IGS、STP、STEP、IFC、DGN、IGES、IGS、XML、IFC、ZIP、STD 等格式。Revit、Sketch Up、ArchiCAD、Tekla、Vico Office 等 BIM 软件间可以无缝衔接。

Tekla structures 与其他众多软件都有数据交互，不仅提供了与同类钢结构产品的数据交互，还包括设备管道的软件也有接口，而且向上有对结构分析的数据交互，向下有对数控机床的数据交互。Tekla structures19.0 软件帮助中给出的数据支持 120 多款软件的数据交互，大部分软件都支持数据的双向交互，仅有少部分支持数据的单项流动。

第3节 Tekla 软件项目应用示例

3.1 项目概况

本项目是济南汉峪金融商务中心的标志性建筑，处于整个汉峪金融商务项目片区的中心，地下 5 层，地上 1 ~ 69 层为功能用房，70 ~ 74 层为机房与设备用房，总建筑面积 25.3 万 m²，建筑高度 339m，建成后将成为济南市的标志性建筑，项目效果图如图 13 – 3 所示。

济南汉峪金融商务中心 A5 – 3#楼主楼结构形式采用内筒外框结构，内筒采用钢筋混凝土剪力墙，外框采用钢管混凝土。楼板采用钢筋桁架楼承板。结构在 30 层、50 层设置转换钢桁架，项目功能及结构布置如图 13 – 4 所示，项目现场施工如图 13 – 5 所示。

图 13 – 3

70~74层为机房与设备用房

塔冠由箱形柱和弧形梁组成，高度2.62m

51~69层为五星级酒店

30层主楼转换钢桁架，高度5.2m
50层主楼转换钢桁架，高度6m

3~50层为高端办公区

主楼地上标准层

1~2层为办公及酒店大堂

主楼地下5层为车库及服务用房

主附楼连廊高度6.86m，跨度27.7mm

图 13 – 4

图 13 – 5

3.2 应用目标

1. 项目应用的必要性

钢结构构件三向倾斜（图 13 – 6）、双曲面（图 13 – 7）、高 Z 向性能叠加，施工难度国内少见。由于圆管柱不垂直，存在单向或双向 3% ~ 7% 的倾斜，吊点及安装精度要求高，钢柱吊点确定难控制（图 13 – 8），水平钢梁的连接牛腿与钢柱不正交，牛腿定位困难。本工程钢构件板厚达 50mm；钢结构施工工期跨越 2 个冬雨季，如何保证厚钢板现场焊接质量及控制焊接变形是本工程的重点和难点；圆管柱用钢量约 6235t，H 型钢梁约 2019t，地上钢结构构件数量统计见表 13 - 2。

表　13 - 2

楼层	柱/（根数/层）	内筒外框钢梁/（根数/层）	环向钢梁/（根数/层）
30 层以下（0 ~ 130m）	20	56	20
30 ~ 50 层（130 ~ 230m）	20	53	20
50 层以上（230 ~ 339m）	28	39	28

图 13 - 6　混凝土核心筒与钢框架现场图

图 13 - 7　外钢框架结构模型

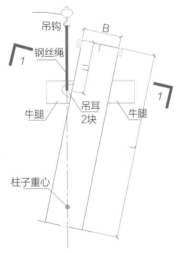

图 13 - 8　斜钢柱吊点布置图

2. 应用价值

应用 Tekla Structures 软件深化钢结构加工详图并指导构件加工，以 BIM 模型为基础，将加工构件进行预拼装，采取措施消除加工误差。将 Tekla Structures 软件模型与总包单位项目管理平台对接，对施工过程进行管控，提高工程建造质量。

3.3 应用示例

1. 模型创建

项目钢结构部分采用 Tekla structures 软件进行建模，钢结构模型构建过程如图 13 –9 ~ 图 13 – 13 所示。

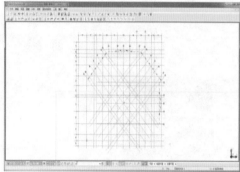

图 13 –9　模型轴网设置

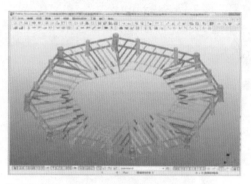

图 13 –10　模型构件搭建

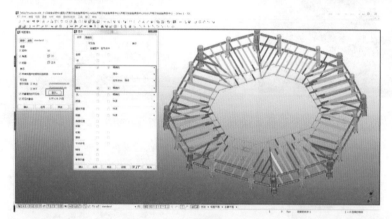

图 13 –11　模型显示设置

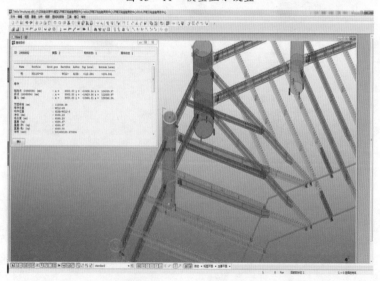

图 13 –12　模型信息查询

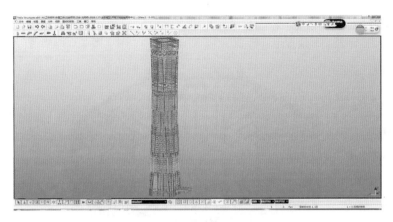

图 13 - 13　模型搭建

2. Tekla 模型导入 Revit

将 Tekla 模型导出为 IFC 格式，与 Revit 模型进行对接。首先在 Tekla Structures 软件"文件"输出. IFC，如图 13 - 14 所示；选择文件输出地址、输出类型，按要求选择构件、螺栓、钢筋、基础数量（若构件信息全部输出，增大模型体量，导致 Revit 打开 IFC 文件时运行缓慢），如图 13 - 15 所示。

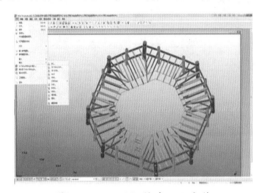

图 13 - 14　Tekla 输出 IFC 文件

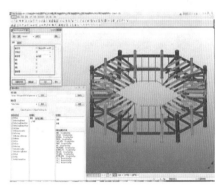

图 13 - 15　Tekla 输出设置

打开 Revit 软件，选择"文件"，单击"打开 IFC"文件，如图 13 - 16 所示。选择自动连接图元、更正稍微偏离的轴线（由于 Tekla Structures 软件导出的模型没有坐标位置，需要在项目基准文件对模型进行手动定位），如图 13 - 17 所示；在 Revit 中打开"Tekla Structures 导出 IFC 文件"，如图 13 - 18 所示，钢结构复杂节点深化细部图如图 13 - 19 所示，外框架钢结构安装实物图如图 13 - 20 所示。

图 13 - 16　打开 IFC 文件

图 13 - 17　查找文件所在位置

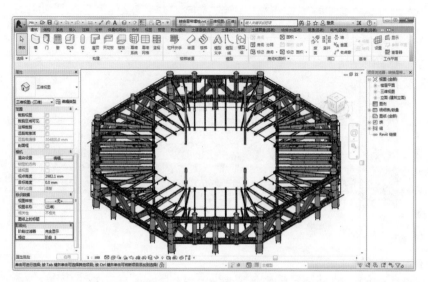

图 13 – 18　模型阶段化设置

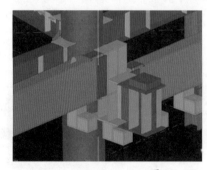
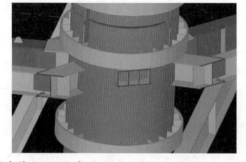

图 13 – 19　复杂节点深化细部图

BIM 与三维激光扫描技术的集成，越来越多地被应用在建筑施工领域，在施工质量检测、辅助实际工程量统计、钢结构预拼装等方面体现出较大价值。如将施工现场的三维激光扫描结果与BIM 模型进行对比，可检查现场施工情况与模型、图纸的差别，协助发现现场施工中的问题。现场三维激光扫描如图 13 – 21 所示。

图 13 – 20　项目施工实物图　　　　　　图 13 – 21　现场三维激光扫描

借助三维激光扫描技术，对现场钢结构进行真实扫描，提取点云数据处理后与模型进行拟合，如图 13 – 22 所示。

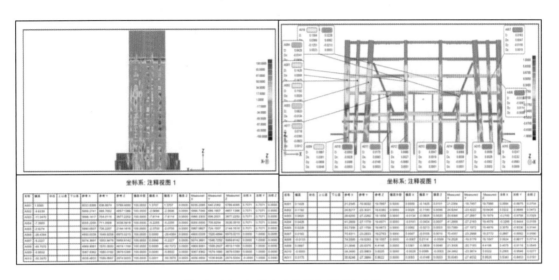

图 13-22　扫描点云数据与模型拟合图

利用三维激光扫描技术对项目进行实物扫描，所得数据以"点云"的形态呈现并保留，通过点云形成工程实物模型，三维激光扫描实物模型与 BIM 模型进行差异对比分析，找出混凝土与钢外框架之间的钢梁尺寸偏差，若有加工或安装误差，项目将采用协同管理平台将核心筒混凝土外墙尺寸偏差和钢外框架尺寸偏差及时反馈给钢构件加工厂，对连接钢梁尺寸进行合理调整后制作，避免给后续安装带来更大的困难。

课后练习

1. Tekla 模型可转化为（　　）格式导入 Revit。

　　A. DWG　　　　　　　　B. DXF　　　　　　　　C. IFC　　　　　　　　D. DGN

2. Tekla Structures 目前在国内主要用于（　　）领域。

　　A. 钢结构深化设计　　　B. 装配式建筑设计　　　C. 工程管理　　　　　　D. 碰撞检测

3. Vico Office 是一款（　　）软件。

　　A. 施工管理　　　　　　B. 工程设计　　　　　　C. 渲染漫游　　　　　　D. 格式转换

4. Tekla structures 与其他众多软件都有数据交互，但（　　）文件格式不在其导出格式范围内。

　　A. RVT　　　　　　　　B. DWG　　　　　　　　C. IFC　　　　　　　　D. DGN

5. Sketch Up 和 Tekla Structures 以及（　　），形成了方案表达→深化详图→过程管理的工程建设 BIM 解决方案。

　　A. Revit　　　　　　　　B. PKPM　　　　　　　C. 广联达　　　　　　　D. Vico Office

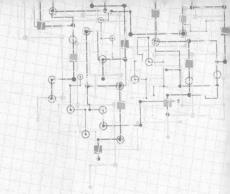

第 14 章　其他软件介绍

1. PKPM 软件的项目应用示例

某文化商务园区的商业办公楼，总建筑面积 74256.86m²，地上建筑面积 49400m²，地上功能为办公，地下建筑面积为 24856.86m²，地下功能主要为车库。其建筑整体效果如图 14-1 所示，根据建筑设计创建的结构计算模型如图 14-2 所示。

图　14-1

结构专业

图　14-2

此项目计算模型与 BIM 模型无缝衔接，此结构为超限项目，位于高层的空中连廊是本工程的一大亮点和难点，计算结果如图 14-3 所示。

设计过程中，结构模型能在 PKPM 平台中与其他专业进行协同设计，如图 14-4 所示。

图　14-3

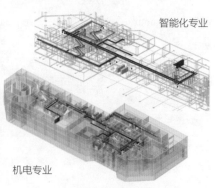

智能化专业

机电专业

图　14-4

2. PKPM 软件的优势

1) BIM 设计下建筑生命周期的各个阶段都应该是三维的信息模型。施工图图面的符号应该和建筑模型数据一体化关联，任何对图面的修改都应该能反映到模型的修改中。基于这个模型，施工图设计将不仅仅是简单的出图，而应变成深化设计、详细设计。正是基于上述考虑，PKPM 推出了全新的 BIM 施工图软件 PAAD，它结合了 PKPM 和 AutoCAD 各自的优势，保证设计者在不同阶段数据的正确传递。

2) PAAD 充分利用 PKPM 软件的系统优势，无缝接力 PMCAD 模型数据、SATWE 结构设计分析数据、PKPM 工程量统计程序 STAT - S，实时适应主流结构设计分析软件数据结构的变化，从根本上减少了因数据接口变动带来的模型信息丢失的可能性，实现了施工图软件的图形显示、尺寸标注、构件配筋标注等的全参数化智能关联技术，大大提高了施工图绘制、修改效率，显著降低了施工图反复修改过程中出现不一致的几率。图 14 - 5 为 PAAD 中计算模型的三维状态。

3) PKPM 提供了相应接口，Revit 与 ArchiCAD 建立的设计阶段的建筑信息模型数据可导入到 PKPM - BIM 系统中，为结构方案设计提供依据，如图 14 - 6 所示。

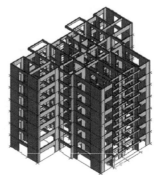

图 14 - 5

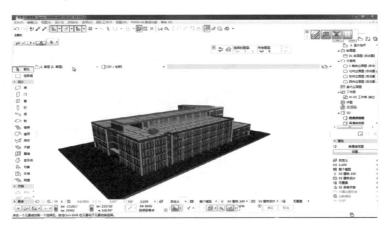

图 14 - 6

4) 利用 PMCAD 建立好结构分析模型后，进入 SATWE 进行结构计算，计算结果传递至施工图设计软件进行施工图设计。图 14 - 7 描述了各软件产品在建筑设计中各个阶段的应用。

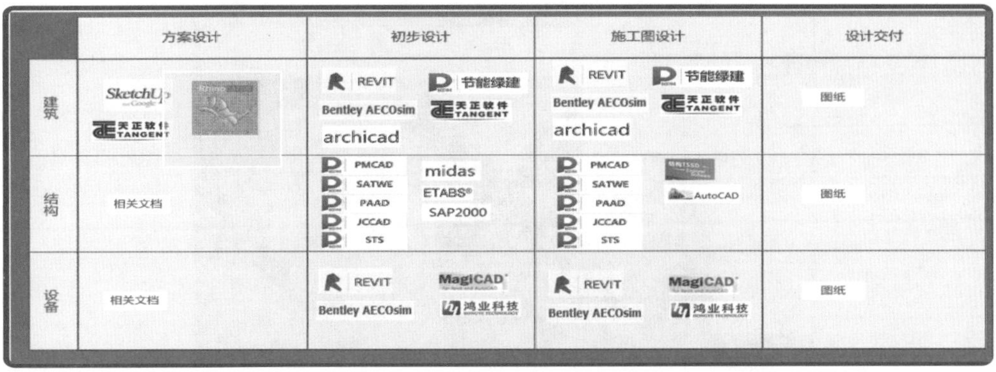

	方案设计	初步设计	施工图设计	设计交付
建筑	SketchUp 天正软件 TANGENT	REVIT 节能绿建 Bentley AECOsim 天正软件 TANGENT archicad	REVIT 节能绿建 Bentley AECOsim 天正软件 TANGENT archicad	图纸
结构	相关文档	PMCAD midas SATWE ETABS® PAAD SAP2000 JCCAD STS	PMCAD SATWE PAAD AutoCAD JCCAD STS	图纸
设备	相关文档	REVIT MagiCAD Bentley AECOsim 鸿业科技	REVIT MagiCAD Bentley AECOsim 鸿业科技	图纸

图 14 - 7

5）在结构设计过程中，结构工程师可在平台中得到其他各专业设计师的反馈，包括建筑构件位置的变更，如图 14 – 8 所示。

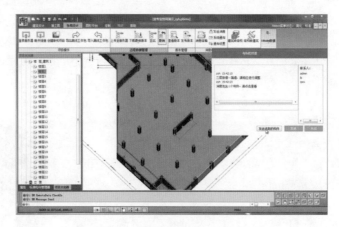

图　14 – 8

由于建筑方案的改变，结构布置发生了相应调整，此信息能及时传递到其他相关专业的设计师处，如图 14 – 9 所示。

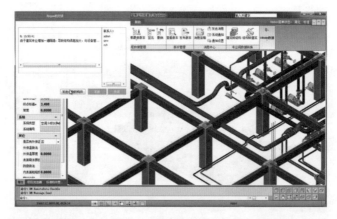

图　14 – 9

相关专业设计师根据接收到的模型数据，对本专业的设计方案进行调整，并将修改方案反馈到平台上，如图 14 – 10 所示。

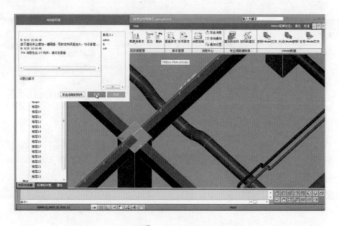

图　14 – 10

6）PKPM 为装配式住宅开发 PBIMS – PC 系统，PM 模型可导入 PC 系统中进行装配式预设计、承载力计算、深化与拆分，然后可进行装配率统计、工程概算、预拼装、施工图设计、加工数据导出等一系列应用。图 14 – 11 简述了 PBIMS 专业平台的运用流程，图 14 – 12 是对原有常规模型进行预制装配化拆分，图 14 – 13 为预制构件设件。

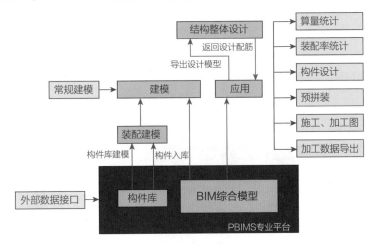

图　14 – 11

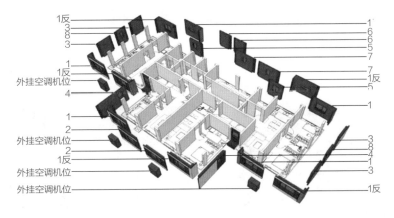

图　14 – 12

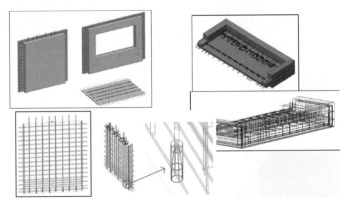

图　14 – 13

第2节 YJK 软件的结构 BIM 应用

1. YJK 软件的项目应用示例

某办公楼，框架剪力墙结构，地上建筑面积约为 $5000m^2$，地下车库面积约为 $1500m^2$。项目模型如图 14-14 所示。

利用 YJK 提供的接口将模型导入 Revit 中，可按颜色和施工模拟次序编号显示施工模拟的内容，如图 14-15 所示。

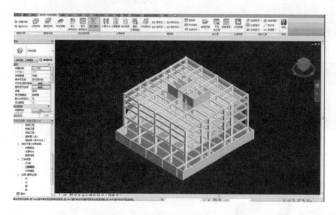

图 14-14   图 14-15

接收 YJK 软件计算出的数据，在 Revit 中绘制结构施工图，如图 14-16~图 14-17 所示。

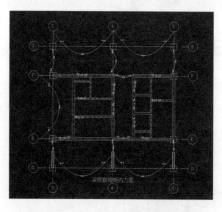 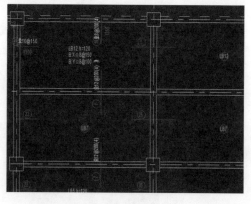

图 14-16   图 14-17

通过 Revit 明细表的功能统计出钢筋工程量信息，如图 14-18 所示。

楼板分布钢筋表

编号	板厚	板底 X 向钢筋	板底 Y 向钢筋	板顶 X 向钢筋	板顶 Y 向钢筋
LB1	130	Φ 10@150	Φ 16@200		
LB2	130	Φ 14@100	Φ 10@150		
LB3	130	Φ 8@150	Φ 8@200	Φ 16@100	

图 14-18

楼板分布钢筋表

编号	板厚	板底 X 向钢筋	板底 Y 向钢筋	板顶 X 向钢筋	板顶 Y 向钢筋
LB4	130	Φ 8@150	Φ 12@200		
LB5	130	Φ 10@200	Φ 8@150		
LB6	130	Φ 8@150	Φ 10@200		
LB7	100	Φ 8@200	Φ 8@150		
LB8	130	Φ 8@200	Φ 8@150		Φ 16@200
LB9	130	Φ 8@150	Φ 8@150		
LB10	130	Φ 10@150	Φ 8@150		
LB11	130	Φ 8@150	Φ 8@150		Φ 8@200
LB12	130	Φ 8@100	Φ 8@150		
LB13	130	Φ 12@200	Φ 8@150		
LB14	130	Φ 10@200	Φ 12@150		
LB15	130	Φ 8@150	Φ 10@100		

图　14－18（续）

图纸保存于 Revit 中，且构件中包含配筋信息，图纸中的平法表示与构件中储存的钢筋信息一致，如图 14－19 所示。

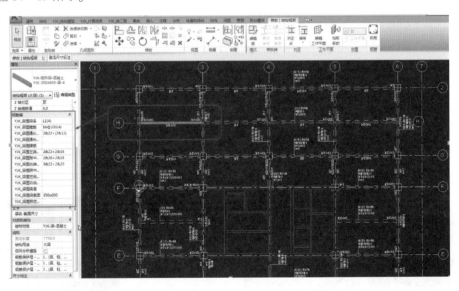

图　14－19

使用改筋功能，可以实现三维钢筋、计算书、钢筋统计、配筋面积的联动，如图 14－20 所示。

图　14－20

根据改筋结果实时计算，生成计算书，保持配筋结果与计算书的一致性（图 14 - 21）。根据构件中的配筋信息可自动生成三维钢筋。

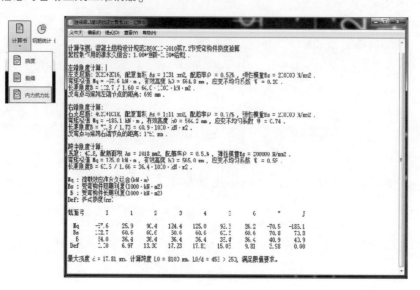

图 14 - 21

2. YJK 软件的优势

1）YJK 软件的数据流通性较强，与国际上一些知名有限元结构分析软件均开放了数据接口，例如 SAP2000、Midas、Etabs、ABAQUS 等。YJK 是最早为 Revit 开放软件接口的国内软件厂商之一。

2）YJK 依托于自身模型，保持 YJK 结构模型的相对独立，建立 Revit 模型与 YJK 结构模型的沟通机制，通过模型互相转化或者模型匹配建立沟通，结构施工图基于 Revit 模型，YJK 模型成为 Revit 下的结构影子模型，结构设计结果依靠 YJK 影子模型，无协同设计平台。

3）接口实现了与 Revit 数据的双向互通程序，针对（上部和基础）结构模型中修改的构件属性进行更新。可以从更新列表中看出被更新的构件编号和更新内容，双击更新条目可以高亮定位构件位置，如图 14 - 22、图 14 - 23 所示。

图 14 - 22

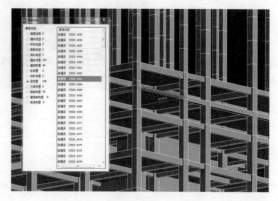

图 14 - 23

4）模型参数是针对转换模型的类型和各类构件的转换样式进行选择的，可以选择构件的三维模型数据来源。可以来自于建模信息（梁段、柱段、墙段），也可以来自于施工图部分的信息内容

（梁跨、柱跨、墙肢）。

5）软件还提供了小板和大板合并、过滤次梁、梁跨端部缩进等功能。采用不同的模型转换类型，可以转化出更加丰富的模型样式。

6）折算荷载部分实现了通过材料列表将非结构墙体的自重自动折算成 Revit 中荷载的功能。完成非结构墙材料密度的设置后，程序会根据密度以及非结构墙的体积自动计算出该面墙的荷载，并在 Revit 模型中进行创建。Revit 中折算完成的荷载还可以通过输出荷载功能直接将荷载信息导入到 YJK 当中，如图 14 - 24 所示。

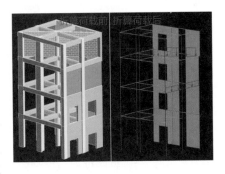

图 14 - 24

7）计算结果部分主要实现将 YJK 的计算结果视图映衬到当前视图平面下，一般是客户进行施工图配筋时候作为参考视图使用，如图 14 - 25 所示。

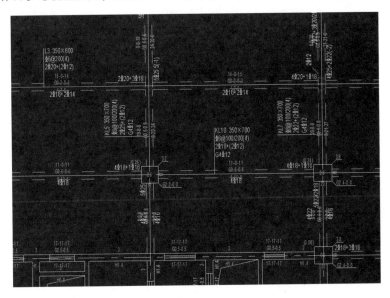

图 14 - 25

8）在 YJK 中已经对模型进行过计算，在 Revit 中单击相应的模型构件（图 14 - 26），则会以文本形式弹出此构件的构件信息（图 14 - 27），构件信息包括几何信息、材料信息、内力信息、设计结果等，方便设计人员查看。

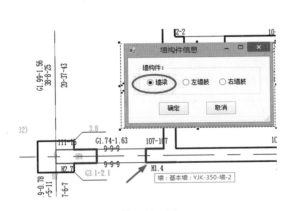

图 14 - 26

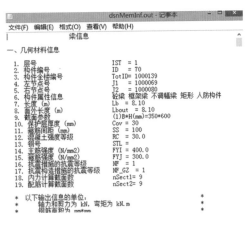

图 14 - 27

9）软件支持对 YJK 转入的模型定义和查看施工模拟次序功能。

第 3 节 探索者软件的结构 BIM 应用

1. 探索者软件的项目应用示例

本项目为钢框架结构，主要功能为商业综合体，地上办公面积约为 20000m²，商业面积为 12000m²。

首先从分析软件 SAP2000 中读取模型以及荷载信息（图 14-28），通过软件保存为中间格式后，将数据导入到 Revit 中生成模型，如图 14-29 所示。

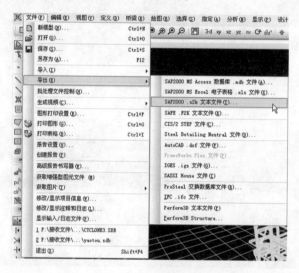

图　14-28

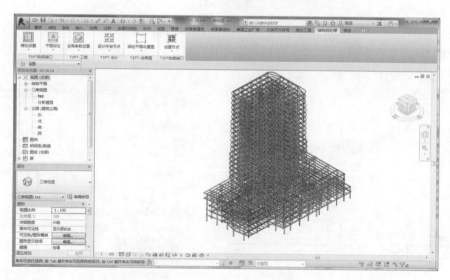

图　14-29

选择规范条目，可对钢框架设计中的焊缝，螺栓等进行计算，也可查看软件验算的方法所依据的条文，如图 14－30 所示。

对设计好的节点，可通过软件自动校核设计是否满足条文规范。不满足规范的，软件会弹出对话款，红色部分表示未通过的部分，如图 14－31 所示。

图　14－30 　　　　　　　　　　　　　　　　　图　14－31

完成节点设计后，运用软件进行梁柱平面布置（图 14－32）以及斜撑布置（图 14－33）。

根据布置图中的索引号，选择不同的部位绘制柱脚节点、拼接节点、梁柱节点、支撑节点大样图（图 14－34），也可以通过节点号快速找到节点所在的平面位置（图 14－35）。

最后通过软件汇总包括梁、柱、支撑在内的材料表，以及包括节点板、螺栓、锚栓、零件详图中的零件材料表，如图 14－36 所示。

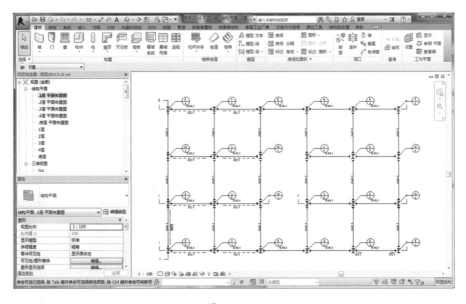

图　14－32

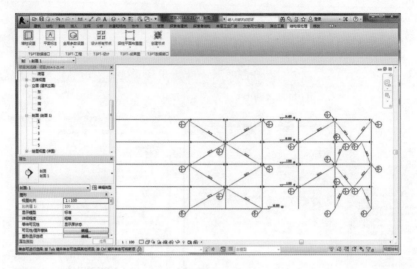

图　14－33

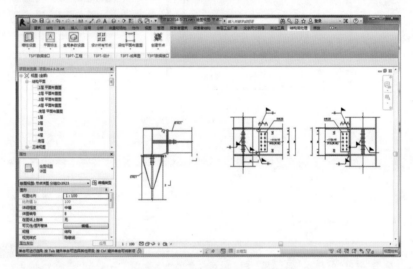

图　14－34

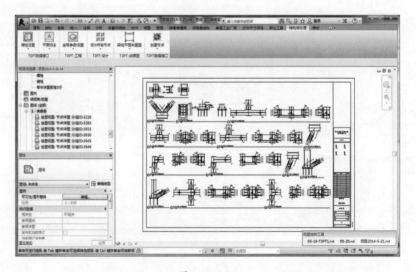

图　14－35

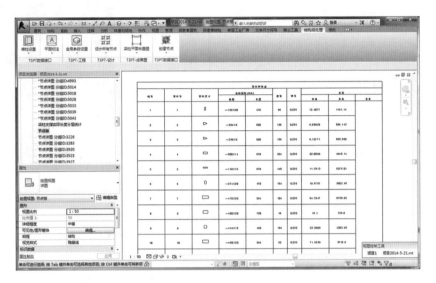

图　14 - 36

2. 探索者软件的优势

早期，探索者以数据中心作为雏形，通过其他计算软件的数据导入，在 Revit 中生成结构模型，再进行一系列的设计深化，施工图绘制。现在，探索者对一系列产品进行了重新组合，包括建模软件、接口类软件、应用软件以及出图软件。

1）三维结构建模软件 TSRS 基于 Revit 设计做了一系列优化，按照我国规范和成图要求，采用标准层方式参数化建立结构三维模型，使 BIM 软件 Revit 的学习成本和使用难度大大降低。TSRP 基于 Autodesk Revit 平台上开发的用于工业厂房设计的专用软件，本软件目前可用于无吊车、有吊车、有悬挂吊车和多跨等门式刚架单层工业厂房的三维建模。图 14 - 37、图 14 - 38 所示为软件设计界面。

图　14 - 37

图　14 - 38

2）TSDCP 探索者数据中心是数据转换及显示的平台，实现了 Revit 与 PKPM、YJK、Midas Building、Midas Gen、Sap2000、Staad. Pro、3D3S、ETABS、Bently 和 PDMS 等软件间的模型及计算数据的双向互导和增量更新（图 14 - 39）。模型和配筋数据的匹配度较高，给出图设计提供了准确的数据（图 14 - 40）。

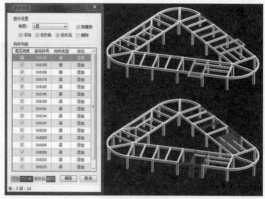

图　14 - 39　　　　　　　　　　　　　　　　图　14 - 40

　　3）探索者三维钢筋软件 TS3DSR 是为结构工程模型生成三维实体钢筋，并计算钢筋工程量开发的专用软件。该软件读取 Revit 平台上的平法施工图，自动生成三维实体钢筋，生成的三维钢筋尺寸、位置与实际钢筋位置完全一致，提高了设计师 Revit 平台设计实体钢筋的效率，为设计指导施工提供了有效的途径。图 14 - 41 为梁钢筋工程量详表局部图。

标准层号	梁号	钢筋编号	钢筋级别	钢筋直径	计算简图	单根长度mm	钢筋根数	合计长度m	单根重量
6	KL-9	1	HRB400	25	375 ⌐3449⌐ 375	4199	4	16.80	16
6	KL-9	2	HPB300	10	3799	3799	4	15.20	2
6	KL-9	3	HPB300	8	132 532	1554	27	41.96	0
6	KL-9	4	HPB300	6	140	317	20	6.34	0
6	KL-29	1	HRB400	25	375 16141 375	16891	2	33.78	65
6	KL-29	2	HRB400	25	2515 548	2990	2	5.98	11
6	KL-29	3	HRB400	25	6321	6321	2	12.64	24
6	KL-29	4	HRB400	25	3443 375	3818	2	7.64	14
6	KL-29	5	HPB300	12	1329	1329	2	2.66	2
6	KL-29	6	HPB300	12	3033	3033	2	6.07	2
6	KL-29	7	HRB400	25	7127 548	7502	4	30.01	28
6	KL-29	8	HRB400	22	9520	9520	4	38.08	28
6	KL-29	9	HPB300	12	6003	6003	4	24.01	5
6	KL-29	10	HPB300	12	8560	8560	6	51.36	5
6	KL-29	11	HPB300	8	232 642	2054	41	84.21	0
6	KL-29	12	HPB300	8	91 642	1772	23	40.76	0

图　14 - 41

　　4）探索者结构三维施工图软件 TSPT for Revit 是为结构专业开发的三维平台自动生成施工图软件。软件读取计算分析软件的结果，自动在 Revit 上生成结构施工图，通过 Revit 本身的关联关系、TSPT for Revit 软件的编辑命令及所做的监控，实现了关联修改效率的最大化。生成图纸规范、整洁，适当调整后可直接导出施工图。如图 14 - 42、图 14 - 43 所示。

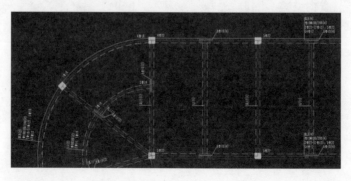

图　14 - 42

5) T3PT for Revit 是探索者钢结构三维施工图软件。本软件从 T3PT 生成的钢结构施工图中读取数据，自动在 Revit 中建立钢结构三维模型，操作简单方便；计算分析软件—施工图—三维模型三者结合，无需设计师重复建模；可导入完整的节点信息，并根据需要把连接节点进行简化表示或完整节点表示，如图 14 – 44 所示。

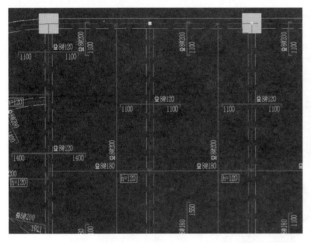
图　14 – 43

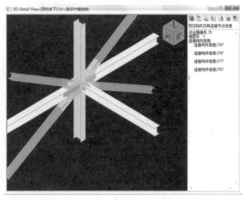
图　14 – 44

第 4 节　PDST 软件的结构 BIM 应用

1. PDST 软件的项目应用示例

某高层住宅项目，地上部分 15 层，地上部分建筑面积 8746.0m²。项目采用剪力墙结构，总体高度为 45m，抗震等级为三级，主体设计使用年限为 50 年。

接 PKPM 结构设计软件数据，通过接口生成 Revit 结构模型，如图 14 – 45 所示。

图　14 – 45

　　导入的计算书已按照钢筋层做竖向归并。在项目中可反复操作更新导入计算书。导入的计算书可以显示在平面视图上，切换平面视图上的计算书显示与隐藏，不同类型的计算书以不同的颜色显示，如图 14 –46 所示。

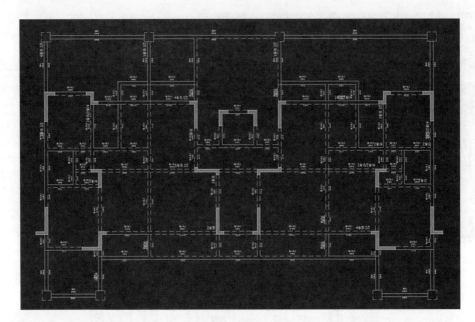

图　14 –46

　　按楼层一键生成梁、柱平法施工图（图 14 –47），剪力墙暗柱表（图 14 –47、图 14 –48）。

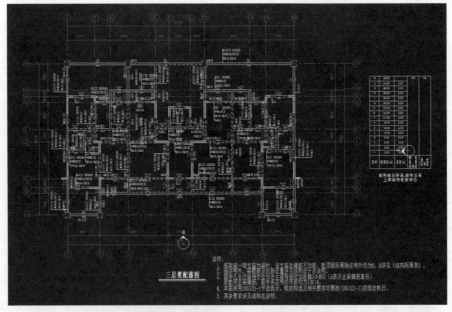

图　14 –47

　　根据需要，可以展示局部三维钢筋作为施工交底的依据，如图 14 –49、图 14 –50 所示。

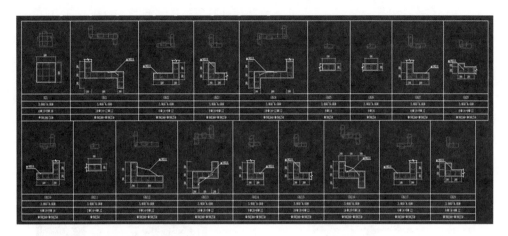

图　14 – 48

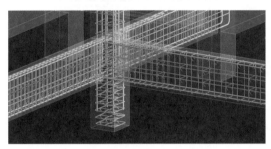

图　14 – 49

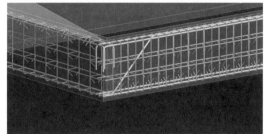

图　14 – 50

软件提供了钢筋量计算的功能，可以统计梁、柱、墙、板中的钢筋，这样在设计阶段可以得到一个较为准确的钢筋用量，如图 14 – 51 所示。

楼层名称：4F						钢筋总重：282.536kg			
筋号	级别	直径	钢筋图形	计算公式	根数	总根数	单长m	总长m	总重kg
构件名称：KZ1-1				构件数量：8	本构件钢筋重：0kg				
构件SID：2-4-124081;2-4-124109;2-4-124084;2-4-124056;2-4-124035;2-4-124036;2-4-124053;2-4-124112									
构件名称：KZ1-1				构件数量：7	本构件钢筋重：34.888kg				
构件SID：2-4-124067;2-4-124070;2-4-124098;2-4-124095;2-4-124129;2-4-124042;2-4-124039									
内侧纵筋.1	C	18	216 2960 216	596+2600-20+12*d	4	28	3.392	94.976	189.952
箍筋.1	Φ	8	160 260	2*((300-2*20)+(200-2*20))+2*(11.9*d)	19	133	1.031	137.123	54.264
构件名称：KZ2-1				构件数量：1	本构件钢筋重：38.32kg				
构件SID：2-4-123718									
内侧纵筋.1	C	18	216 3476	896+2600-20+12*d	2	2	3.692	7.384	14.768
外侧纵筋.1	C	18	216 3260 270	896+1900+max(1.5*35*d,700+15*d-20)	2	2	3.746	7.492	14.984
箍筋.1	Φ	8	260 160	2*((200-2*20)+(300-2*20))+2*(11.9*d)	21	21	1.031	21.651	8.568
构件名称：KZ2-1				构件数量：2	本构件钢筋重：0kg				
构件SID：2-4-123727;2-4-123726									
构件名称：KZ4-1				构件数量：1	本构件钢筋重：0kg				
构件SID：2-4-123719									
构件名称：KZ5-1				构件数量：13	本构件钢筋重：0kg				
构件SID：2-4-123728;2-4-123723;2-4-123724;2-4-123725;2-4-123732;2-4-123733;2-4-123734;2-4-123729;2-4-123730;2-4-123731;2-4-123720;2-4-123722;2-4-123721									

汇总表　柱明细表(4F)　柱明细表(6F)　梁明细表(1F)　梁明细表(2F)　梁明细表(3F)　梁明细表(4F)

图　14 – 51

将生成的模型（图 14 – 52）导入到广联达软件中计算工程量（图 14 – 53），可以复核 PDST 软件计算的工程量是否准确。

图　14 – 52　　　　　　　　　　　　　　　　图　14 – 53

2. PDST 软件的优势

PDST（Structure Draft in Plant Design）是基于 Revit 结构三维模型的手工绘图、自动成图，以及基于图面数据进行钢筋算量的整套系统。

PDST 采用开放的操作模式，支持 Revit 平台原生的操作，如复制、粘贴、平移、旋转等，支持在图面进行类似 AutoCAD 中的绘图操作，同时，提供图面校核功能可随时检查错误并列出，双击错误提示信息即可定位图纸对应的出错位置。图面校核不仅能检查图面标注的多、缺、错，更能结合计算书、规范要求检查配筋是否满足计算要求，以及是否满足规范要求。

PDST 能对结构施工图图面设计结果的数据做完整的分析，将数据用于钢筋算量、三维钢筋显示、与其他算量软件对接、与轻量化平台对接等后续应用。

PDST 支持多款主流结构计算软件的计算模型导入，包括 PKPM、YJK、SAP2000、Staad. Pro、Midas 等。导入模型在 PDST 软件中的显示结果如图 14 – 54 所示。

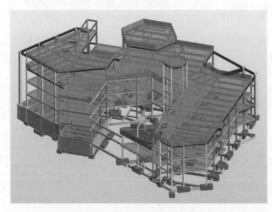

图　14 – 54

施工图难点在于结构模型的迭代。目前困境是结构计算软件给出的信息需要经过进一步设计，通过图纸表达出来，PDST 的增量更新功能支持 Revit 的结构模型的反复迭代。增量更新过程中，PDST 会高亮显示修改的构件（图 14 – 55），同时生成差异报告（图 14 – 56）。

PDST 软件支持 Revit 模型输出为 PKPM 结构计算模型，如图 14 – 57 所示。

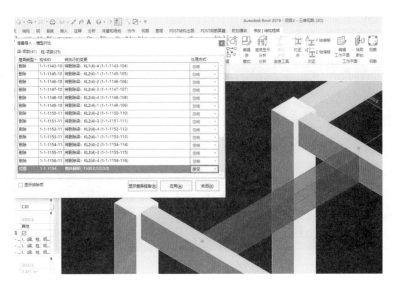

图 14-55

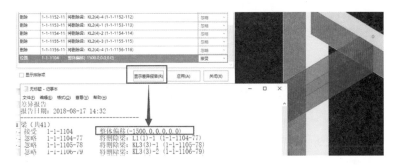

图 14-56

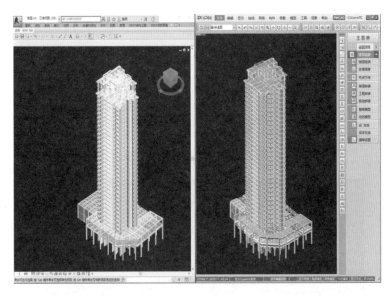

图 14-57

  PDST 的"导入计算书"功能是指从结构计算软件仅导入计算书(计算结果)到当前 Revit 结构模型,不对模型、图纸和配筋产生任何变更,导入的计算书已按照钢筋层做竖向归并;在项目中可反复操作更新导入计算书；导入的计算书可以显示在平面视图上，切换平面视图上的计算书显示与隐藏，不同类型的计算书以不同的颜色显示，如图 14 – 58 所示。

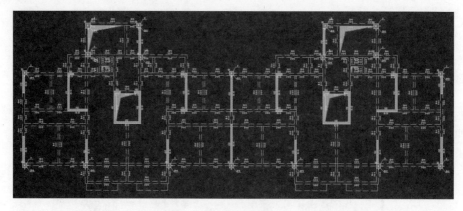

图　14 – 58

PDST 支持自定义构件配筋的钢筋选用（图 14 – 59）。

图　14 – 59

PDST 支持按标高成图或按楼层成图（图 14 – 60 ~ 图 14 – 63）。

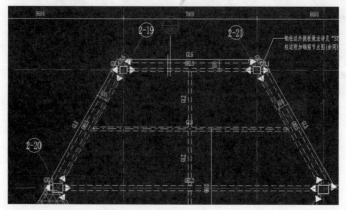

图　14 – 60

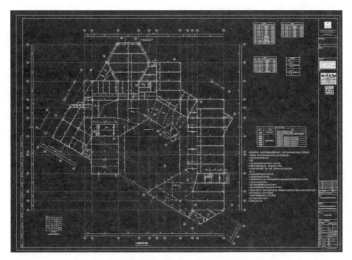

图　14 – 61

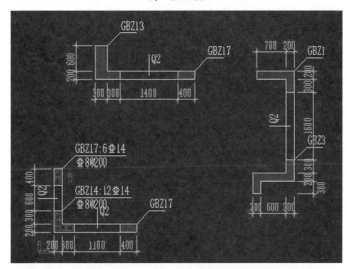

图　14 – 62

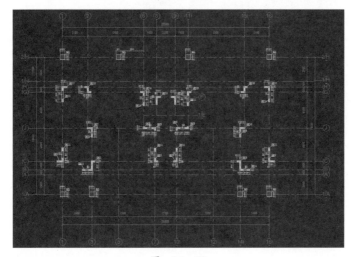

图　14 – 63

PDST 提供在三维视图依据图面平法数据显示钢筋，如图 14－64 所示。

图　14－64

PDST 可直接在 Revit 里面完成钢筋的算量（图 14－65～图 14－67）。PDST 支持自定义设置钢筋的算量相关规则和计算方式，具体选项设置内容包括：常规参数、计算设置、节点构造、连接形式、箍筋公式及显示设置等。也可将模型导入广联达算量软件中进行工程量计算，使模型能重复利用。

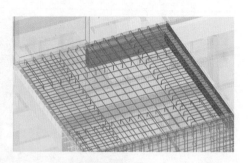

钢筋计算明细　总重：955.906kg　构件：KL1(5) KZ1-3

筋号	级别	直径	钢筋图形	计算公式	公式描述	长度	根数	搭接长度	单长(m)	总长(m)	总重(kg)
跨1通长筋.1	Φ	16	630 35661 630	650-20+600-20+34501+600-20+650-20	弯折+支座宽-保护层+净长+支座宽-保护层+弯折	36921	2	0	36.921	73.842	116.672
跨1左支座筋.1	Φ	16	630 2980	650-20+600-20+7200/3	弯折+支座宽-保护层+搭接	3610	1	0	3.61	3.61	5.704
跨1右支座筋.1	Φ	16	5401	7200/3+600+7200/3	搭接+支座宽+搭接	5401	3	0	5.401	16.203	25.602
跨1下部钢筋.1	Φ	22	330 8660	15*22+600-20+7200+40*d	弯折+支座宽-保护层+净长+直锚	8990	1	0	8.99	8.99	26.791
跨1下部钢筋.2	Φ	25	375 8780	15*25+600-20+7200+40*d	弯折+支座宽-保护层+净长+直锚	9155	1	0	9.155	9.155	35.247
跨2右支座筋.1	Φ	16	5400	7200/3+600+7200/3	搭接+支座宽+搭接	5400	3	0	5.4	16.2	25.596
跨2右支座筋.2	Φ	16	4200	7200/4+600+7200/4	搭接+支座宽+搭接	4200	3	0	4.2	12.6	19.908

图　14－65

	A	B	C	D	E	F	G	H	I	J
1	楼层名称：1F						钢筋总重：4161.726kg			
2	筋号	级别	直径	钢筋图形	计算公式	根数	总根数	单长m	总长m	总重kg
3	构件名称：LL1				构件数量：1	本构件钢筋重：27.055kg				
4					构件SID：1-1-4199					
5	跨1通长筋.1	Φ	14	2287	37*d+1251+37*d	2	2	2.287	4.574	5.536
6	跨1侧面抗扭筋.1	Φ	12	2139	37*d+1251+37*d	4	4	2.139	8.556	7.6
7	跨1下部钢筋.1	Φ	14	2287	37*d+1251+37*d	2	2	2.287	4.574	5.536
8	跨1箍筋.1	Φ	8	510 160	2*((200-2*20)+(550-2*20))+2*(11.9*d)	13	13	1.531	19.903	7.865
9	跨1拉筋.1	φ	6	160	200-2*20+2*(75+1.9*d)	7	7	0.333	2.331	0.518
10	构件名称：LL1				构件数量：1	本构件钢筋重：26.383kg				
11					构件SID：1-1-4707					
12	跨1通长筋.1	Φ	14	210 2004	15*d+250-15+1251+37*d	2	2	2.214	4.428	5.358
13	跨1侧面抗扭筋.1	Φ	12	120 1930	10*d+250-15+1251+37*d	4	4	2.05	8.2	7.284
14	跨1下部钢筋.1	Φ	14	210 2004	15*d+250-15+1251+37*d	2	2	2.214	4.428	5.358
15	跨1箍筋.1	Φ	8	510 160	2*((200-2*20)+(550-2*20))+2*(11.9*d)	13	13	1.531	19.903	7.865
16	跨1拉筋.1	φ	6	160	200-2*20+2*(75+1.9*d)	7	7	0.333	2.331	0.518
17	构件名称：LL2				构件数量：1	本构件钢筋重：18.985kg				
18					构件SID：1-1-4111					
19	跨1通长筋.1	Φ	14	2203 210	37*d+1500+200-15+15*d	2	2	2.413	4.826	5.84
20	跨1下部钢筋.1	Φ	14	2203 210	37*d+1500+200-15+15*d	2	2	2.413	4.826	5.84
21	跨1箍筋.1	Φ	8	360 160	2*((200-2*20)+(400-2*20))+2*(11.9*d)	15	15	1.231	18.465	7.305
22	构件名称：LL3				构件数量：1	本构件钢筋重：18.343kg				
23					构件SID：1-1-4259					

汇总表　梁明细表(1F)　梁明细表(2F)　梁明细表(3F)　梁明细表(4F)　梁明细表(5F)　梁明细表(6F)

图　14－66

	A	B	C	D	E	F	G	H	I	J
1	楼层名称：1F						钢筋总重：12886.225kg			
2	筋号	级别	直径	钢筋图形	计算公式	根数	总根数	单长m	总长m	总重kg
3	构件名称：AZ1				构件数量：7	本构件钢筋重：33.784kg				
4	构件SID：wc-1-2-(gvid:16)-(wsid:4-1-6514);wc-1-2-(gvid:17)-(wsid:4-1-6514);wc-1-2-(gvid:18)-(wsid:4-1-6514);wc-1-2-(gvid:29)-(wsid:4-1-4749);wc-1-2-(gvid:25)-(wsid:4-1-4749);wc-1-2-(gvid:30)-(wsid:4-1-4749);wc-1-2-(gvid:14)-(wsid:4-1-6514)									
5	低位竖向筋.1	Φ	14	2635 168	2650-15+12*d	1	7	2.803	19.621	23.744
6	高位竖向筋.1	Φ	14	1762 168	2650-1.3*48*d-15+12*d	1	7	1.93	13.51	16.352
7	低位竖向筋.2	Φ	12	2635 144	2650-15+12*d	2	14	2.779	38.906	34.552
8	高位竖向筋.2	Φ	12	1887 144	2650-1.3*48*d-15+12*d	2	14	2.031	28.434	25.256
9	箍筋.1	Φ	8	220 370	2*(370+220)+2*11.9*d	36	252	1.371	345.492	136.584
10	构件名称：AZ2				构件数量：4	本构件钢筋重：32.38kg				
11	构件SID：wc-1-2-(gvid:10)-(wsid:4-1-4826);wc-1-2-(gvid:3)-(wsid:4-1-4071);wc-1-2-(gvid:9)-(wsid:4-1-4067);wc-1-2-(gvid:32)-(wsid:4-1-4794)									
12	低位竖向筋.1	Φ	12	2635 144	2650-15+12*d	2	8	2.779	22.232	19.744
13	高位竖向筋.1	Φ	12	1887 144	2650-1.3*48*d-15+12*d	2	8	2.031	16.248	14.432
14	高位竖向筋.2	Φ	14	1762 168	2650-1.3*48*d-15+12*d	1	4	1.93	7.72	9.344
15	低位竖向筋.2	Φ	14	2635 168	2650-15+12*d	1	4	2.803	11.212	13.568
16	箍筋.1	Φ	8	370 170	2*(170+370)+2*11.9*d	36	144	1.271	183.024	72.432
17	构件名称：AZ3				构件数量：2	本构件钢筋重：45.184kg				
18	构件SID：wc-1-3-(gvid:19)-(wsid:4-1-6527);wc-1-3-(gvid:13)-(wsid:4-1-6522)									
19	低位竖向筋.1	Φ	12	2635 144	2650-15+12*d	3	6	2.779	16.674	14.808
20	高位竖向筋.1	Φ	12	1887 144	2650-1.3*48*d-15+12*d	3	6	2.031	12.186	10.824
21	低位竖向筋.2	Φ	14	2635 168	2650-15+12*d	1	2	2.803	5.606	6.784

梁明细表(6F)　梁明细表(7F)　梁明细表(8F)　梁明细表(9F)　梁明细表(10F)　梁明细表(11F)　墙明细表(1F

图　14－67

第 5 节　品茗软件的结构 BIM 应用

5.1　品茗 BIM 施工策划

1. 软件介绍

品茗 BIM 施工策划软件是基于 AutoCAD 研发的 BIM 软件,主要用于施工招标投标阶段的技术标制作;施工阶段的施工组织设计、安全专项方案、文明施工专项方案、临水临电等方案通过三维平面布置图和施工模拟进行设计优化;施工现场的安全文明标准化管理,包括进度汇报、技术交底、材料管理等。

2. 应用情况

(1) 模型建立　根据软件内置的临时板房、塔吊、施工电梯等构件的二维图例和三维模型,通过建筑总平面图识别转化以及布置构件快速建立 BIM 模型,如图 14 - 68 所示。

图　14 - 68

(2) 施工模拟　使用进度关联先完成土方开挖施工模拟动画的设置,然后在主体阶段布置完成后设置主体施工模拟动画的时间和动画方式。生成模拟动画后可在三维视口里预览施工模拟动画,若发现问题可以单击返回动画编辑,重新进行设置调整。最后根据设置的动画信息自动生成施工模拟视频,可录制并导出视频,如图 14 - 69 所示。

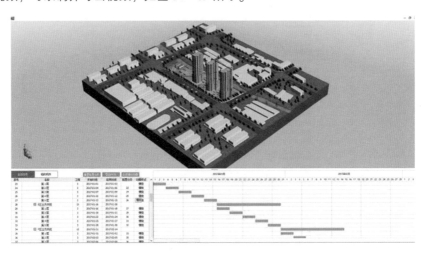

图　14 - 69

（3）生成图纸（图 14 – 70）

1）根据 BIM 模型可以按时间或者施工阶段来生成不同阶段的平面布置图，例如土方阶段平面布置图、地下室阶段平面布置图等，也可导出生成消防平面布置图、临时用电平面布置图、临时用水平面布置图等。

2）根据 BIM 模型可以生成部分构件的详图，现场施工人员可作为临时设施施工的依据。

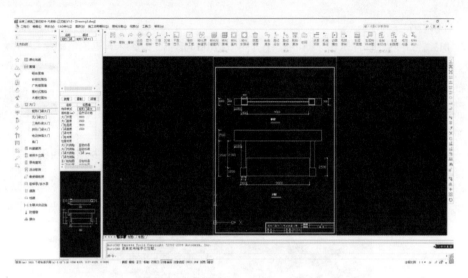

图　14 – 70

（4）临时设施材料统计　通过模型可以对布置的构件按总量或按各施工阶段用量分别统计，统计完成后可以保存成 Excel 表格文件并导出，如图 14 – 71 所示。

序号	构件名称	规格	工程量	单位	时间(天)	备注
1	矩形门架大门		1	个		
2	矩形门架大门1	9000mm	1	个	1	矩形门架大门
3	拟建建筑		14	个		
4	34#		4	个	1	拟建建筑
5	6号楼		1	个	1	拟建建筑
6	7层		1	个	1	拟建建筑
7	拟建建筑2		1	个	1	拟建建筑
8	拟建建筑3		2	个	1	拟建建筑
9	拟建建筑4		1	个	1	拟建建筑
10	拟建建筑5		2	个	1	拟建建筑
11	拟建建筑6		1	个	1	拟建建筑
12	拟建建筑7		1	个	1	拟建建筑
13	拟建建筑扣除		6	个		
14	拟建建筑扣除1		6	个	1	扣除拟建建筑
15	原有建筑		90	个		
16	原有建筑10		1	个	1	原有建筑
17	原有建筑11		1	个	1	原有建筑
18	原有建筑12		1	个	1	原有建筑
19	原有建筑13		2	个	1	原有建筑
20	原有建筑14		1	个	1	原有建筑
21	原有建筑15		1	个	1	原有建筑
22	原有建筑16		1	个	1	原有建筑
23	原有建筑17		1	个	1	原有建筑
24	原有建筑18		2	个	1	原有建筑

图　14 – 71

（5）自定义构件导入　可以将 3dmax 模型、Revit 族文件、草图大师的 skp 等输出相应的文件格式，通过软件插件在自定义构件中增加其他方式编辑的构件类型。

5.2　品茗 BIM 脚手架

1. 软件介绍

品茗脚手架工程软件是采用 BIM 技术理念设计并针对工程脚手架设计的软件，主要包括脚手架设计、施工图设计、专项方案编制、材料统计功能。

2. 应用情况

（1）模型建立　模型建立主要通过 AutoCAD 结构图识别建模和手动结构建模两种方式进行，模型建立后，软件自动根据设置的参数生成三维模型，如图 14 - 72 所示。软件的设计要求是：建立结构模型即能获得所求结果。

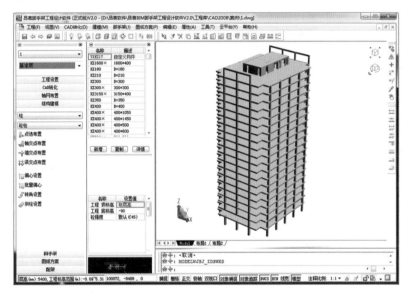

图　14 - 72

（2）脚手架布置　脚手架布置可通过智能布置进行，智能布置包括：智能布置脚手架、智能布置剪刀撑、智能布置连墙件、智能布置围护杆件等；也可以通过手动布置功能实现脚手架的设计，如图 14 - 73 所示。

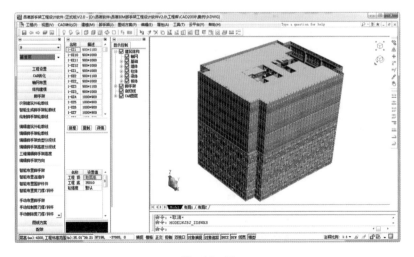

图　14 - 73

（3）图纸方案　脚手架设计完成后可输出最终设计成果，生成脚手架平面图、剖面图、大样图、立面图、计算书、施工方案、材料统计、汇总等技术文件。

1）平面图：可导出本层或整栋脚手架架体平面图、连墙件平面图、悬挑主梁平面图，如图14-74所示。

2）剖面图：可导出本层或整栋脚手架剖面图，如图14-75所示。

3）大样图：通过选择脚手架分段线，导出脚手架搭设大样图。

4）立面图：导出脚手架搭设四个方向的立面图。

5）生成计算书：选择脚手架分段线生成脚手架计算书，如图14-76所示。

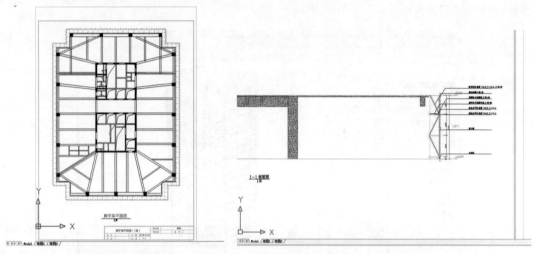

图　14-74　　　　　　　　　　　　　　　　　图　14-75

图　14-76

6）方案书：选择脚手架分段线生成脚手架专项施工方案。

7）材料统计报表：自动生成脚手架中包括立杆、水平杆、剪刀撑、安全网等材料的使用统计报表，如图14-77所示。

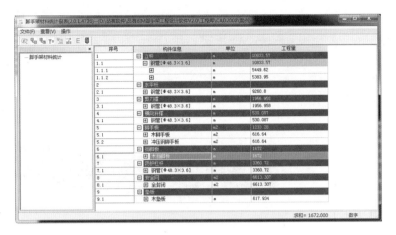

图 14 – 77

5.3 品茗 BIM 模板

1. 软件介绍

品茗模板工程设计软件是采用 BIM 技术理念设计开发的针对房建工程现浇结构的模板支架设计软件，主要用于模板支架设计、施工图设计、专项方案编制、材料统计等。

2. 应用情况

（1）模型建立 模型建立主要通过 AutoCAD 结构图识别建模和手动结构建模两种方式进行，模型建立后，软件自动根据设置的参数生成三维模型，如图 14 – 78 所示。软件的设计宗旨是：建立结构模型即能获得所求结果。

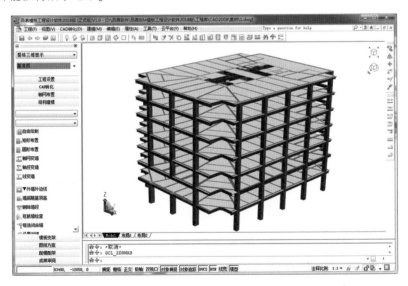

图 14 – 78

（2）模板支架布置 模板支架可通过智能布置或手动布置进行，智能布置包括：智能布置梁立杆、智能布置板立杆、智能布置剪刀撑、智能布置梁侧模板及立杆优化等；手动布置包括：手动布置梁立杆、手动布置板立杆、手动布置梁侧模板等。若需要对模板支架的平面布置进行调整，可以使用模板支架编辑命令进行手动编辑和修改，也可以单击水平杆偏向、立杆编辑、横杆编辑、立杆关联到横杆、解除立杆关联横杆进行手动调整编辑模板支架，如图 14 – 79 所示。

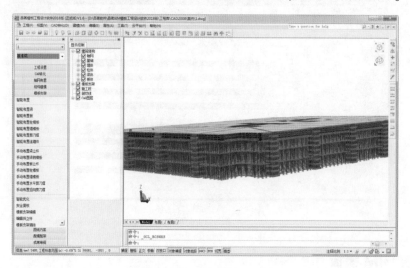

图　14 – 79

（3）图纸方案　图纸方案功能是品茗模板支架设计软件成果输出的环节，可一键生成模板支架平面图、剖面图、梁板大样图、三维剖切、梁板模板支架计算书、模板支架专项方案、材料统计报表等相关技术文件。

1）平面施工图：可导出本层或整栋混凝土结构平面图和支模架立杆平面图，如图 14 – 80 所示。

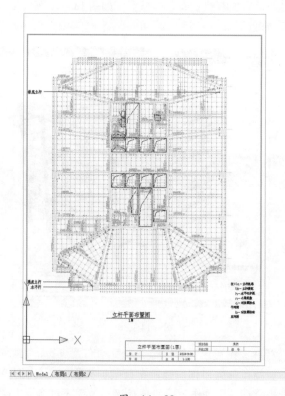

图　14 – 80

2）剖面图：可导出本层或整栋混凝土结构支模架立杆剖面图，如图 14 - 81 所示。

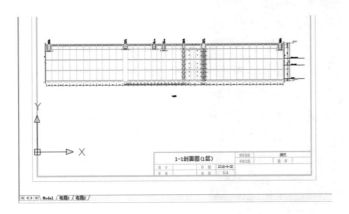

图　14 - 81

3）梁板大样图：通过选择结构模型中单块梁板或区域梁板结构导出模板支架搭设大样图。

4）三维剖切：按照剖切线方向生成局部立体三维模板支架模型。

5）计算书：选择结构模型中单块梁板或区域梁板结构梁板模板支架搭设计算书，如图 14 - 82 所示。

图　14 - 82

6）方案书：自动生成梁板结构模板专项施工方案，如图 14 - 83 所示。

7）材料统计：自动生成结构模型中包括梁板混凝土、模板面板、模板支撑次楞、模板支撑主楞、模板支撑立杆材料使用统计报表，如图 14 - 84 所示。

8）模板配置：自动生成模板配置图、模板配置表及模板切割表，如图 14 - 85 所示。

图 14-83

材料统计反查报表(1.6.1.6337)--(D:\品茗软件\品茗BIM模板工程设计软件2018版\工程库\CAD2008\案例)

序号	构件信息	单位	工程量
1	砼量		
1.1	砼强度[C30]	m3	335.711
1.2	砼强度[C45]	m3	243.624
2	模板		
2.1	覆面木胶合板[18]	m2	3352.903
3	立杆		
3.1	钢管[Φ48×3.5]	m	15041.334
4	横杆		
4.1	钢管[Φ48×3.5]	m	16379.631
5	主梁		
5.1	钢管[Φ48×3.5]	m	12595.009
6	小梁		
6.1	方木[50*80]	m	17716.199
7	对拉螺栓		
7.1	[M14]	套	4894
8	固定支撑		
8.1	固定支撑	套	787
9	底座\垫板		
9.1	垫板	个	3037
10	扣件		
10.1	双扣件	个	4666
10.2	直角扣件	个	29971

图 14-84

配模统计反查报表(1.6.1.6337)--(D:\品茗软件\品茗BIM模板工程设计软件2018版\工程库\CAD2008\案例)

序号	模板类型	标准板规格	张数	总面积(m2)
1	非切割整板	915*1830	647	1083.369
1.1	现浇平板	915*1830	407	681.501
1.1.1	1层	915*1830	407	681.501
1.2	砼柱	915*1830	240	401.868
1.2.1	1层	915*1830	240	401.868
2	切割整板	915*1830	1501	2512.611
2.1	框架梁	915*1830	419	700.265
2.1.1	1层	915*1830	419	700.265
2.2	次梁	915*1830	172	287.818
2.2.1	1层	915*1830	172	287.818
2.3	连梁	915*1830	36	59.287
2.3.1	1层	915*1830	36	59.287
2.4	现浇平板	915*1830	326	544.376
2.4.1	1层	915*1830	326	544.376
2.5	砼柱	915*1830	550	920.864
2.5.1	1层	915*1830	550	920.864

求和= 1470.864

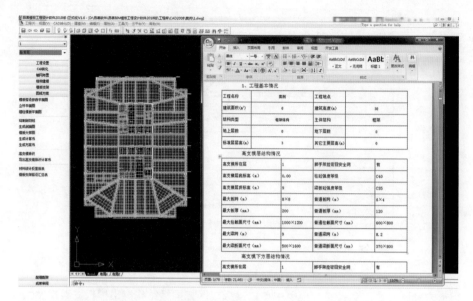

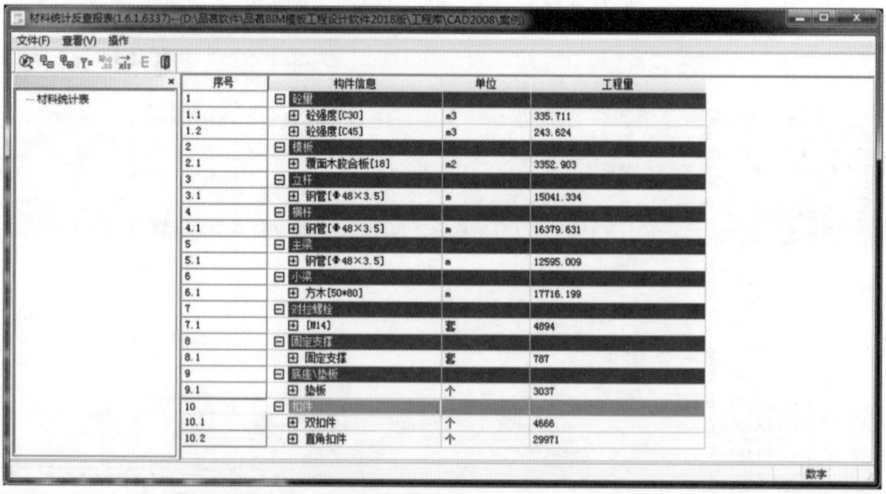

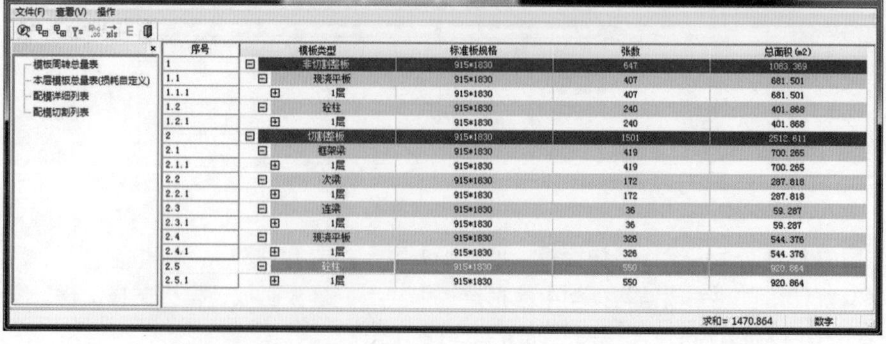

图 14-85

第 6 节　Navisworks 软件的施工模拟应用

Navisworks 软件为项目分析、施工仿真和项目信息交流提供了全面审阅解决方案。目前，Navisworks 软件施工模拟功能较为常见的操作是将模型与 Project 进度关联，通过 Navisworks 软件的 TimeLiner 功能进行施工进度模拟演示。

4D 施工模拟是在 3D 施工模拟的基础上加上时间轴，即进度信息，能够更直观、全面地提供施工信息。

1. 创建对象集

在“集合”面板中创建与模型建筑类型相应名称的文件夹，如图 14－86 所示。

2. 添加任务并附着对象

（1）手动添加任务　手动填写任务信息及附着相对应的对象集，如图 14－87 所示。

（2）导入 Microsoft Project 的输出文件　首先在 Microsoft Project 中创建任务进度表，如图 14－88 所示；然后在 Navisworks 中导入任务进度表，如图 14－89 所示；最后将所有任务的“任务类型”设成“构造”，并为每个任务附着相应的对象集，如图 14－90 所示。

图　14－86

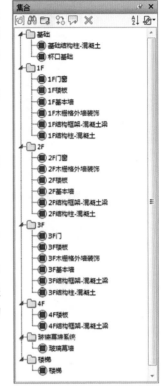

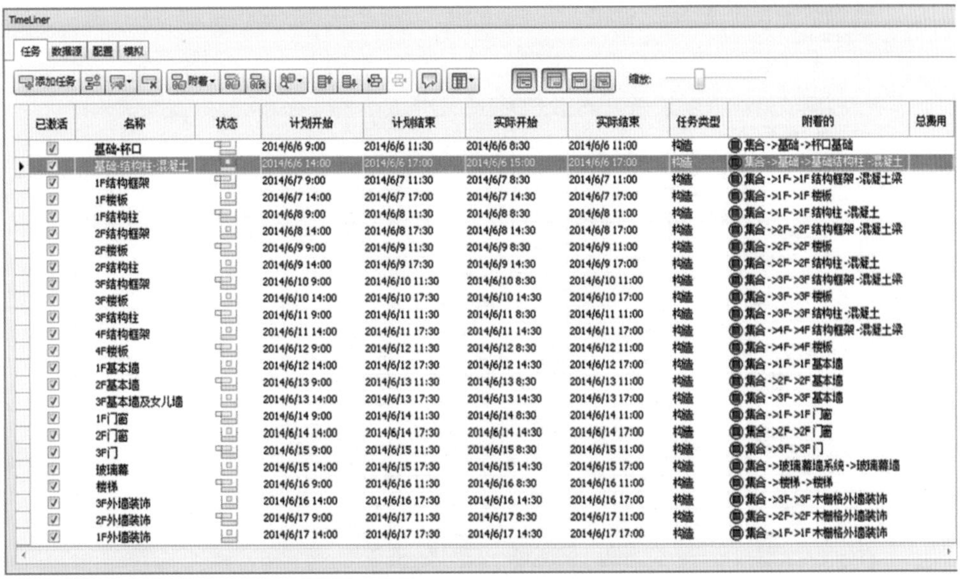

已激活	名称	状态	计划开始	计划结束	实际开始	实际结束	任务类型	附着的	总费用
☑	基础-杯口		2014/6/6 9:00	2014/6/6 11:30	2014/6/6 8:30	2014/6/6 11:00	构造	集合->基础->杯口基础	
☑	基础-结构柱-混凝土		2014/6/6 14:00	2014/6/6 17:00	2014/6/6 15:00	2014/6/6 17:00	构造	集合->基础->基础结构柱-混凝土	
☑	1F结构框架		2014/6/7 9:00	2014/6/7 11:30	2014/6/7 8:30	2014/6/7 11:00	构造	集合->1F->1F结构框架-混凝土梁	
☑	1F楼板		2014/6/7 14:00	2014/6/7 17:00	2014/6/7 14:30	2014/6/7 17:00	构造	集合->1F->1F楼板	
☑	1F结构柱		2014/6/8 9:00	2014/6/8 11:30	2014/6/8 8:30	2014/6/8 11:00	构造	集合->1F->1F结构柱-混凝土	
☑	2F结构框架		2014/6/8 14:00	2014/6/8 17:30	2014/6/8 14:30	2014/6/8 17:00	构造	集合->2F->2F结构框架-混凝土梁	
☑	2F楼板		2014/6/9 9:00	2014/6/9 11:30	2014/6/9 8:30	2014/6/9 11:00	构造	集合->2F->2F楼板	
☑	2F结构柱		2014/6/9 14:00	2014/6/9 17:30	2014/6/9 14:30	2014/6/9 17:00	构造	集合->2F->2F结构柱-混凝土	
☑	3F结构框架		2014/6/10 9:00	2014/6/10 11:30	2014/6/10 8:30	2014/6/10 11:00	构造	集合->3F->3F结构框架-混凝土梁	
☑	3F楼板		2014/6/10 14:00	2014/6/10 17:30	2014/6/10 14:30	2014/6/10 17:00	构造	集合->3F->3F楼板	
☑	3F结构柱		2014/6/11 9:00	2014/6/11 11:30	2014/6/11 8:30	2014/6/11 11:00	构造	集合->3F->3F结构柱-混凝土	
☑	4F结构框架		2014/6/11 14:00	2014/6/11 17:30	2014/6/11 14:30	2014/6/11 17:00	构造	集合->4F->4F结构框架-混凝土梁	
☑	4F楼板		2014/6/12 9:00	2014/6/12 11:30	2014/6/12 8:30	2014/6/12 11:00	构造	集合->4F->4F楼板	
☑	1F基本墙		2014/6/12 14:00	2014/6/12 17:30	2014/6/12 14:30	2014/6/12 17:00	构造	集合->1F->1F基本墙	
☑	2F基本墙		2014/6/13 9:00	2014/6/13 11:30	2014/6/13 8:30	2014/6/13 11:00	构造	集合->2F->2F基本墙	
☑	3F基本墙及女儿墙		2014/6/13 14:00	2014/6/13 17:30	2014/6/13 14:30	2014/6/13 17:00	构造	集合->3F->3F基本墙	
☑	1F门窗		2014/6/14 9:00	2014/6/14 11:30	2014/6/14 8:30	2014/6/14 11:00	构造	集合->1F->1F门窗	
☑	2F门窗		2014/6/14 14:00	2014/6/14 17:30	2014/6/14 14:30	2014/6/14 17:00	构造	集合->2F->2F门窗	
☑	3F门		2014/6/15 9:00	2014/6/15 11:30	2014/6/15 8:30	2014/6/15 11:00	构造	集合->3F->3F门	
☑	玻璃幕		2014/6/15 14:00	2014/6/15 17:30	2014/6/15 14:30	2014/6/15 17:00	构造	集合->玻璃幕墙系统->玻璃幕墙	
☑	楼梯		2014/6/16 9:00	2014/6/16 11:30	2014/6/16 8:30	2014/6/16 11:00	构造	集合->楼梯->楼梯	
☑	3F外墙装饰		2014/6/16 14:00	2014/6/16 17:30	2014/6/16 14:30	2014/6/16 17:00	构造	集合->3F->3F木栅格外墙装饰	
☑	2F外墙装饰		2014/6/17 9:00	2014/6/17 11:30	2014/6/17 8:30	2014/6/17 11:00	构造	集合->2F->2F木栅格外墙装饰	
☑	1F外墙装饰		2014/6/17 14:00	2014/6/17 17:30	2014/6/17 14:30	2014/6/17 17:00	构造	集合->1F->1F木栅格外墙装饰	

图　14－87

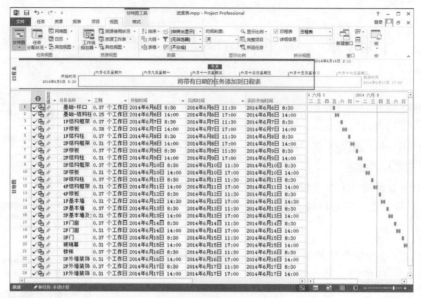

图　14-88

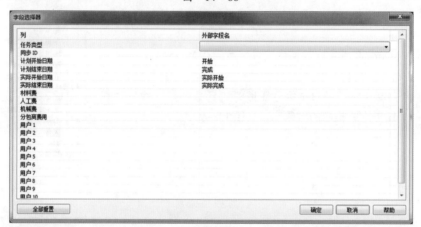

图　14-89

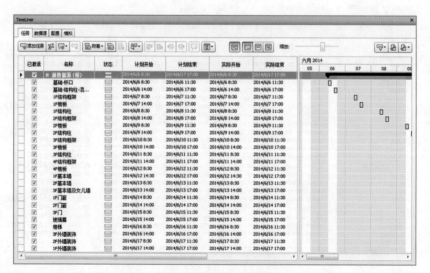

图　14-90

3. 进度模拟

（1）模拟设置（图 14 – 91）

（2）导出图像和动画（图 14 – 92）

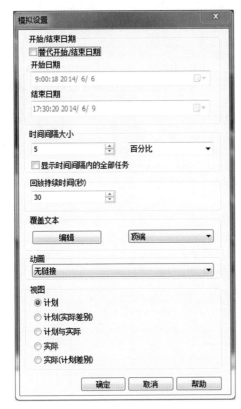

图　14 – 91　　　　　　　　　　　　图　14 – 92

课后练习

1. 下列关于 PKPM 系列软件描述错误的是（　　）。

　A. 可以利用 PMCAD 建立好结构分析模型后进入 SATWE 进行结构计算，计算结果传递至施工图设计软件进行施工图设计

　B. PKPM 提供了相应接口，Revit 与 ArchiCAD 建立的设计阶段的建筑信息模型数据可导入到 PKPM-BIM 系统中

　C. PKPM 为装配式住宅开发 PBIMS – PC 系统，PM 模型可导入 PC 系统中进行装配式预设计

　D. 结构专业模型不能在 PKPM 平台中与其他专业进行协同设计

2. 下列关于 YJK 软件描述错误的是（　　）。

　A. 可以根据改筋结果实时计算，生成计算书，保持配筋结果与计算书的一致性

　B. 可以根据构件中的配筋信息，自动生成三维钢筋

C. YJK 软件同一些知名有限元结构分析软件开放了数据接口，如 SAP2000、Midas、Etabs、ABAQUS

D. YJK 软件没有为 Revit 软件开放数据接口

3. 下列关于探索者软件描述错误的是（　　　）。

A. TSDCP 探索者数据中心是数据转换及显示的平台，实现了多款软件间的模型及计算数据的双向互导及增量更新

B. 探索者三维钢筋软件 TS3DSR 是为结构工程模型生成三维实体钢筋，并计算钢筋工程量开发的专用软件

C. 探索者系列没有为钢结构方面开发对应功能

D. 探索者结构三维施工图软件 TSPT for Revit 是为结构专业开发的三维平台自动生成施工图软件

4. 下列关于 PDST 软件描述错误的是（　　　）。

A. 提供了钢筋量计算的功能

B. 支持多款结构计算软件的计算模型导入，包括 PKPM、YJK、SAP2000

C. 能对结构施工图图面设计结果的数据做完整的分析

D. 不支持将 Revit 模型输出为 PKPM 结构计算模型

5. 下列关于品茗系列软件说法错误的是（　　　）。

A. 品茗 BIM 系列软件有一款支持导出不同时间的平面布置图

B. 品茗 BIM 系列软件有一款支持关联模型进行施工模拟

C. 品茗 BIM 系列软件不支持模型创建

D. 品茗 BIM 系列软件不支持质量管理

参 考 文 献

［1］ 上海市住房和城乡建设管理委员会. 上海市建筑信息模型技术应用指南（2017 版）［EB/
　　OL］. 2017 – 06.

［2］ 赵清清，刘岩，王宇. 基于 BIM 的平法施工图表达探讨［J］. 土木建筑工程信息技术，2012，
　　4（2）：64 – 66，70.

［3］ 赵清清，王宇，刘岩. 探讨 PKPM BIM 施工图软件的开发［J］. 土木建筑工程信息技术，
　　2013，5（4）：111 – 113.